Ubiquitous 기반

회로이론

하 영 선 · 박 기 준 공저

普 文 堂

머리말

이 책은 이공계대학 및 전문대학의 회로이론 교재로서 회로이론의 기본개념에서부터 실제 응용 분야에 이르기까지 이해하기 쉽게 편집하였다. 아울러 회로이론에 전혀 지식이 없는 사람도 이해할 수 있게 그 기초이론과 수식적인 해석을 쉽게 설명하여 현장기술자나 그밖에 회로이론에 대하여 알고자 하는 이에게 도움을 줄 수 있도록 하였다.

저자들은 교육계의 오랜 경험에서 대부분의 학생들이 이론을 전개하는 수식의 이해에 머물고 기본적인 요소나 능동소자에 대한 물리적인 의미는 이해하지 못하고 있는 점을 인식하여 회로를 구성하는 기본적인 요소 각각의 물리적인 특성을 에너지변환에 중점을 두어 설명하였고 이들 요소들에 의해 구성된 회로망의 동작원리 및 특성의 이해를 돕고 그에 따른 응용면에 중점을 두어 활용능력을 키울 수 있게 내용을 편집하였다.

이와 같은 서술 논리에 따라 이 책은 다음과 같은 순서로 엮었다.

제1장은 회로이론에 필요한 기초개념을 각 회로요소를 중심으로 소개하였으며, 제2장 직류회로에서는 회로를 해석하는 기본적인 방법으로 Korchhoff's law와 회로망의 제 정리를 op Amp를 중심으로 한 예제로서 자세히 설명하였고, 제3장 교류전원에 대한 기본개념, 제4장 벡터와 복소수에서는 회로이론을 해석하는데 필요한 수학의 기초이론을, 제5장 교류회로에서는 회로망에 교류를 인가했을 경우 나타나는 제 특성을, 제6장 교류전력에서는 복소전력과 역률개선, 제7장 다상교류에서는 3상전원을 중심으로 Δ-Y 결선에 대하여, 제8장 과도현상에서는 회로의 안정성을 판별할 수 있는 과도응답에 대하여 설명하였다.

본 교재가 회로이론을 이해하려는 많은 분들에게 실질적인 도움이 될 수 있기를 바라며 부족한 부분은 앞으로 수정 보완 할 것을 약속드립니다.

2008. 1.

저자

Contents

제 1 장 기초개념

제 2 장 직류회로

제 3 장 교류전원

제 4 장 복소수와 페이저

제 5 장 교류회로

제 6 장 교류전력

제 7 장 3상 전원

제 8 장 과도현상

제 1 장
기초개념

이 장의 목적은 회로이론에서 취급되는 기초적인 여러 가지 단위의 정의, 전기회로를 구성하는 수동소자 및 능동소자의 정의, 회로 해석에 기본적인 옴의 법칙 및 기타 기초적인 개념을 확립하는데 있다.

모든 전기적인 현상의 기본적인 개념을 확립하려면 회로를 구성하고 있는 소자에서 발생하는 에너지의 변환 과정을 이해하여야 한다. 이러한 에너지 변환 과정을 이해하려면 전기자기학에서 취급하는 정전계 및 정자계와 이 두 가지 현상을 결합한 전자유도현상과 이 현상을 수학적으로 표현한 Maxwell의 방정식을 이해할 수 있어야 한다.

그러나 이 책에서는 수학적인 배경보다는 물리적인 현상을 설명함으로써 기본적인 개념을 정립할 수 있도록 기술하였다.

1.1 전 하

전기회로의 가장 기본적인 양은 전하(Electric charge) 또는 전기량(quantity of electricity)이다. 모든 전기적인 현상은 전하의 공간적 분포 및 그 운동에 의하여 나타난다.

전하에는 양자와 정이온이 갖는 정전하와 전자나 부이온이 갖는 부전하의 두 가지가 있다.

전하의 기초단위는 전자가 갖는 전하이고 전하의 실용단위로서는 쿨롬(coulomb)을 쓴다. 전자의 전하는 1.602×10^{-19} [C]이다. 전자 한 개가 갖는 전하는 전기량으로서는 더 이상 쪼갤 수 없는 최소의 양이다.

1.2 전압, 전류

일반적으로 물리계에서는 두 점간에 위치에너지의 차이가 있으면 위치에너지가 높은 점에서 위치에너지가 낮은 점으로 에너지가 이동하게 된다. 전기회로에서도 두 점간에 전기적 위치에너지의 차이가 있으면 전기적인 에너지의 전송과 변환이 일어나게 된다.

전기적인 위치에너지의 차이 즉 전위차(Electric potential difference)를 우리는 전압(voltage)라고 하며 단위는 volt이다.

두 점간의 전위차에 의하여 그 공간 즉 전계내에 존재하는 전하에 쿨롬의 법칙에 따라 힘이 가해지고 이 힘에 의해 전하가 이동하게 되면 이 전하의 이동이 전류(electric current)이다.

그 MKS 단위는 암페어(ampere)이다. 1암페어는 1초간에 1쿨롬의 전하가 이동할 때의 전류이다. 따라서 t초간에 Q 쿨롬의 전하가 이동하였다면 이 때의 전류 I는

$$I = \frac{Q}{t}\,[\text{amp}] \text{ 또는 } Q = It\,[\text{coulomb}] \tag{1.1}$$

이 된다. 전하가 이동하는 시간적 변화율이 일정하지 않을 때에는 각 순간의 전류를 생각하여야 하며, 미소시간 dt초 간에 이동한 전하가 dq 쿨롬이면 이때의

전류는

$$i = \frac{dq}{dt} \text{ [amp]} \tag{1.2}$$

따라서

$$q = \int i \, dt \text{ [coulomb]} \tag{1.3}$$

이 된다.

전류의 정방향은 관례상 정전하가 이동하는 방향으로 정하고 있다. 따라서 전자의 이동방향은 전류의 정방향과 반대가 된다.

전류가 흐를 때의 전하의 운반체는 도선 내에서는 자유전자, 진공관내에서의 음극에서 튀어나와 양극으로 유인되는 열전자, 트랜지스터나 반도체 다이오드에서는 전자와 정공, 전지나 전해질에서는 +, − 이온이다(그림 1.1).

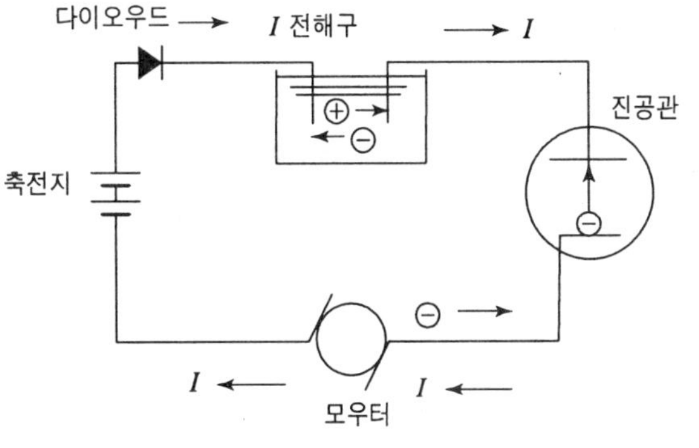

▌그림 1.1▌ 전류의 방향과 전하의 이동방향

전류에 관하여 항상 염두에 두어야 할 가장 중요한 사실은 전류가 흐를 때에는 반드시 에너지의 전송과 변환이 일어난다는 것이다.

예를 들면 그림 1.1과 같은 회로에 있어서는 축전지 내에서 화학적 에너지가 전기적 에너지로 변환되고, 이 전기적 에너지는 전류에 따라 회로의 각 부분에 전송되어 전해조, 진공관, 모터 내에서 각각 화학적 에너지, 열에너지, 기계적 에너지로 변환된다.

즉, 이 예에서 정전하가 축전지를 통할 때에는 전기적 에너지를 얻고 회로의 다른 부분을 통할 때에는 그 에너지를 잃게 된다.

단위 정전하가 회로의 두 점 사이를 이동할 때 얻든지 또는 잃는 에너지를 두 점간의 전위차(electric potential difference)또는 전압(voltage)이라고 하며 그 MKS 단위는 볼트(volt)이다. 1볼트는 1쿨롱의 전하가 두 점간을 이동할 때 얻는 또는 잃는 에너지가 1줄(joule)일 때의 전위차이다.

따라서 Q 쿨롱의 전하가 두 점간을 이동할 때 얻는 또는 잃는 에너지가 W줄이라면 그 두 점간의 전위차 V는

$$V = \frac{W}{Q}\ [\text{volt}] \text{ 또는 } W = VQ\,[\text{joule}] \tag{1.4}$$

가 된다. 더 일반적으로 미소한 전하 dq 쿨롬이 이동할 때에 변환되는 에너지가 dw 줄이라 하면

$$v = \frac{dw}{dq}\ [\text{volt}] \tag{1.5}$$

$$w = \int v\, dq\,[\text{joule}] \tag{1.6}$$

회로내의 점 a에서 점 b까지 단위 정전하를 이동시킬 때 외부에서 일을 해주어야 할 경우, 즉 이동하는 전하의 위치에너지가 증가한다면

(i) b의 전위는 a의 전위보다 높다(a의 전위는 b의 전위보다 낮다)

(ii) a를 기준으로 했을 때의 b의 전위는 정이다(b를 기준으로 했을 때의 a의 전위는 부이다).

(iii) a로부터 b로 전압상승(voltage rise)이 있다[b로부터 a로 전압강하(voltage drop)가 있다]고 말한다.

점 a에서 점 b까지 단위정전하가 이동함에 있어서 전하 자신이 일을 할 때 즉 전하가 에너지를 잃을 경우에는 위와 반대로 말한다. 두 점간의 전압을 말할 때에는 어느 점을 기준점으로 하였는가하는 것을 명백히 해야 한다.

이와 같은 전압의 극성(polarity)을 회로도에 표시할 때에는 전위가 높은 점에 +, 낮은 점에 −를 표시한다(그림 1.2). 때로는 점 b의 전위를 기준으로 했을 때의 점 a의 전위를 $v_{ab} > 0$, 반대로 전압강하가 일어나면 $v_{ab} < 0$이다. 그리고 물론 $v_{ab} = -v_{ab}$이다. 많은 경우에 있어서 접지점을 회로의 공통되는 전위의 기준점으로 택한다.

(a) 전하가 에너지를 잃는 경우 : a로부터 b로 전압강하가 있고 $v_{ab}>0$, $v_{ba}<0$

(b) 전하가 에너지를 얻는 경우 : a로부터 b로 전압상승이 있고 $v_{ab}<0$, $v_{ba}>0$

▌그림 1.2▌ 전압의 특성표시

전원에서는 비전기적 에너지가 전기적 에너지로 변환되어 정전하를 전위가 낮은 점에서 높은 쪽으로 이동시켜 외부회로에 전류를 흘리게 한다. 전원의 전압을 기전력(electromotive force)이라 하여 e 또는 E로써 표시할 때가 있으나 전압과 특별히 구별할 필요는 없다.

물이 높은 곳에서 낮은 곳으로 흐르는 것과 같이 전류도 항상 전위가 높은 곳에서 낮은 곳으로 흐른다는 것은 틀린 말이다. 펌프에 의해서 물이 낮은 곳에서 높은 곳으로 흐를 수 있는 것과 같이 전원을 지날 때 전류는 －에서 ＋로 흐를 수 있다.

1.3 전 력

전력이란 얼마나 많은 일(한 형태에서 다른 형태로의 에너지의 변환)이 특정 양의 시간 안에 성취되었는가, 즉 단위시간당 한 일을 말한다.

예를 들어, 큰 전동기는 작은 전동기에 비해 큰 힘을 갖는다. 왜냐하면 같은 시간에 더 많은 전기 에너지를 기계 에너지로 바꿀 수 있기 때문이다.

변환된 에너지는 줄(J)로 측정되며, 시간은 초(s)로 측정된다. 전력의 전기적 단위는 와트(W)인데, 정의를 내리면 다음과 같다.

$$1 \text{ watt [W]} = 1 \text{ joule/second [J/s]} \tag{1.7}$$

전력을 식으로 표현하면,

$$P = \frac{W}{t} \text{ [watts]} \tag{1.8}$$

여기서, 에너지 W는 줄[J]로 시간[t]은 초로 측정된다.

전기기계나 시스템에 전달되거나 흡수되는 전력은 식 (1.4)를 식 (1.8)에 대입하여 전류와 전압으로 다음과 같이 나타낼 수 있다.

$$P = \frac{W}{t} = \frac{QV}{t} = V\frac{Q}{t}$$

그러나

$$I = \frac{Q}{t}$$

그러므로

$$P = VI \text{ [watts]} \tag{1.9}$$

전력은 전압극성과 전류방향에 의해 정의된 대로 공급되거나 흡수될 수 있다. 모든 직류원에 대해 전류가 그림 1.3(a)의 방향이면 전력은 전원에 의해 공급된다. 회로망에서 전류방향과 극성이 그림 1.3(b)와 같다면, 축전지는 충전될 때와 마찬가지로 에너지를 흡수하는 것이다. 전지에 의해 공급 또는 흡수되는 전력의 크기는 다음과 같다.

$$P = EI \text{ [watts]} \tag{1.10}$$

여기서 E는 축전지 단자전압이고, I는 전원에 흐르는 전류이다.

(a) 공급 (b) 흡수

|그림 1.3| Battery power

1.4 수동 소자

전기적 회로를 구성하는 소자는 수동소자(passive element)와 능동소자(active element)로 나누어 생각할 수 있다.

수동소자는 외부에서 전압이나 전류의 공급을 받지 못하면 아무런 전기적 효과를 나타낼 수 없다. 이에 반하여 전기적 에너지를 공급하는 장치 즉 전원을 능동소자라고 부른다. 수동소자에는 저항(Resistance), 캐패시터(capacitor), 인덕터(Inductor)가 있다.

1.4.1 저항

전하가 어떤 물체를 통하여 이동할 경우에는 항상 물리계에서의 마찰력과 비슷한 저항을 받는다. 이 저항은 전자와 전자 간이나 물질내의 다른 원자와의 충돌 때문에 생긴다.

이러한 저항은 전기에너지를 열에너지로 변환시키는 일을 한다. 저항의 단위는 옴(ohm)이며, 그리스 문자로 대문자 오메가(Ω)로 표시한다.

한 물질에서의 저항은 다음 네 가지 요소에 의해서 정해진다.

1. 물질(Material)
2. 길이(Length)
3. 단면적(Cross-section area)
4. 온도(Temperature)

상식적으로 전하의 통로가 길면 길수록 저항이 크고 통로의 단면적이 넓을수록 저항이 작아진다. 그러므로 저항은 길이에 비례하고 단면적에 반비례한다. 대부분의 도체에서는 온도가 증가할수록 내부의 입자들이 활발히 운동하여 전자의 충돌이 증가하고 이로 인해서 저항이 증가한다.

온도를 20℃에 고정시킬 때, 저항은 다음과 같이 세 가지의 요소에 의해서 결정된다.

$$R = \rho \frac{l}{A} \ [\text{ohms}, \ \Omega] \tag{1.11}$$

여기서 ρ(그리스 문자로 로우)는 저항률이고 물질의 특성에 의해 결정되는 상수이며, l은 길이, A는 단면적을 나타낸다.

온도는 도체와 반도체, 절연체의 저항에 상당한 영향을 미친다.

(1) **도체**(Conductors)

도체에는 상당한 양의 자유전자가 존재한다. 그리고 어떠한 열에너지가 인가되어도 자유캐리어의 총수에 심각한 영향을 미치는 경우는 거의 없다. 사실상 열에너지는 물질 내에 존재하는 입자의 자유운동 강도를 증가시킬 뿐이다. 그리고 전자의 유동을 어렵게 만든다. 그 결과 다음과 같은 결론을 얻을 수 있다. 양도체에서는 온도가 증가함에 따라서 저항도 증가한다. 결과적으로 도체는 양의 온도계수를 가지고 있다.

(2) **반도체**(Semiconductors)

반도체에서는 온도의 상승에 따라서 열에너지가 자유캐리어의 수를 증가시켜서 다음과 같은 결과를 가져오게 된다.

반도체에서는 온도의 증가에 따라서 저항이 감소한다. 결과적으로 반도체는 부의 온도계수를 가지고 있다.

서미스터와 광전도소자는 부의 온도계수를 갖는 반도체소자의 좋은 본보기라고 할 수 있다.

(3) **절연체**(Insulators)

반도체처럼 온도의 상승은 절연체에서의 저항의 감소를 가져오고 결과적으로 절연체 또한 부의 온도계수를 가지게 된다.

(4) **저항의 온도계수**(Temperature Coefficient of Resistance)

t_1에서 저항의 온도계수를 α_1이라면 t_2에서의 저항을

$$R_2 = R_1[1 + \alpha_1(t_2 - t_1)] \tag{1.12}$$

서로 다른 몇 가지 물질에서 20℃일 때의 α_1값을 표 1.1에 나타내었다.

식 (1.12)은 다음과 같이 나타낼 수 있다.

$$\alpha_1 = \frac{1}{R_1}\left(\frac{R_2 - R_1}{t_2 - t_1}\right)$$

표 1.1에 의해서 그 차이는 비록 미미하나 동은 금이나 은 혹은 알루미늄보다 좀 더 민감하다는 것을 알 수 있다.

표 1.1 온도계수(20℃)

Material	Temperature Coefficient(α_1)
Silver	0.0038
Copper	0.00393
Gold	0.0034
Aluminum	0.00391
Tungsten	0.005
Nickel	0.006
Iron	0.0055
Constantan	0.000008
Nichrome	0.00044

(5) PPM/℃

도체에 있어서 저항은 온도에 따라서 변화한다. 이러한 변화는 PPM/℃(parts per million per degree Celsius)로 온도에 민감도를 나타낸다. 5,000 PPM은 매우 높은 저항값을 나타내고 20 PPM은 아주 작은 저항값을 나타낸다. 1,000 PPM/℃는 1°가 변함에 따라서 저항이 1,000 PPM이나 1,000/1,000,000 = 1/1,000만큼 변하는 것을 나타낸다(대부분의 경우에 별로 큰 변화를 나타내지 않는다).

그러나 10℃가 변할 경우에는 1/100(1%)의 변화를 초래하여 중요한 위치를 차지하게 된다. 그러므로 PPM값과 더불어 온도의 변화량 역시 중요한 요소가 되는 것이다.

식으로 표현하면 저항의 변화는 다음과 같다.

$$\varDelta R = \frac{R}{10^6}(PPM)(\varDelta T)$$

여기서 R은 실온에서의 저항을 나타내고, T는 온도 25℃를 기준으로 하는 변화량 ($\varDelta T$)을 나타낸다.

예제 1.1

2,500 PPM값을 가지는 탄소성분의 1 kΩ저항에서 60℃일 때의 저항을 구하여라.

(풀이)

$$\varDelta R = \frac{1,000\,\Omega}{10^6}(2,500)(60℃ - 25℃)$$

$$= 87.5\Omega$$

$$R = R_0 + \Delta R = 1{,}000\Omega + 87.5\Omega$$

$$= 1{,}087.5\Omega$$

---

(6) **초전도체**(Super Conductors)

오늘날 전세계에 걸친 실온 초전도체에 대한 연구는 모험을 걸어볼 만한 연구분야이다. 1986년부터 이루어져 온 이 연구분야의 발전은 실온 초전도체의 개발을 이루어 낼지도 모른다. 정말로 기대에 부푼 시대라고 할 수 있는 것이다. 왜 이렇게 초전도체에 대해서 관심이 집중되어 있는가? 그들은 어떤 효과에 대해서 관심을 쏟는가? 그 대표적인 특성은 다음과 같다.

초전도체는 모든 실용분야에 있어서 저항없이 전하를 이동시키는 도체이다.

① 쿠퍼효과(Cooper Effect)

일반적인 도체내에서는 전자가 빛의 속도에 약 2% 속도로 이동하지만 아인슈타인의 상대성이론에 의하면 물질의 최대 이동속도는 빛의 속도를 갖는다. 그러나 전자의 이동속도에 있어서는 초전도와 같은 방법으로 그 속도를 증가시킬 수 있다. 도체내에서 전자가 비교적 늦게 이동하는 이유는 물질내 핵과의 충돌, 전자간의 척력 그리고 인접한 원자와의 운동에서 간접경로를 만드는 도체내의 불순물 때문이다. 초전도 상태에서는 쿠퍼효과에 의해서 두개의 전자가 전자쌍을 이루어 매질을 통과할 때, 매우 빠른 속도를 서로 유지해준다. 어떻게 보면 이 방식은 경주 중에 있는 싸이클 선수나 주자들처럼 서로 돕는 것이다. 파트너 사이에는 진동에너지가 존재하거나 심지어 새로운 파트너까지도 총 에너지의 손실을 최소로 하면서 가능한 한 최대 속력을 유지하는 것이다.

초전도체분야에 일어난 최근의 변혁은 그 물질들이 중요한 절연체에 속하는 것 이라는 것을 안다면 매우 놀랄 것이다. 그러나 초전도성을 나타내는 세라믹들은 구리, 산소 그리고 지구상에서 희귀하게 존재하는 원소인 이트륨, 란타늄 그리고 탈륨 등의 화합물이다.

그리고 또 다른 사실의 화합물은 최고 임계온도 200 K(상온보다 100 K가 모자람)에 머무르며 이 분야의 연구에 보다 넓은 문호를 개방했다는 사실이다.

초전도체가 상전도를 나타내기 시작하는 온도를 임계온도(Critical Temperature)라고 하고 T_c로 나타낸다. 그림 1.4에 T_c에서 어떻게 저항이 변화하는지 나타내고 있다. 전이영역의 곡선이 얼마나 급격히 변하는가는 그 특성을 나타내는 시료의 순도에 달려있다.

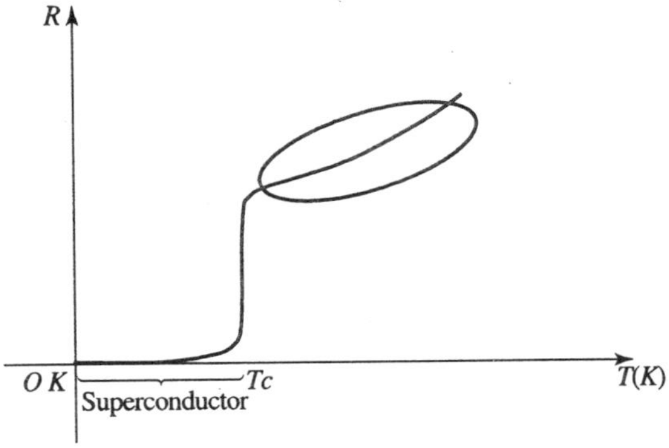

【그림 1.4】

이렇게 화합물 세라믹이 그 임계온도를 상승시키기는 하였지만 깨지기 쉽고 임계전류밀도의 제한이라는 문제가 있다. 집적회로를 제작하는데 있어서 임계전류밀도는 적어도 $1\,MA/cm^2$ 이상이 되어야 한다.

② TIB관계(TIB Relationship)

사실상, 실용적인 상온 초전도체 개발에 있어서 중요한 세 요소는 온도(temperature), 전류밀도(current density) 그리고 자계의 세기(magnetic field strength)이다. 온도같은 한 요소가 한계점에 도달하면 다른 두 요소들도(이 경우에는 전류밀도와 자계의 세기) 그림 1.5와 같이 급격히 감소할 것이다. 특히 전류밀도와 전계의 세기가 최고치 이하에 있는 그림 1.5의 T_1에 잘 나타나 있듯이 온도가 최고치에 다가갈 수록 나머지 두 요소는 급격히 감소한다. 다행히도 전계의 세기는 주 응용분야에서 사용할 수 있는 높은 온도에서도 충분히 높은 수준에 있다. 최근에는 일정한 온도에서 충분한 전류밀도를 보장할 수 있는가 하는 데에 관심이 집중되고 있다.

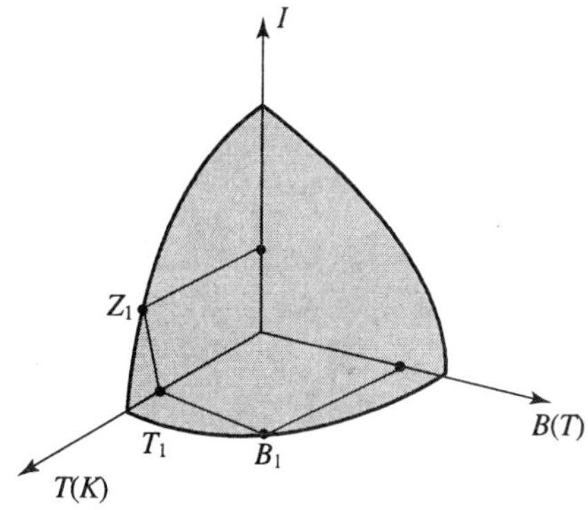

▌그림 1.5▌

③ 마이스너 효과(Meissner Effect)

초전도성이 실현되었는지를 충분히 나타낼 수 있는 물리적인 방법은 그림 1.6(a)에 나타나 있는 것과 같은 마이스너 효과이다. 임계온도 이상의 온도에서는 그림 1.6(a)처럼 자력선이 도체를 통과할 수 있으나 초전도성을 나타낼 수 있을 정도로 온도가 떨어질 경우에는 외부에 나타난 자력선은 초전도체를 통과할 수 없고, 자력선으로 말미암아 그림 1.6(b)처럼 자성체는 부상하게 되는 것이다. 이와 같은 반자성은 센서 등에 광범위한 응용성을 가지고 있다.

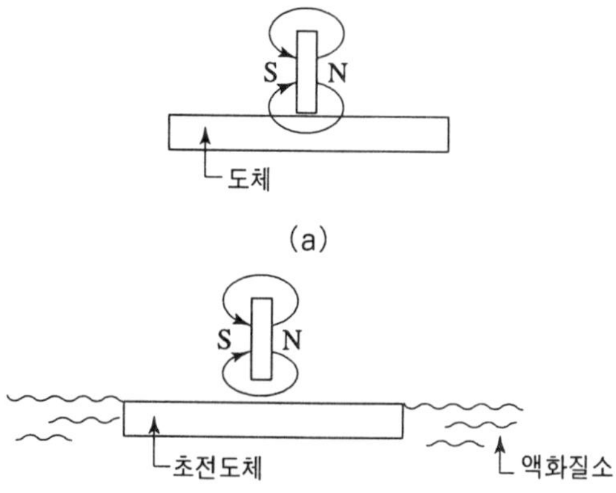

▌그림 1.6▌

(7) **서미스터**(Thermistors)

서미스터란 온도에 따라서 저항값이 변하는 반도체 소자이다. 그림 1.7에 이 소자의 그림과 함께 특성이 나타나 있다. 곡선은 비선형적이며 20℃와 100℃사이에서 저항이 5,000Ω~100Ω으로 변하고 있다. 온도가 증가함에 따라서 저항이 감소하는 부 저항계수를 가지고 있는 것이다.

소자의 온도는 내부와 외부의 상태로 인해서 변화될 수 있다. 소자를 통해 흐르는 전류의 양에 따라서 온도가 상승하여 단자저항이 떨어질 수도 있다. 외부에서 인가된 열에 의해서 소자의 몸체가 달구어지고 그로 인해서 저항을 떨어뜨릴 수도 있다. 이러한 형태의 동작은 소자 자체의 제어용으로 작용된다. 서미스터를 만드는 재료는 코발트, 니켈, 스트론튬 그리고 망간 산화물이다.

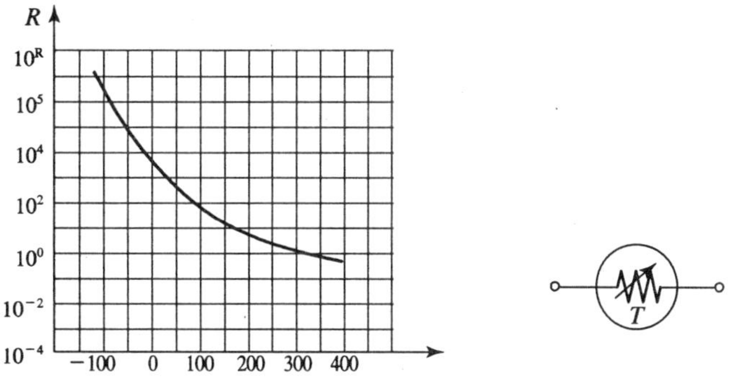

(a) Characteristics (b) symbol

|그림 1.7| Thermistor

(8) **광전도 소자**(Photoconductive Cell)

광전도 소자는 소자의 단자저항이 표면에 입사되는 빛의 광도에 따라서 바뀌는 반도체 소자이다. 입사된 빛의 광도가 커짐에 따라서 표면의 전자와 원자의 에너지가 증가하게 되고, 이 결과 자유 케리어(Free carriers)의 수가 증가하게 되어 소자의 저항이 감소하는 것이다. 소자의 특성이 그림 1.8에 나타나 있다. 이 소자는 광도에 대해서 부저항 계수를 가지고 있다.

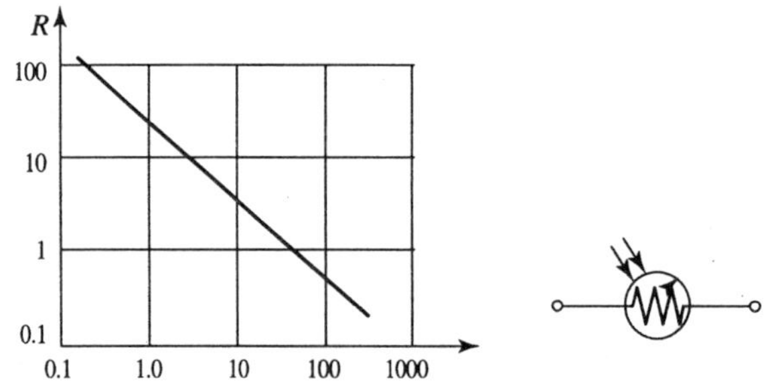

(a) (b)

▌그림 1.8▌ 광전도 소자

(9) **배리스터**(Varistors)

배리스터는 회로에 인가되는 불필요한 과도 전압을 제어하기 위해서 비선형 저항값을 갖는 전압의존형 소자이다. 민감한 소자나 계기들이 과전압에 노출되는 것을 막기 위해서 전압을 제한하는 특성을 지니고 있다. 그림 1.9(a)에 일반적인 특성이 나타나 있는 것과 같이 일정한 작동전압(firing voltage)에서 전류값이 급격히 상승하여 작동전압보다 약간 높은 전압으로 유지시켜 준다. 즉 이 소자의 단자전압은 이 소자의 특성에 나타난 전압을 초과 할 수 없다. 따라서 민감한 소자나 기기의 단자전압을 제한하여 기기를 보호하는데 쓰이고 있다.

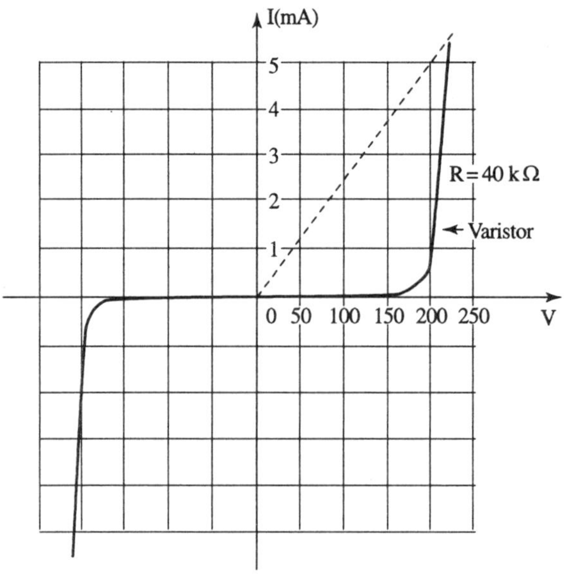

▌그림 1.9▌ 배리스터

(10) **컨덕턴스**(Conductance)

한 물질의 저항값의 역을 찾음으로써 그 물질이 얼마나 전기를 잘 통하는가를 알 수 있게 된다. 그 양을 컨덕턴스(Conductance)라고 하고 G로 표시하며 지멘스(siemens) 단위 [s]로 나타낸다.

$$G = \frac{1}{R}\ [\text{siemens, S}]$$

1MΩ의 저항은 10^{-6} S의 컨덕턴스를 갖는다. 그리고 10Ω의 저항은 10^{-1} S의 컨덕턴스를 갖는다. 그러므로 컨덕턴스 값이 클수록 저항은 작아지고 도전성은 좋아진다.

식으로 표현하면 다음과 같이 된다.

$$G = \frac{A}{\rho l}\ [\text{S}]$$

이 식은 단면적이 넓고 길이가 짧을수록, 그리고 저항률이 작을수록 컨덕턴스가 커짐을 나타낸다.

1.4.2 저항기의 컬러코드

(1) 반도체 및 전자기기에 이용되는 전자 부품은 대부분 소형 경량의 것으로, 그 용량값이나 그 특성을 부품의 표면에 표시하기 어려움으로 그림 1.10과 같이 색에 의한 컬러 코드, 또는 숫자와 문자 등으로 약속된 형명을 표기한다.

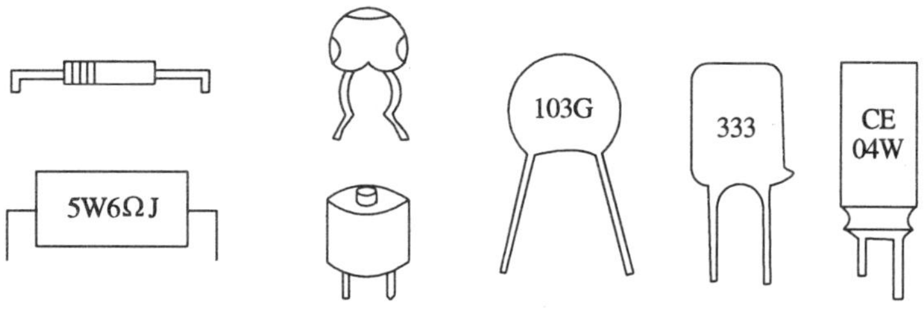

|그림 1.10| 컬러 코드와 형명

(2) 저항기의 컬러 코드는 보통 저항인 경우 네 개의 색대로 표시되며 색대의

값은 표 1.2와 같다.

(3) 컬러 코드를 읽는 순서는 색대들의 표시가 부품 몸체 중심에서 어느 한쪽으로 치우치지 않을 때는 넓은 색대, 또는 금색이나 은색의 색대가 마지막 색대에 해당된다.

(4) 컬러 코드를 읽는 방법은 표 1.2의 비교란과 같이 제1색대와 제2색대는 2자리의 유효숫자, 제3색대는 승수로 저항값이 되고 제4색대는 허용오차를 표시한다.

(5) 색대의 수가 세 개인 경우는 제4색대가 무착색으로 , 허용오차는 20(%)를 표시한다.

(6) 정밀 저항인 경우에는 제5색대로 구성되고 제1색대에서 제3색대까지는 3자리 유효숫자를 나타내고, 제4색대는 승수, 제 5색대는 허용차를 표시한다.

표 1.2 보통 저항 컬러 코드표

색	제1색대	제2색대	제3색대	제4색대
흑 색	0	0	10^0	-
갈 색	1	1	10^1	±1(%)
적 색	2	2	10^2	±2(%)
등 색	3	3	10^3	±3(%)
황 색	4	4	10^4	±4(%)
녹 색	5	5	10^5	±0.5(%)
청 색	6	6	10^6	-
자 색	7	7	-	-
회 색	8	8	-	-
백 색	9	9	-	-
금 색	-	-	10^{0-1}	±5(%)
은 색	-	-	10^{-2}	±10(%)
무착색	-	-	-	±20(%)
비 교	저항값			저항값
	2자리의 유효숫자		승수	허용오차

1.4.3 Ohm의 법칙

독일의 물리학자 Georg Simon Ohm(1787~1854)은 1826년에 실험을 통해서 저항에 대한 전류-전압관계식을 정립했다고 한다. 1827년에 그는 "The Galvanic Chain, Mathematically Treated"라는 제목의 논문에서 그 결과를 발표했다.

이일의 결과로 저항의 단위를 ohm이라 부르게 되었다.

옴의 법칙으로 알려져 있는 식 (1.13)은 일정한 저항에 있어서 전압(압력)이 클수록 전류값이 커지고, 동일 전압하에서 저항이 커질수록 전류값이 작아짐을 나타낸다. 다시 말해서 전류는 인가전압에 비례하고 저항에 반비례한다.

$$I = \frac{E}{R} \text{ [amperes, A]} \tag{1.13}$$

간단한 수학적 계산에 의해서, 전압과 저항은 다음과 같은 형태로 표현될 수 있다.

$$E = IR \text{ [볼트, V]} \tag{1.14}$$

$$R = \frac{E}{I} \text{ [옴, } \Omega\text{]} \tag{1.15}$$

식 (1.13)에서 식 (1.15)까지의 세 식에서 나타나는 세 변수는 그림 1.11의 간단한 회로에 의해서 정의된다.

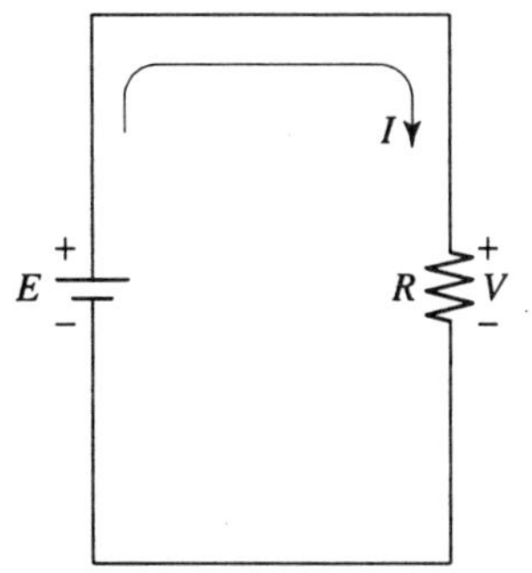

그림 1.11

식 (1.13)의 전류 I는 저항 R의 회로에 E볼트의 직류전원을 인가한 결과이고, 식 (1.14)는 회로 전체의 저항이 R일 때, 이 회로에 전류 I를 흘리기 위해 필요한 전압 E를 결정하는 것이며, 식 (1.15)는 인가전압 E에 의해서 전류 I를 흐르게 하는 회로의 저항을 나타낸 것이다.

표 1.3 머리 첨자

단위에 곱해지는 인수	머리첨자	심볼
10^{12}	tera	T
10^{9}	giga	G
10^{6}	mega	M
10^{3}	kilo	k
10^{2}	hecto	h
10	deka	da
10^{-1}	deci	d
10^{-2}	centi	c
10^{-3}	mili	m
10^{-6}	micro	μ
10^{-9}	nano	n
10^{-12}	pico	p
10^{-15}	femto	f
10^{-18}	atto	a

(1) 저항회로

저항의 접속에는 직렬, 병렬, 직 · 병렬접속의 세 가지가 있지만 크게 나누면 직렬 접속과 병렬 접속 두 가지가 있다.

① 직렬 접속

그림 1.12와 같이 n개의 저항 R_1, R_2, R_3, ⋯, R_n을 직렬 접속하고, 단자 a, b 사이에 전압 V[V]를 인가하면 저항들의 한 통로를 따라 전류 I가 흐른다. 따라서 직렬 접속인 경우에는 전류 I가 같고, 각각의 저항에 걸리는 전압은 옴의 법칙에 따라 다르다.

이때 각 저항에 걸리는 전압을 V_1, V_2, V_3, ⋯, V_n이라 하면, 옴의 법칙에 의해,

$$V_1 = IR_1\ [\mathrm{V}],\ V_2 = IR_2\ [\mathrm{V}],\ V_3 = IR_3\ [\mathrm{V}], \cdots, V_n = IR_n\ [\mathrm{V}]$$

이 된다.

따라서 전전압 V는

$$\begin{aligned} V &= V_1 + V_2 + V_3\ \cdots\ V_n \\ &= I(R_1 + R_2 + R_3 +\ \cdots\ + R_n) \end{aligned}$$

이다. 그러므로 직렬 합성 저항 R_0는 옴의 법칙에 의해

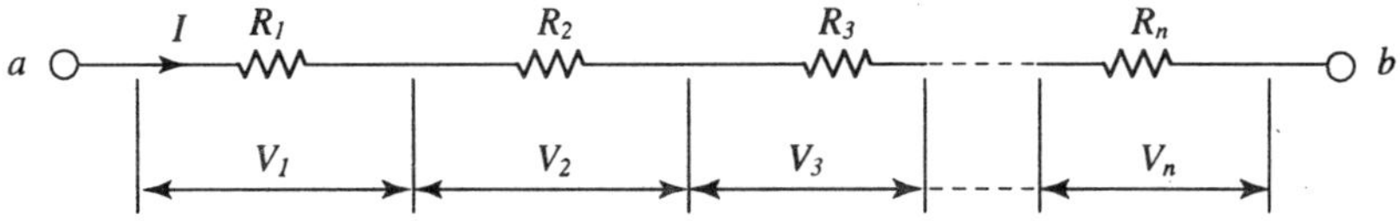

▌그림 1.12▌ 직렬 접속

$$R_0 = \frac{V}{I} = \frac{I(R_1 + R_2 + R_3 + \cdots + R_n)}{I}$$

$$= R_1 + R_2 + R_3 + \cdots + R_n \ [\Omega] \quad (1.16)$$

이 된다.

예제 1.2

그림 1.13 회로와 같이 두 개의 저항이 직렬 접속되었을 경우에 각 저항에 걸리는 전압 V_1, V_2를 구하여라.

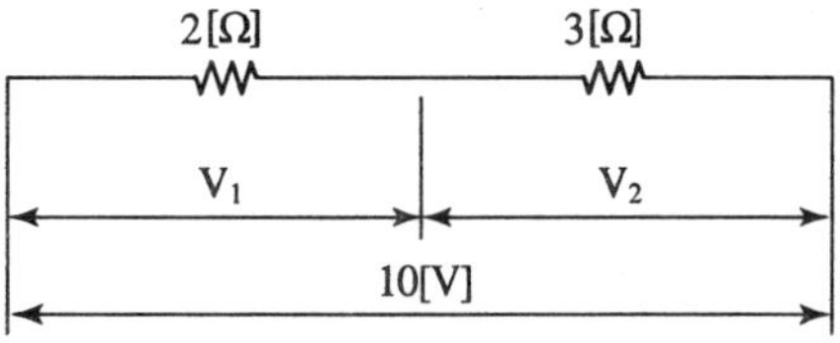

▌그림 1.13▌

풀이

$$V_1 = IR1, \quad V_2 = IR_2$$

따라서 I를 구하면 옴의 법칙에 의해 $I = \frac{V}{R}$이므로 합성 저항 R을 구하여 대입한다.

합성저항 $R = R_1 + R_2 = 2 + 3 = 5[\Omega]$

$$I = \frac{V}{R} = \frac{10}{5} = 2[\text{A}]$$

$$\therefore \ V_1 = IR_1 = 2\times2 = 4 \ [\text{V}], \quad V_2 = IR_2 = 2\times3 = 6 \ [\text{V}]$$

간단한 풀이

두 개의 저항이 직렬로 접속되어 있는 경우에 각 저항에 걸리는 전압 V_1, V_2를 구하는 방법은 다음과 같다.

$$\begin{cases} V_1 = IR_1 = \dfrac{V}{R} R_1 = \dfrac{R_1}{R_1 + R_2} V = \dfrac{2}{2+3} \times 10 = 4\,[\mathrm{V}] \\ V_2 = IR_2 = \dfrac{V}{R} R_2 = \dfrac{R_2}{R_1 + R_2} V = \dfrac{3}{2+3} \times 10 = 6\,[\mathrm{V}] \end{cases}$$

$$\therefore\ V_1,\ V_2 = \frac{\text{자기쪽의 저항}}{\text{각 저항의 합}} \times \text{전체전압}$$

② 병렬 접속

그림 1.14와 같이 n개의 저항 R_1, R_2, R_3, ⋯, R_n을 병렬 접속하고, 단자 a, b 사이에 전압 V [V]를 인가하면 각 저항에 흐르는 전류가 다르고, b, c점에 접속되어 있으므로 각 저항에 인가되는 전압은 같다.

따라서 각 저항에 흐르는 전류를 I_1, I_2, I_3, ⋯, I_n이라 하면, 옴의 법칙에 의해

$$I_1 = \frac{V}{R_1},\quad I_2 = \frac{V}{R_2},\quad I_3 = \frac{V}{R_3},\quad \cdots,\quad I_n = \frac{V}{R_n}$$

가 된다.

따라서 이 회로의 전전류 I는

$$I = I_1 + I_2 + I_3 + \cdots + I_n$$
$$= V\left(\frac{1}{R_1} + \frac{1}{R_2} + \frac{1}{R_3} + \cdots + \frac{1}{R_n}\right)[\mathrm{A}]$$

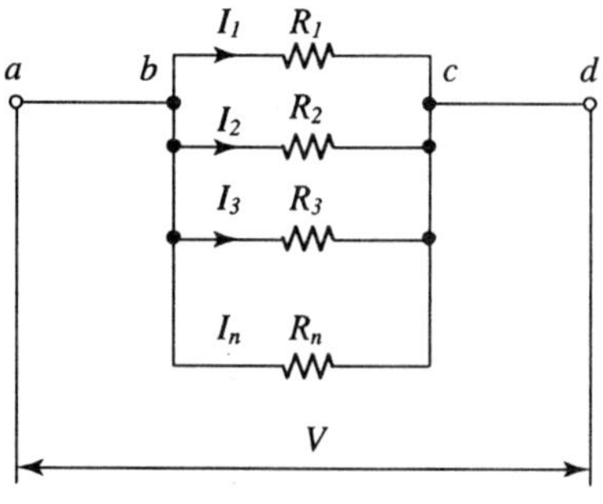

[그림 1.14]

가 된다. 따라서 병렬 합성저항 R_0는

$$R_0 = \frac{V}{I} = \frac{V}{V\left(\frac{1}{R_1}+\frac{1}{R_2}+\frac{1}{R_3}+\ \cdots\ \frac{1}{R_n}\right)}$$

$$= \frac{1}{\frac{1}{R_1}+\frac{1}{R_2}+\frac{1}{R_3}+\ \cdots\ \frac{1}{R_n}}\ [\Omega] \qquad (1.17)$$

예제 1.3

그림 1.15 회로의 전류 I_1, I_2를 구하여라.

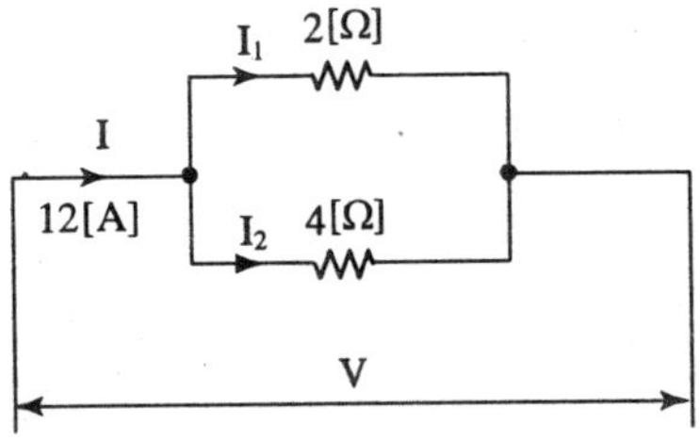

그림 1.15

풀이

$$I_1=\frac{V}{R_1},\quad I_2=\frac{V}{R_2}$$

따라서 $V=IR$이므로 합성 저항 R_0를 구하여 대입한다.

$$R=\frac{1}{\frac{1}{R_1}+\frac{1}{R_2}}=\frac{1}{\frac{1}{2}+\frac{1}{4}}=\frac{8}{6},\quad V=12\times\frac{8}{6}=16\,[\mathrm{V}]$$

$$\therefore\ I=\frac{V}{R_1}=\frac{16}{2}=8\ [A],\quad I_2=\frac{V}{R_2}=\frac{16}{4}=4\,[\mathrm{A}]$$

간단한 풀이

두 새의 저항이 병렬 접속되었을 경우에 합성 저항 $R=\frac{R_1R_2}{R_1+R_2}$ 가 되며, 각 저항에 흐르는 전류 I_1, I_2는

$$\begin{cases} I_1=\frac{V}{R_1}=\frac{IR}{R_1}=\frac{R_2}{R_1+R_2}I=\frac{4}{2+4}\times 12=8\ [\mathrm{A}] \\ I_2=\frac{V}{R_2}=\frac{IR}{R_2}=\frac{R_1}{R_1+R_2}I=\frac{2}{2+4}\times 12=4\ [\mathrm{A}] \end{cases}$$

$$\therefore\ I_1,\ I_2=\frac{\text{반대쪽 저항}}{\text{각 저항의 합}}\times\text{전체 전류}$$

1.4.4 커패시터(capacitors)

저항은 회로에서 전기적인 에너지를 열에너지로 변환하여 전기적 에너지를 소모시키는 요소로써 작용하였다. 일반적인 역학계의 예를 들면 마찰요소는 기계적인 에너지를 열에너지로 변환시켜 기계적인 에너지를 소모시키는 요소로서 전기적인 요소인 저항과 등가적으로 생각할 수 있다.

커패시터는 전기적인 에너지를 저장할 수 있는 요소로서 필요에 따라 전기적인 에너지를 저장하거나 저장된 에너지를 회로의 다른 요소에 공급할 수 있는 소자이다.

기계적인 요소의 예를 들면 스프링은 기계적인 에너지를 저장할 수 있는 요소로서 필요에 따라 저장된 에너지를 다른 기계적인 요소에 공급하여 일을 할 수 있다.

따라서 기계요소인 스프링은 전기적인 요소인 콘덴서와 등가적으로 생각 할 수 있으며 이상적인 커패시터는 전기적인 회로내에서 정전 에너지를 저장하는 요소로서 에너지의 소모는 일어나지 않는다.

커패시터(capacitor)는 2단자소자로서 부도체 재료로 분리된 두 도전체로 구성되었다. 이러한 부도체재료를 절연체 또는 유전체(dielectric)라 한다. 유전체이기 때문에 전하가 한 도전체에서 다른 도전체로 소자내에서 이동할 수 없다. 따라서, 커패시터의 단자에 접속된 외부회로를 통해서 전하들은 도전체 사이에서 이송되지 않으면 안된다. 병렬평판커패시터라고 부르는 아주 간단한 형태는 그림 1.16과 같다. 도전체들은 유전재료에 의해 분리된 평평한 직사각형의 도체들이다.

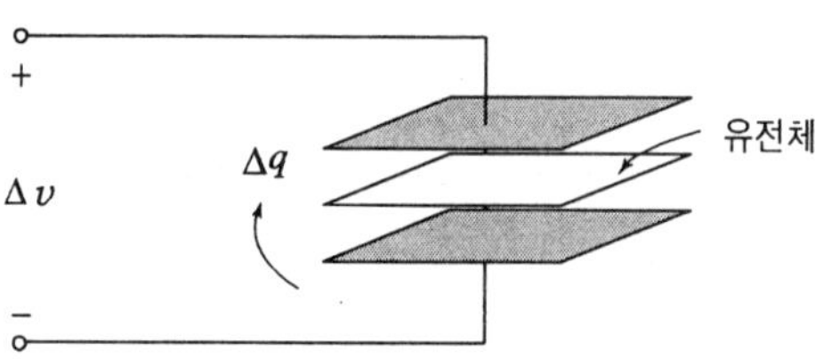

┃그림 1.16┃ 평판커패시터

그림 1.17에 전도체로 만들어진 평행판이 공기층으로 분리되어 스위치와 저항을 통해 전원과 연결되어 있다.

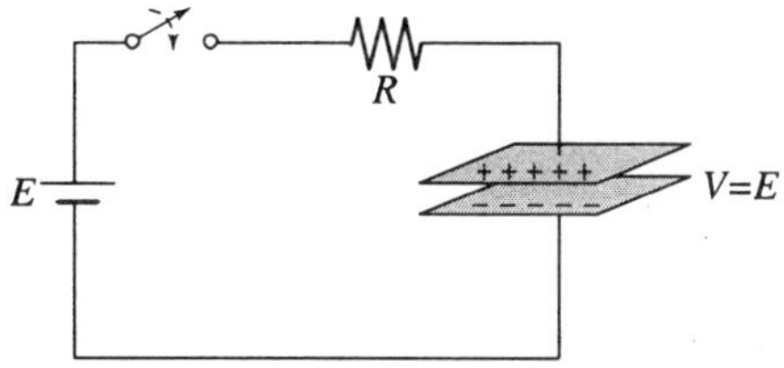

▌그림 1.17▌

만일 평행판이 원래 대전되지 않은 상태이고, 스위치가 떨어진 상태라면 양쪽 판에는 양전하와 음전하 모두 존재하지 않을 것이다. 그러나 스위치가 닫히는 순간, 윗판으로부터 저항을 통해 전원의 양극으로 전자가 흐를 것이다. 이러한 작용으로 윗판에 양전하가 축적된다. 전자는 전원의 음극에 의해서 아랫판으로 윗판에서 흘러 나오는 것과 똑같은 비율로 모이게 된다. 이러한 전자의 흐름은 양판간의 전위차가 전원의 전압과 똑같이 질 때까지 계속된다.

이 소자는 도체판을 절연체(이 경우에는 공기)로 분리한 형태이며 콘덴서라고 부른다.

이때 두 도체간의 전위차는

$$V = \frac{1}{c} \int i(t)\, dt = \frac{Q}{c}$$

가 된다.

이 경우 비례상수 C를 정전용량이라고 하며 두 극판 사이에 ± 1 [C]의 전하를 공급하였을 때 극판 사이의 전위차가 1 [V]이면 이때의 정전용량을 1 Farad라고 한다.

즉 커패시던스는 콘덴서가 가질 수 있는 전하의 용량을 나타내는 것이며, 다른 말로는 저장용량(Storage Capacity)이라고 한다.

Farad라는 단위는 19세기 영국의 화학자이며 물리학자인 Michael Faraday로부터 따온 것이다. 그러나 farad는 대부분의 응용에 있어서 너무 큰 단위이므로 일반적으로 microfarad(10^{-6})나 picofarad(10^{-12})를 사용하고 있다. 식으로 표현하면 다음과 같다.

$$C = \text{farads [F]}$$

$$C = \frac{Q}{V}, \quad Q = \text{coulombs [C]} \tag{1.18}$$

$$V = \text{volts [V]}$$

또한 유전체 여부에 상관없이 판 사이의 전위가 일정하게 유지되고 판 사이의 거리가 고정되었다면 판 사이의 총전계는 $E = V/d$ 식으로 구해진 일정한 값을 갖는다. 그러나 두 전극 사이의 총전계는 유전체를 삽입하면 유전체의 분극 현상에 의해 감소하게 된다.

따라서 V와 d에 의해서 구해진 전계의 값을 보상하고 유지하기 위해서 전극 사이에 더 많은 전하가 축적되어야 하며 양 극판 사이의 전위를 유지하기 위해서 이렇게 추가되는 전하는 다음 식으로 정해지는 정전 용량을 증가시키게 된다.

$$C\uparrow = \frac{Q\uparrow}{V}$$

유전체에서 전속밀도가 전계의 세기에 대한 비율을 유전율(permitivity)이라고 불리운다.

이것은 유전체가 얼마나 쉽게 전속을 통과시키는가를 나타내는 값이다. 유전율이 증가하면 동일한 전계의 세기를 유지하기 위하여 더 많은 전하의 축적이 요구되고 따라서 정전용량도 증가하게 된다.

즉

$$D = \varepsilon E$$

$$\varepsilon = \frac{D}{E} = \frac{Q/A}{V/d} = \frac{QA}{Vd}$$

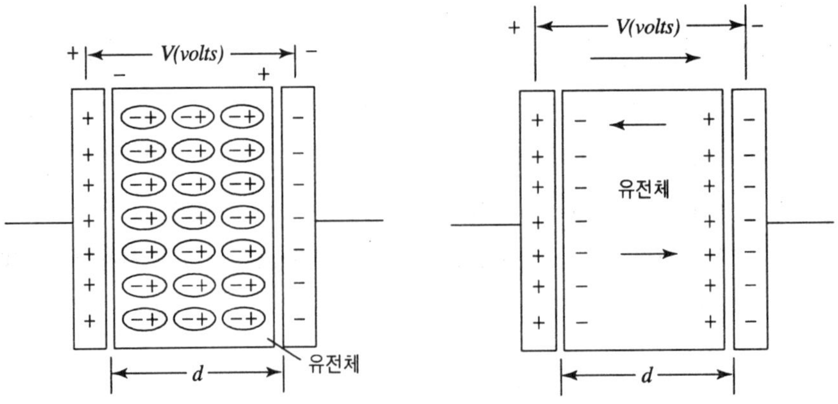

(a) (b)

|그림 1.18| 커패시터

그러나

$$C = \frac{Q}{V}$$

그러므로

$$\varepsilon = \frac{Cd}{A}$$

그리고 $C = \varepsilon \dfrac{A}{d}\,(\mathrm{F})$ (1.19)

혹은

$$C = \varepsilon_0 \varepsilon_r \frac{A}{d} = 8.85 \times 10^{-12} \varepsilon_r \frac{A}{d}\,(\mathrm{F})$$

여기서 A는 판의 넓이를 제곱미터로 나타낸 것이며, d는 두 판 사이의 거리를 미터 단위로 나타낸 것이다. 그리고 ε_r은 비유전율이다. 그러므로 판의 크기가 커지거나 전극 사이의 거리가 감소되거나 또는 ε_r가 증가되도록 유전체를 변화시키면 용량은 커지게 된다.

(1) **누설전류**(Leakage Current)

지금까지는 유전체에서 전자가 이동하는 경우는 절연이 파괴되었을 경우라고 가정해왔다. 이 경우는 이상적인 경우이고 실제로는 유전체 내의 불순물이나 물질 자체의 힘 때문에 모든 유전체는 자유전자를 가지고 있다.

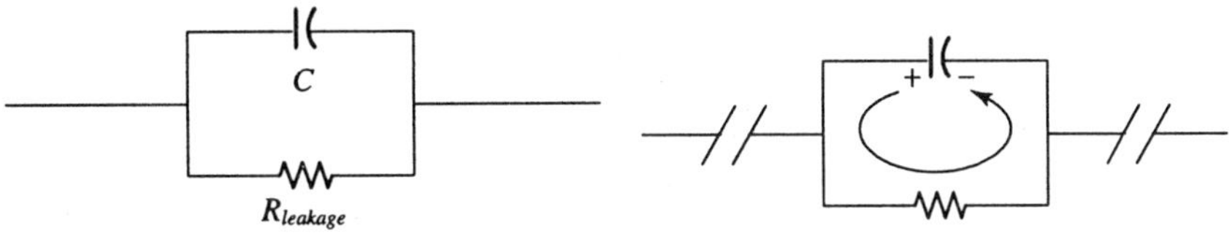

(a) (b)

▌그림 1.19▐

콘덴서의 양극에 전압을 인가했을 때 자유전자에 의한 누설전류가 한 쪽 판에서 다른 판으로 흐르게 된다. 그러나 이 전류는 보통 아주 적은 양이어서 대부분의 응용에서는 무시될 수 있을 정도이다. 이 효과는 그림 1.19(a)와 같이 콘덴서와 병렬로 존재하는 저항으로 표현할 수 있다. 이 저항값은 보통 100메가옴(M

Ω)이상이다. 그러나 일렉트롤리틱(electrolytic)형의 콘덴서와 같이 누설전류를 많이 흘리는 경우도 있다. 이런 콘덴서는 충전된 후 한쪽 판에서 다른 판으로 흐르는 누설전류 때문에 수초만에 전하를 잃게 된다.

(2) **직 · 병렬 콘덴서**(Capacitors in Series and Parallel)

저항과 마찬가지로 콘덴서는 직렬구조와 병렬구조를 가질 수 있다. 용량을 증가시키기 위해서 콘덴서는 병렬로 연결되어야 하며 직렬로 연결되면 용량이 감소하게 된다. 콘덴서가 직렬로 연결되었을 때의 전하는 그림 1.20에 나타난 것과 같이 각 콘덴서의 전하가 같게 된다.

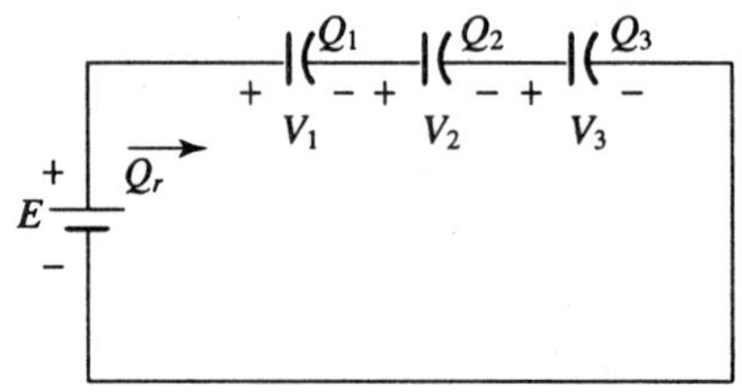

그림 1.20

$$Q_t = Q_1 = Q_2 = Q_3$$

또한 전 전압 E는

$$E = V_1 + V_2 + V_3$$

그러나,

$$V = \frac{Q}{C}$$

이므로

$$\frac{Q_T}{C_T} = \frac{Q_1}{C_1} = \frac{Q_2}{C_2} = \frac{Q_3}{C_3}$$

각 항을 Q로 나누면 다음과 같이 된다.

$$\frac{1}{C_T} = \frac{1}{C_1} + \frac{1}{C_2} + \frac{1}{C_3} \tag{1.20}$$

이 식은 병렬저항에서 구하는 총저항을 구하는 식과 같다. 직렬로 연결된 두 콘덴서의 총용량은 다음과 같다.

$$C_T = \frac{C_1 C_2}{C_1 + C_2} \tag{1.21}$$

그림 1.21에 나타난 병렬 콘덴서 회로에서 각 콘덴서의 전압은 같으며 총용량은 각 콘덴서 용량의 합과 같다.

$$Q_T = Q_1 + Q_2 + Q_3$$

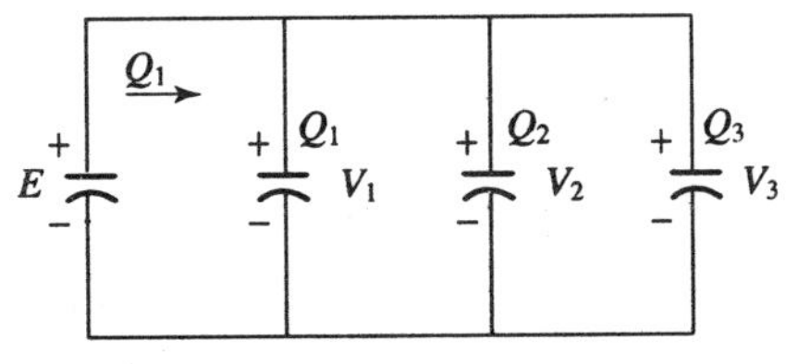

┃그림 1.21┃

그러나,

$$Q = CV$$

이므로

$$C_T E = C_1 V_1 + C_2 V_2 + C_3 V_3$$

그리고

$$E = V_1 = V_2 = V_3$$

그래서,

$$C_T = C_1 + C_2 + C_3 \tag{1.22}$$

(3) **콘덴서에 축적된 에너지**(Energy Stored by a Capacitor)

이상적인 콘덴서는 공급받은 에너지를 소비하지 않고 도체 표면사이의 전계형태로 에너지를 저장한다. 그림 1.22에 충전 상태에서 콘덴서에 나타나는 전압, 전류 그리고 전력을 도시하였다. 전력곡선은 전류와 전압을 일정한 시간간격으로 측정하여 곱해준 값을 점으로 나타내고 그 점들을 이어서 곡선으로 만든다(그림 1.22에 나타난 곡선 위의 P_1을 보라).

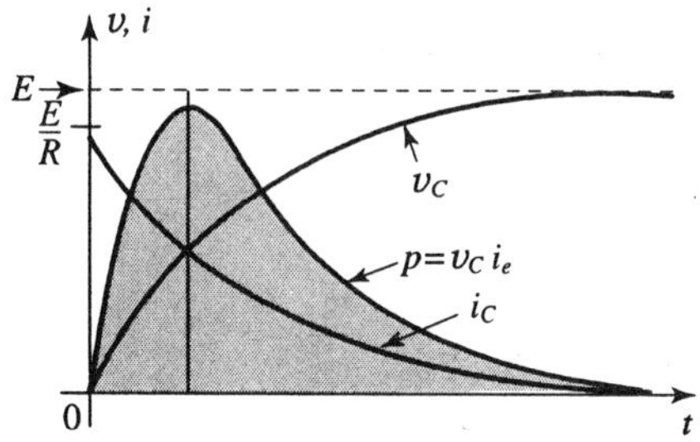

그림 1.22

저장된 에너지는 전력곡선의 아랫부분에 그림자로 표시하고 곡선 아랫부분의 면적을 구하면

$$W_C = \frac{1}{2} CE^2 \ (\mathrm{J}) \tag{1.23}$$

Q와 C를 사용하여 다음과 같은 결과를 얻을 수 있다.

$$W_C = \frac{1}{2} C \left(\frac{Q}{C} \right)^2$$

혹은

$$W_C = \frac{Q^2}{2C} \ (\mathrm{J})$$

(4) **표류용량**(Stray Capacitances)

이제까지 언급해왔던 콘덴서들에 부가하여 설계상으로 만들어진 것이 아니고, 두 도체가 너무 가깝게 배치되었기 때문에 생겨난 표류용량에 대해서 설명하기로 하자.

두 개의 도선이 같은 회로에 존재할 때 그들 서로간에는 그림 1.23(a)와 같은 정전 용량이 존재하게 된다. 전자회로에서는 그림 1.23(b)와 같이 트랜지스터의 표면 사이에도 용량이 존재한다.

그림 1.23(c)와 같이 도선 사이에 용량이 존재 하게된다. 만약에 이 표류용량을 조심스럽게 고려하지 않는다면 회로 설계상 심각한 오류를 발생시킬 수도 있는 것이다.

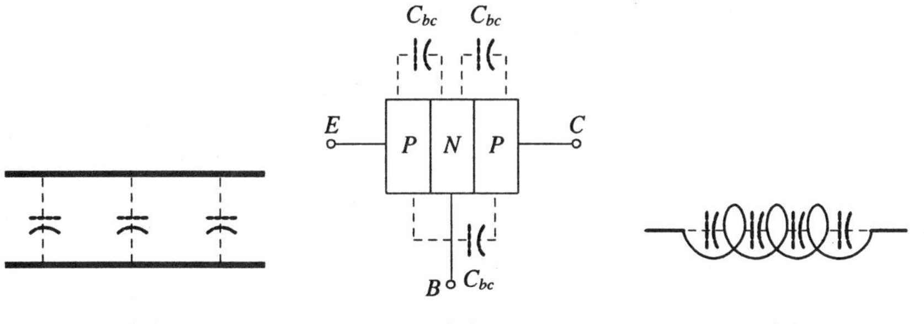

【그림 1.23】

(5) 콘덴서의 형명 표시법

CF M 102(1000 PF) K → 2H(500 WV)

↓ ↓ ↓ ↓ ↓

전해 콘덴서 전기특성 정전용량 허용오차정격전압500[V]

(1) 처음의 두 문자는 콘덴서의 종류를 나타낸다.

(2) 두 번째 문자는 전기 특성을 나타낸다.

(3) 세 번째 숫자는 정전 용량을 표시하는 것으로 처음 두 숫자는 정수이고, 마지막 숫자는 10의 배수를 나타낸다. 단위는 [PF]소수점을 나타낼 때는 R을 사용해 2R5=2.5 [PF]이다.

(4) 네 번째 문자는 허용오차를 나타내며 다음과 같다.

또한, 10 PF 이상의 콘덴서에서는 %, 10 PF 이하의 콘덴서에서는 PF로 표시한다.

ex) J =±5%

문자	B	C	D	F	G	J	K	M	N
허용 오차(%)	±0.1	±0.25	±0.5	±1	±25	±5	±10	±20	±30
허용 오차(PF)	±0.1	±0.25	±0.5	±1	±2	10PF 이하의 콘덴서			

(5) 정격전압은 숫자와 알파벳의 2자로 표시한다. 예를 들면 2H의 2는 10의 지수를 나타내며, 10^2 H의 뜻으로 다음 표에서 500 [V]임을 알 수 있다.

또, 세라믹 콘덴서에 있어서는 정격전압은 흔히 생략한다.

	A	B	C	D	E	F	G	H	J	K
0	1	1.25	1.6	2.0	2.5	3.15	4.0	5.0	6.3	8.0
1	10	12.5	16	20	25	31.5	40	50	63	80
2	100	125	160	200	250	315	400	500	630	800
3	1,000	1,250	1,600	2,000	2,500	3,150	4,000	5,000	6,300	8,000

ex) 222K 2H : 22×10^2 (PF) ± 10% 정격전압 500 (V)

1.4.5 인덕터(Inductors)

저항은 전기적인 에너지를 열에너지로 변환시켜 전기적인 에너지를 소모하는 요소이고 콘덴서는 전기적인 에너지를 저장하는 요소로서 저장할 수 있는 그릇의 크기를 정전용량 및 정격전압으로 나타내었다.

인덕터는 전기적인 에너지를 자기 에너지로 변환하여 저장하는 요소로서 정확하게 개념을 정립하여 사용한다면 콘덴서와 함께 유용하게 이용할 수 있는 소자이다.

일반 물리계와 비교 설명한다면 인덕터는 질량과 같은 요소로서 질량을 갖는 물체의 속도가 변화하면 관성력이 작동하는 것과 같이 인덕터는 전기적인 관성을 갖게 되는 요소로서 회로에 흐르고 있는 전류의 변화를 방해하는 작용을 하게 된다.

인덕터는 회로내에서 에너지의 변환만 일으킬 뿐 전기적인 에너지를 소모하지는 않는다.

따라서 전기적인 요소 중 에너지를 소모시키는 요소는 저항뿐이고 저항 성분을 작게 함으로서 에너지의 손실을 최소화시킬 수 있다.

(1) 패러데이의 전자 유도 법칙

만일 도체가 자계내를 통과하여 자속선을 끊는다면 도체내에 전위가 발생할 것이다. 단위 시간당 끊는 자속수가 많을수록(도체의 속도를 빨리하여), 혹은 자속의 세기를 크게 할수록 도체에 발생하는 전위는 커질 것이다. 만일 도체가 고정되고 자속이 움직여서 자속을 끊게 되어도 앞에서 나타낸 것과 똑같은 결과를 얻게 된다.

만일 N번 감은 코일을 그림 1.24에 나타난 것과 같이 변화하는 자속내에 놓으면 패러데이의 법칙에 의한 전압이 발생하는 것이다.

$$e = N\frac{d\phi}{dt} \quad \text{(volts, V)} \tag{1.24}$$

여기서 N은 코일을 감은 수를 나타내고 있으며, $d\phi/dt$는 웨버(weber) 단위로 쇄교하는 자속변화를 나타낸 것이다. 여기서 말하는 쇄교(linking)란 코일과의 쇄교를 말한다. 그리고 변화(changing)란 일정한 시간동안 자속의 밀도변화와 자속을 끊는 변화를 의미한다.

만일 코일이 자속내에 고정되어 존재하거나 자속이 변하지 않는 $d\phi/dt = 0$인 상태로 코일과 쇄교하는 자속이 변화하지 않는다면 유도전압도 0이 된다.

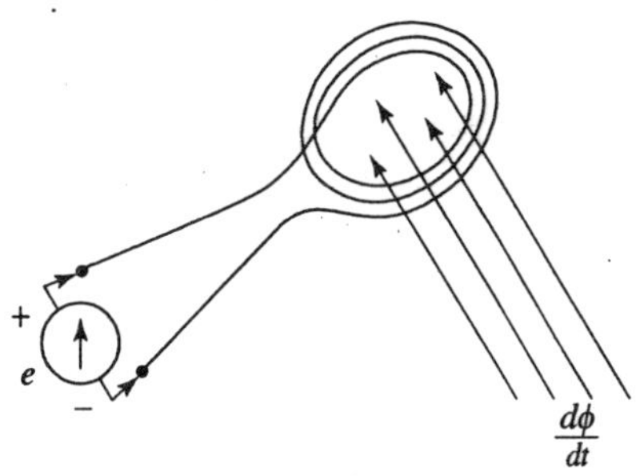

|그림 1.24|

① 자기 인덕턴스

인덕터(inductor ; 유도소자)는 코일로 된 도선으로 이루어진 2단자소자이다. 소자를 통해 흐르는 전류는, 그림 1.25의 간단한 모델에서 볼 수 있듯이, 인덕터를 구성한 코일을 둘러싸고 있는 폐루프 모양을 한 자속 ϕ를 생산한다. 코일이 N회 감겨 있고, 자속 ϕ가 감긴 코일을 통해 지나는 것으로 생각하자. 이 경우 N번 감긴 코일과 쇄교하는 전체 자속을 λ로 표현하면 $\lambda = N\phi$이다. 이러한 전체 자속을 일반적으로 자속쇄교(flux linkage)라 한다. 자속의 단위로는 weber (Wb)를 쓰는데, 이는 독일의 물리학자 Wilhelm Weber(1804~1891)의 공적을 기리기 위한 것이다.

선형인덕터에서 자속쇄교는 소자를 통해 흐르는 전류에 직접 비례한다. 따라서,

$$\lambda = Li \tag{1.25}$$

로 표현할 수 있고, 여기서 비례상수 L이 Wb/A로 인덕턴스(inductance)이다. 1 Wb/A의 단위를 henry(H)라 하는데, 미국의 물리학자 Joseph Henry(1797~1878)의 이름에 연유한다.

따라서 코일에 유도되는 저압은

$$V = L\frac{d}{dt}i(t) \tag{1.26}$$

가 된다.

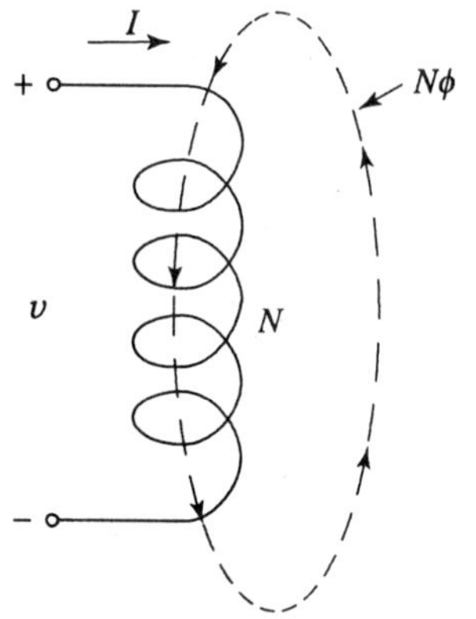

▌그림 1.25▌ 인덕터의 간단한 모델

(2) **렌츠의 법칙**(Lenz's Law)

N번 감은 코일과 쇄교하는 자속분포가 그림 1.25와 같고 전류의 크기가 증가한다면 코일과 쇄교하는 자속의 크기도 증가한다. 코일과 쇄교하는 자속이 변화하면 코일에 나타나는 전압도 변화할 것이다.

그러므로 이 코일에는 코일을 흐르는 전류에 의한 유도전압이 생기는 것이다. 유도전압의 극성은 자속의 변화를 막는 방향으로 전류를 흘리게 하는 방향이다.

다른 말로, 유도효과(e_{ind})는 코일에 흐르는 전류의 변화에 의한 것이다. 그러나, 유도된 전압은 코일을 흐르는 전류의 변화를 막는 작용을 한다. 이 효과는 순간적으로 일어남을 명심하라. 전류가 커지려는 순간에 이 변화를 막으려는 효과가 생기는 것이다.

그러므로 이 코일이나 인덕터를 전류의 변화를 막는 초크(choke)라고 부른다. 위에서 나타낸 반응은 코일에 흐르는 전류가 증가하거나 감소하는 모든 경우에서 성립한다.

이 효과는 렌츠의 법칙(Lenz's Law)이라고 불리는 일반적인 원리의 전형적인 예이다. 정리하면,

전자유도효과는 전류의 변화를 방해하는 방향으로 일어난다.

$$V = -L\frac{d}{dt}i(t)$$

(3) **코일에 의해 저장된 에너지**(Energy Stored by an Inductor)

이상적인 코일은 이상적인 콘덴서와 마찬가지로 공급된 전기적 에너지를 소비하지 않는다. 이것은 자기장 형태의 에너지로 저장된다. 코일 주위에 자기장이 확립되는 동안의 전압, 전류, 전력은 도시해 보면, 그림 1.26과 같다.

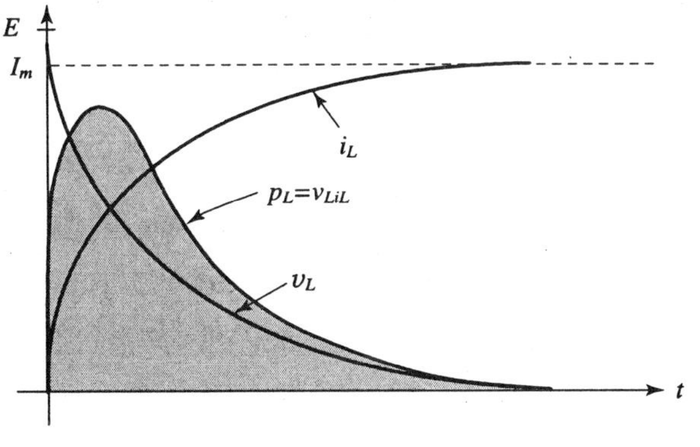

┃그림 1.26┃

저장된 에너지는 전력곡선 밑부분의 그림자부분이다. 곡선 밑부분의 면적은

$$W_{\text{stored}} = \frac{1}{2}LI_m^2 \text{ (joules, J)} \tag{1.27}$$

(4) **직렬과 병렬 코일**(Inductors in Series and Parallel)

저항과 콘덴서와 마찬가지로 코일은 직렬과 병렬로 연결할 수 있다. 코일의 직렬 연결로 인덕턴스를 증가시킬 수 있고, 반면에 병렬 연결은 인덕턴스를 감소시킨다.

직렬 인덕턴스의 총인덕턴스는 직렬저항기의 총저항과 같은 방법으로 구해진다(그림 1.27).

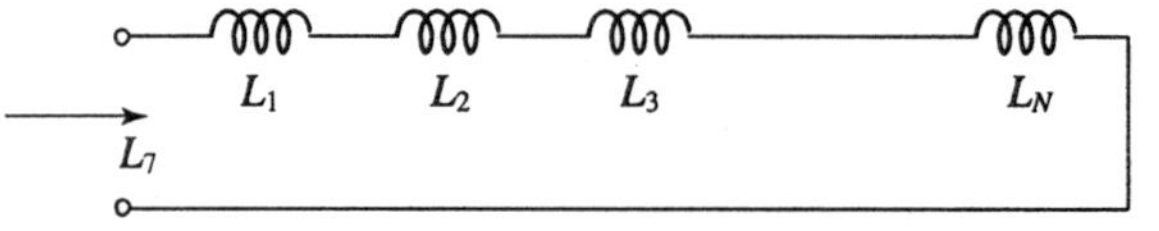

┃그림 1.27┃

$$L_T = L_1 + L_2 + L_3 + \cdots + L_N \tag{1.28}$$

병렬 코일에 대한 총인덕턴스는 병렬저항기의 총저항과 같은 방법으로 구해진다(그림 1.28).

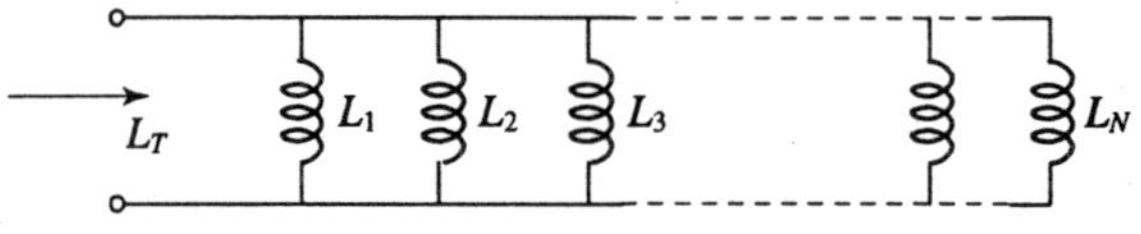

┃그림 1.28┃

$$\frac{1}{L_T} = \frac{1}{L_1} + \frac{1}{L_2} + \frac{1}{L_3} \cdots \frac{1}{L_N} \tag{1.29}$$

두 병렬 코일에 대해서

$$L_T = \frac{L_1 L_2}{L_1 + L_2} \tag{1.30}$$

1.5 능동 소자

지금까지의 세 가지 회로소자는 수동소자(passive element)라 불린다. 그것은 이것들이 외부에서 전압이나 전류의 공급을 받지 않는 한 아무런 전기적 효과를 나타낼 수 없기 때문이다. 이에 반하여 전기적 에너지를 공급하는 장치, 즉 전원을 능동소자(active element)라 부른다. 능동소자 역시 그 양단자에서 관측되는 전압-전류의 관계에 따라서 분류된다.

1.5.1 독립 전압원

독립 전압원(independent voltage source)은 일정 전압이 그것의 단자 사이에 나타나고, 그것을 통하여 흐르는 전류의 값이나 방향에 관계없이 어떤 순간에도 이 전압의 값이 독립적인 2 단자 회로망 소자이다. 전압원에 대한 회로 기호는 그림 1.29(a)에 있다. 단자 전압 $v_s(t)$는 항상 일정하거나, 또는 어떤 시간의 함수일 수도 있다. 그래서 상수(dc) 전원 또는 시변화(tine-varying) 전원이라 한다. 상수값(dc) 전압원은 종종 이상적인 전지에 대한 모델로도 쓰여진다. $i-v$ 평면에서 그 특성을 설명함으로써 전압원의 성질을 보다 적절히 이해할 수 있다. 그림 1.29(b)와 같이 이것은 단순히 수평선이다. 만약 전원이 시간에 따라 변한다면, 수평 특성의 이 위치는 시간이 달라지면 변할 것이다. 단자 전압이 0이면 횡축과 동일하다. 그러므로 전압원의 내부 저항값(전압원의 출력이 0일 때 그것의 단자 사이에서 측정된 저항값)은 0이다. 이것은 물론 이런 전원의 단자 전압은 그것을 통하여 흐르는 전류에 무관하다는 데서 나온 것이다.

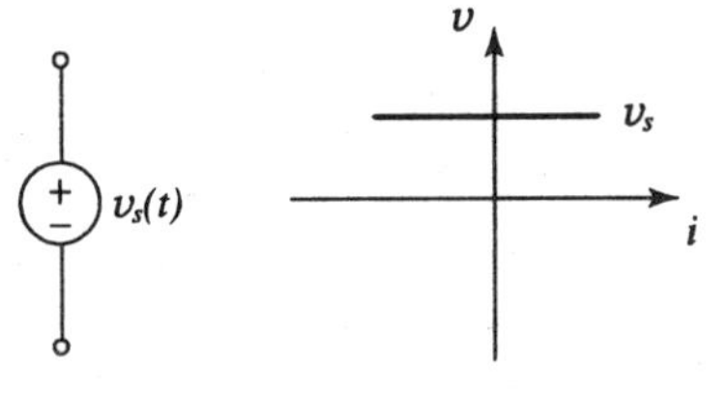

그림 1.29 전압원에 대한 기호와 $v-i$ 특성

(1) 독립 전류원

독립 전류원의 두 번째 형태는 전류원(current source)이다. 전류원은 그를 통해 일정 전류가 흐르고, 항상 이 전류의 값과 방향이 전원의 단자에 나타나는 전압의 값이나 방향에 독립적인 성질을 가진 2단자 소자이다. 전류원에 대한 회로 기호는 그림 1.30(a)에 나타나 있다. 전류 $i_s(t)$ 출력은 상수(dc) 또는 시변화 전류원이라 한다. 그림 1.30(b)의 $i-v$ 평면상에서 전류원의 특성이 수직선으로 나타나 있다. 시변화 전원에 대하여 이 수직선의 위치는 시간에 따라 변할 것이다. 전원 전류가 0일 때, 이 특성은 종축과 동일하다. 그러므로 전류원의 내부저항(출력 전류가 0일 때 단자 사이에서 측정되는 저항)은 무한대이다. 이것은 물론 이런

전원을 통하여 흐르는 전류는 이것을 나타내는 전압의 값에 독립이라는 데서 유래한다.

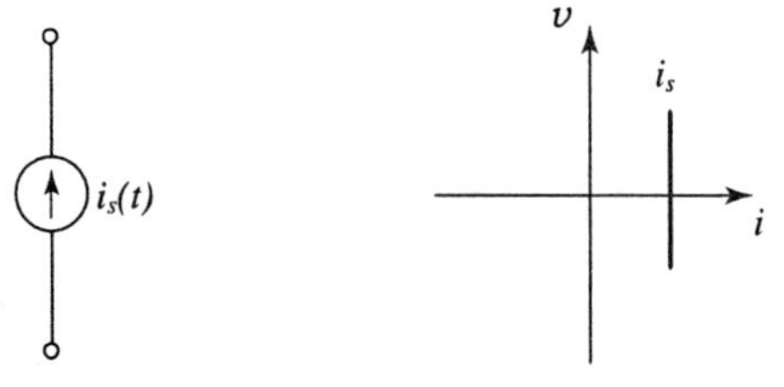

┃그림 1.30┃ 전류원에 대한 회로 기호와 $v-i$ 특성

1.5.2 종속(제어되는) 전원

앞에서 보았듯이 독립전원은 그것들의 출력이 상수이거나 시간의 함수라는 것에 의하여 특징지어졌다. 이 절에서 고려되는 전원의 두 번째 형태는 종속(dependent)[제어(control)되는] 전원이다.

이의 출력은 어떤 제어하는 전압 또는 전류 변수에 비례한다. 비례하는 상수는 이득(gain)이라 한다. 전압형, 전류형 모두 종속일 수도 있고, 둘 중에 하나가 전압 또는 전류에 의하여 제어되어질 수도 있다.

그러므로 그림 1.31과 같이 여기에는 네 가지 형태의 종속 전원이 있다.

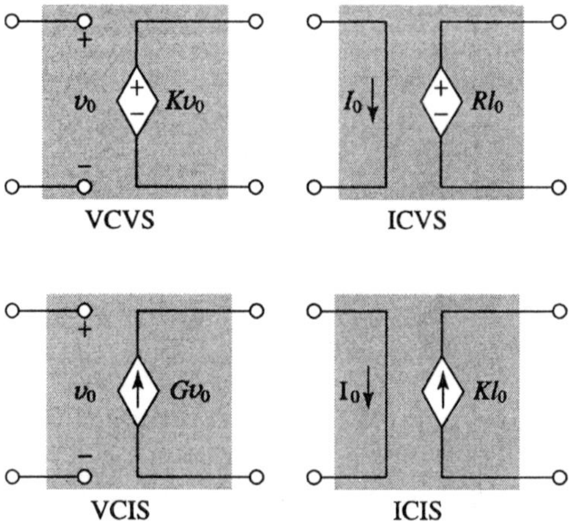

┃그림 1.31┃ 이상적인 종속 전원

그것들은 전압 제어 전류원(VCVS), 전류 제어 전압원(ICVS), 전압 제어 전류원(VCIS) 그리고 전류 제어 전류원(ICIS)이다.

그림에서 점선은 제어 변수가 회로망 어디에 위치하든 그들이 3단자 소자를 형성하기 위해 전원에 연결되어 있다는 것을 나타내기 위한 것이다. 그림으로부터 이득 상수는 저항의 차원(ICVS), 컨덕턴스 차원(VCIS)을 가지거나, 차원이 없는 것(VCVS, ICIS)도 있다.

예제 1.4

독립 전원과 종속 전원을 사용하는 간단한 회로의 예를 생각하자. 그림 1.31(a)에서 독립 전류원과 저항은 $v_0 = 2 \times 3 = 6\,\text{V}$를 만든다. VCVS의 출력은 24 V이다. 그러므로 전류 $i_{out} = 24/5 = 4.8\,\text{A}$이다.

그림 1.32(b)에서는 독립 전압원과 저항이 $i_0 = 10/20{,}000 = 0.5\,\text{mA}$의 전류를 만든다. ICVS의 출력은 $-0.025\,\text{V}$이므로, 전류 $i_{out} = -0.025/10{,}000 = -0.0025\,\text{mA}$이다.

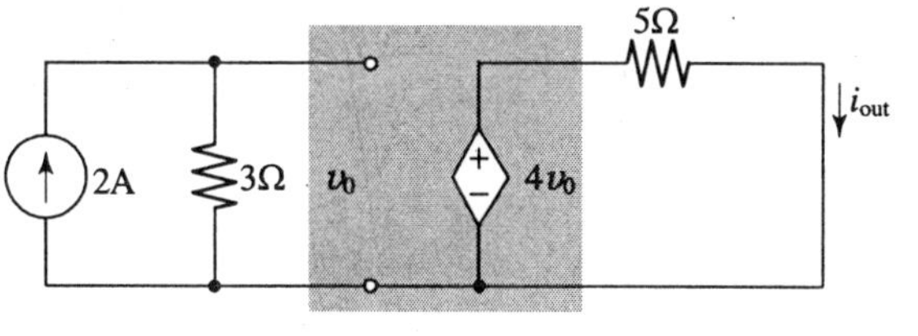

(a)

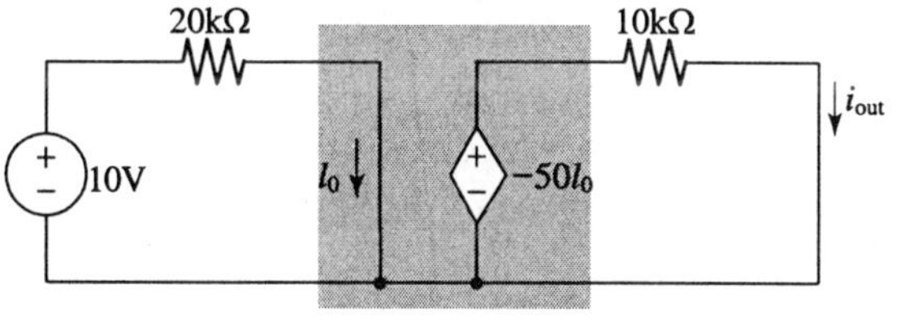

(b)

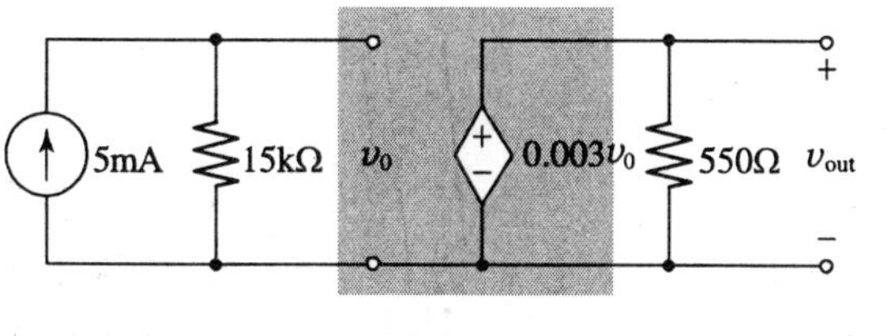

(c)

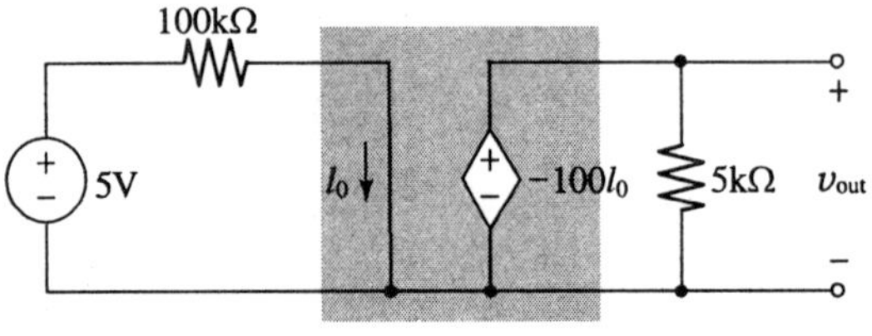

(d)

▌그림 1.32▌ 종속 전원의 예

그림 1.32(c)에서 독립 전류원과 저항은 $v_0 = 75\,\text{V}$를 만든다. VCIS의 출력은 225 mA이다. 그러므로 전압 $v_{out} = 0.225 \times 550 = 123.75\,\text{V}$이다.

그림 1.32(d)에서 독립 전압원과 저항은 $i_0 = 5/100{,}000 = 0.05\,\text{mA}$를 만든다. ICIS의 출력은 $-5\,\text{mA}$이며, 전압 $v_{out} = -0.005 \times 5000 = -25\,\text{V}$이다. 종속 전원은 회로 분석에서 종종 사용되는 동적 소자의 모델을 제공하기 위하여 사용되어진다. 예로서 공통 이미터 (CE)에서 사용되는 트랜지스터를 생각하자. 이에 대한 회로 기호는 그림 1.33(a)에 있다.

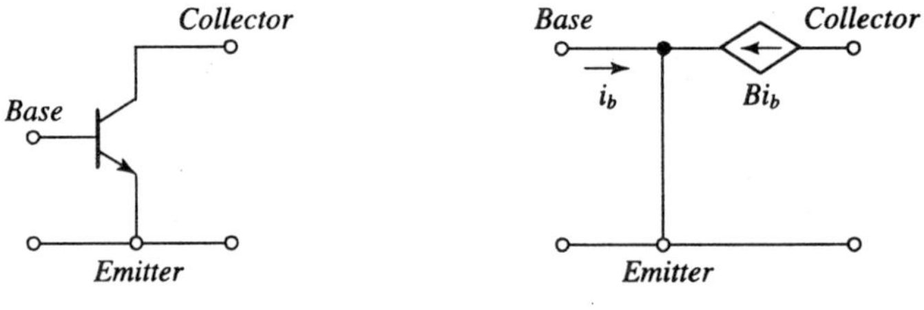

(a) (b)

▌그림 1.33▌ 트랜지스터와 ICIS모델

간편하게 하기 위하여 트랜지스터의 동작에 필요한 직류 바이어스 회로는 생략했다. ICIS를 이용한 이상적인 모델을 그림 1.33(b)에 나타냈다. β의 값은 100의 차수(order)이다. 이 모델에서 베이스와 접지 사이에서 측정된 입력 저항은 0이다(단락회로). 비슷하게 컬렉터와 접지 사이에서 측정된 출력 저항은 무한대였다(전류원의 저항).

대부분의 실제 트랜지스터는 이와 비슷한 입력 그리고 출력 저항을 가지고 있다.

종속 전원의 또 다른 예로서 반전(inverting) op앰프를 생각하자. 이에 대한 회로 기호는 그림 1.34(a)에 나타나 있다. 이상적인 모델은 그림 1.34(b)에 있다. 실제로, 이 모델에서 보이는 이득 K는 매우 큰 값(10^4에서 10^5을 가지고 있고 보통은 무한하다고 취급된다. 이 모델에서 입력 단자와 접지 사이에서 측정된 입력 저항은 무한대였다(개방회로의 저항). 출력저항은 0이다(전압원의 저항).

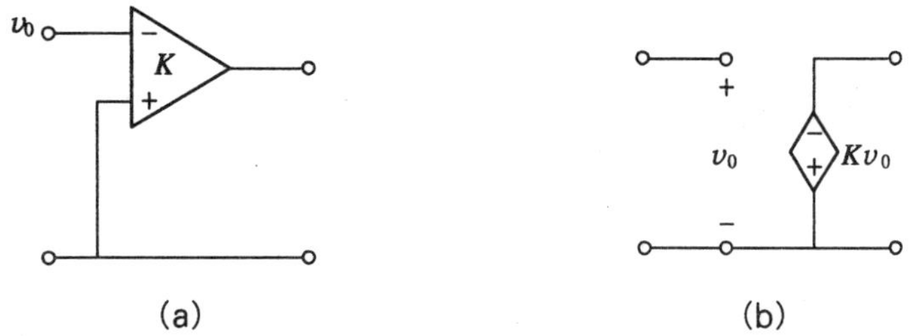

▌그림 1.34▌ 반전 op앰프와 그것의 VCVS모델

표 1.4 단위와 표시심볼 등가

량	심볼	단 위	등가단위	약자
Charge	q	coulomb	—	C
Current	i, I	ampere	Coulomb/second	amp
Flux linkages	Ψ	weber-turn	—	Wb
Energy	w, W	joule	newton-meter	J
Voltage	v, V	volt	joule/coulomb	V
Power	p, P	watt	joule/second	W
Capacitance	C	farad	coulomb/volt	F
Inductance	L, M	henry	weber/ampere	H
Resistance	R	ohm	volt/ampere	Ω
Conductance	G	mho	ampere/volt	(℧)
Time	t	second	—	sec
Frequency	f	hertz	cycles/second	Hz
anglervelocity	ω	radian/second	$\omega=2\pi f$	none

연습문제

1-1 650 μC의 전하가 50초안에 도선을 통과한다고 할 때의 전류를 암페어 단위로 구하여라.

1-2 465 μC의 전하가 2.5분 안에 도선을 통과한다고 할 때의 전류를 암페어 단위로 구하여라.

1-3 40 A의 전류를 1분 동안에 흘린다고 가정할 때, 몇 쿨롬의 전하가 통과하겠는가?

1-4 전구에 2분 동안 750 mA의 전류가 흘렀다고 할 때 전구를 통과한 전하량은 몇 쿨롬인가?

1-5 도체를 통과하는 전류가 2 mA일 때, $4{,}600\times10^{-6}$C의 전하가 통과할 때까지는 얼마만큼의 시간이 필요한가?

1-6 21.847×10^{18}개의 전자가 도선에 7초간 흐를 때의 전류는?

1-7 1 A의 전류가 1분 동안 도체를 흐른다고 할 때, 몇 개의 전자가 통과하겠는가?

1-8 0.784×10^{18}개의 전자가 도선에 643 ms간 흐를 때의 전류는?

1-9 50×10^{18}개의 전자를 두 점 간에 이동시킬 때, 96 mJ이 들었다면 두 점 간의 전위차는?

1-10 두 점 간의 전위차가 42 V일 때, 6 C의 전하를 두 점간 사이로 이동시키는데 드는 에너지는?

1-11 16 V의 전위차가 있는 점 사이를 이동시키는데 96 J의 에너지가 든다고 할 때, 전하량 Q는?

1-12 도체안을 흐르는 전류가 200 mA일 때, 40 J의 에너지를 30초 동안 열에너지로 바꾸었다고 하면 도체에서 일어나는 전압강하는?

1-13 전기회로내의 두 점 간에 24 V의 전위차가 존재한다고 할 때, 5 ms 동안 0.4 J의 에너지가 소비되었다면 두 점 간에 흐르는 전류는?

1-14 온도가 20℃일 때, 동선의 저항이 50Ω이라면 100℃(물의 끓는 점)에서는 저항이 어

떻게 바뀌는가?

1-15 만일 0℃에서 동선의 저항이 30Ω이라면 -40℃일 때의 저항은 얼마인가?

1-16 20℃에서 알루미늄의 저항이 100mΩ이라면 120mΩ이 되는 온도는 얼마인가?

1-17 2.2Ω의 저항을 가진 회로에 9V 축전지를 연결할 때 흐르는 전류는 얼마인지 결정하여라.

1-18 60W의 전구에 전압 120V를 인가해서 50mA의 전류가 흘렀다면, 이 전구의 저항은 얼마인가?

1-19 그림 4·3에서 2Ω의 저항에서 전압강하가 16V일 때, 이 저항에 흐르는 전류는 얼마인가?

1-20 전류가 4A이면, 5Ω의 저항에 의해 소비되는 전력은 얼마인가?

1-21 5kΩ 저항소자에 의하여 소비되는 전력이 20mW일 때, 5kΩ 저항을 통하는 전류는 얼마인가?

1-22 일년간(365일) 60W 전구를 계속 켜기위해 얼마만큼의 에너지가 필요한가?

1-23 4kwh 에너지를 가지고 205W TV를 얼마나 오랫동안 사용할 수 있는가?

1-24 만약 가격이 킬로와트시당 8센트라면 50hp 모터를 세 시간 동안 사용한 값은 얼마인가?

1-25 6Ω의 저항에 흐르는 전류가 2.5A이면, 이 저항의 전압강하는 얼마인가?

1-26 72Ω의 저항에서의 전압강하가 12V이면, 이 저항에 흐르는 전류는 얼마인가?

1-27 어떤 저항에서의 전압강하가 6V이면 전류를 1.5mA로 한정하기 위해 얼마만한 저항이 필요한가?

1-28 모터의 기동저항이 0.056Ω이면 12V 자동차 전지의 초기 소모전류는 얼마인가?

1-29 0.02MΩ의 저항을 흐르는 전류가 3.6μA이면, 이 저항에 걸리는 전압강하는 얼마인가?

1-30 전압계의 내부저항이 15kΩ이고, 그 지시계가 62V를 나타낼 때, 기계에 흐르는 전류는?

1-31 2.2A의 냉장고를 120V에서 사용할 때 저항은 얼마인가?

1-32 시계가 120V에 연결되어 있을 때 시계 내부저항이 7.5kΩ이면 시계에 흐르는 전류는 얼마인가?

1-33 세탁기를 120V, 4.2A에서 쓰게 되면, 내부저항은 얼마인가?

1-34 120V, 0.76A용 다리미의 전기저항은 얼마인가?

1-35 트랜지TM터에 입력전류가 20μA이다. 가해진 전압이 24mV이면 입력저항은 얼마인가?

1-36 직류발전기의 내부저항이 0.5Ω이다. 전류가 15A일 때, 내부저항에 의한 단자전압의 손실은 얼마인가?

1-37 a. 전열기가 120V에 연결되어 9.5A를 쓰면 전열기의 내부저항은 얼마인가?
b. 2장의 기초관계식을 이용하면 한시간에 얼마나 많은 에너지가 변환되는가?

1-38 420J의 에너지가 7분 동안 저항에 흡수되었다면 그 저항에 대한 전력은 얼마인가?

1-39 어떤 기계의 전력이 초당 40(J/s)줄이다. 640J을 전달하는데 얼마나 걸리는가?

1-40 a. 8시간 동안 2W 가로등은 몇 joule의 에너지를 소비하는가?
b. kilowatthour로는 얼마나 소비하는가?

1-41 10Ω의 저항이 분당 300 쿨롬(C/min)의 속도로 전하를 흐르게 한다. 얼마나 많은 전력이 소비되는가?

1-42 12J의 에너지를 소비하기 위해서, 3V의 전압이 걸리는 저항에 2A의 전류가 얼마 동안 존재해야 하는가?

1-43 전하가 48C/min의 비율로 흐른다면 6V 축전지에 의해 전달되는 전력은 얼마인가?

1-44 4Ω 저항에 흐르는 전류가 7mA이다. 저항에 전달되는 전력은 얼마인가?

1-45 3Ω 저항에 걸리는 전압강하가 9mV이다. 저항에 입력되는 전력은 얼마인가?

1-46 4Ω 저항에 전력이 64W 입력되면 저항을 통하여 흐르는 전류는 얼마인가?

1-47 $\frac{1}{2}$W 저항이 1,000Ω의 저항값을 갖는다. 안전하게 작동할 수 있는 최대전류는 얼마인가?

1-48 스테레오 내의 2.2kΩ 저항이 42mW의 전력을 소비한다. 저항에 걸리는 전압은 얼마인가?

1-49 a. 100Ω 저항의 전류에 대한 힘을 그려라. 전력의 단위는 0에서 1W까지 또 전류의 단위는 0에서 100mA까지 0.1W와 10mW로 나누어 사용하여라.

b. 그래프는 선형인가, 비선형인가?

c. 그래프를 이용해 500mW 전력수준에서 전류를 결정하여라.

1-50 그림 1.35의 조건에 대해서 전압 V_{ab}를 구하여라.

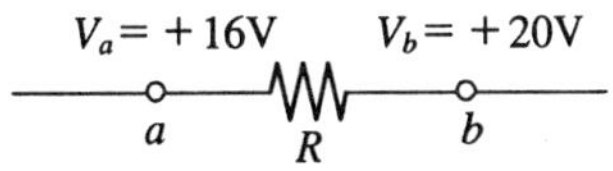

|그림 1.35|

1-51 그림 1.36과 같은 구성에 대해서 전압 V_a를 구하여라.

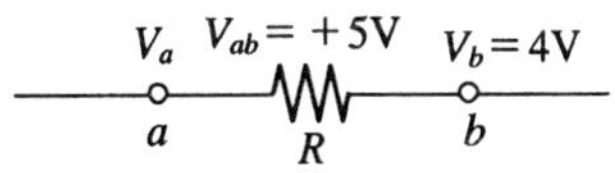

|그림 1.36|

1-52 그림 1.37과 같은 구성에 대해서 전압 V_{ab}를 구하여라.

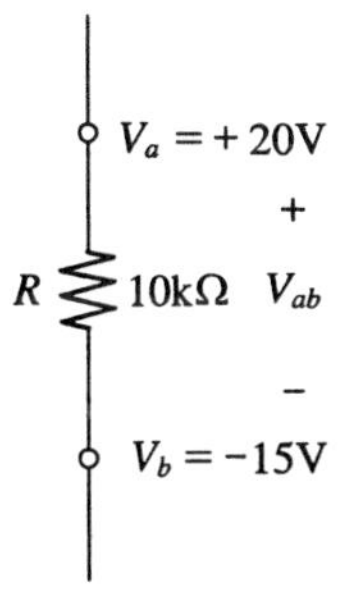

|그림 1.37|

1-53 그림 1.38의 회로에서 전압 V_b, V_c, V_{ac}를 구하여라.

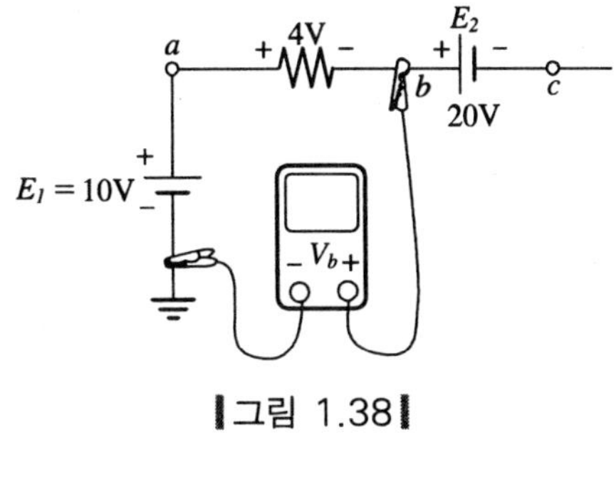

|그림 1.38|

1-54 그림 1.39의 회로에 대해서 V_{ab}, V_{bc} 그리고 V_c를 구하여라.

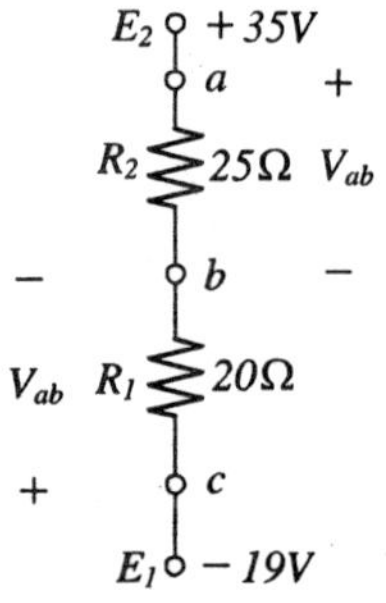

▌그림 1.39▐

1-55 전압분배법칙을 이용하여, 그림 1.40의 전압 V_1과 V_2를 구하여라.

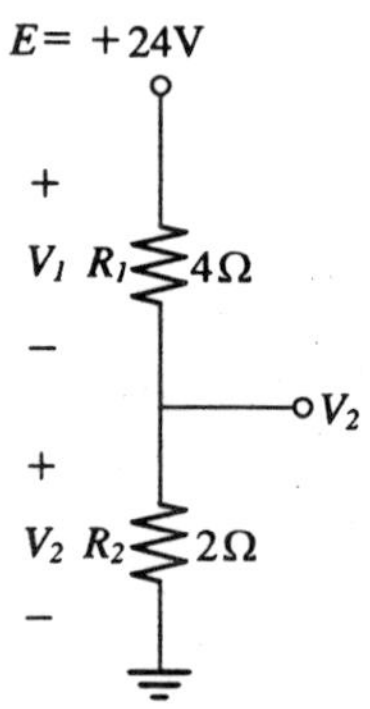

▌그림 1.40▐

1-56 그림 1.41의 회로에 대해서

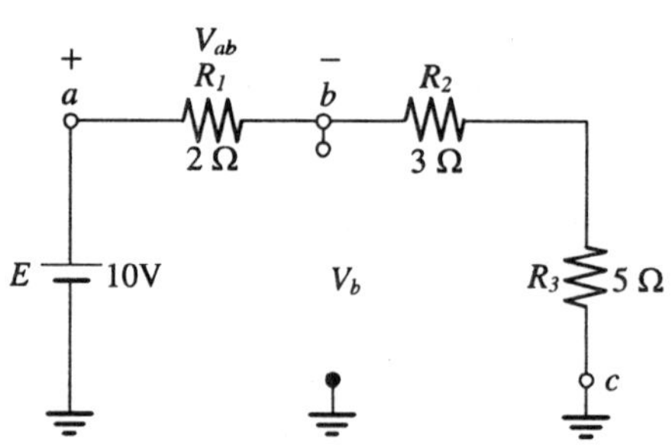

▌그림 1.41▐

a. V_{ab}를 계산하여라.

b. V_b를 구하여라.

c. V_c를 구하여라.

1-57 그림 1.42의 병렬회로에서 총컨덕턴스와 총저항을 구하여라.

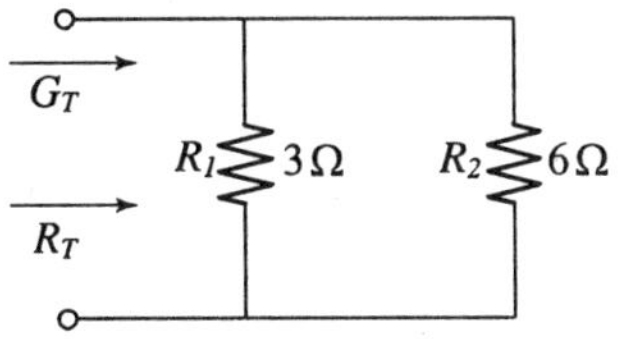

▌그림 1.42▌

1-58 그림 1.42에서 10Ω의 저항이 각 요소에 병렬로 연결된다면, 그 회로의 총컨덕턴스와 총저항은 어떻게 되겠는가?

1-59 그림 1.43의 회로에서 총저항을 구하여라.

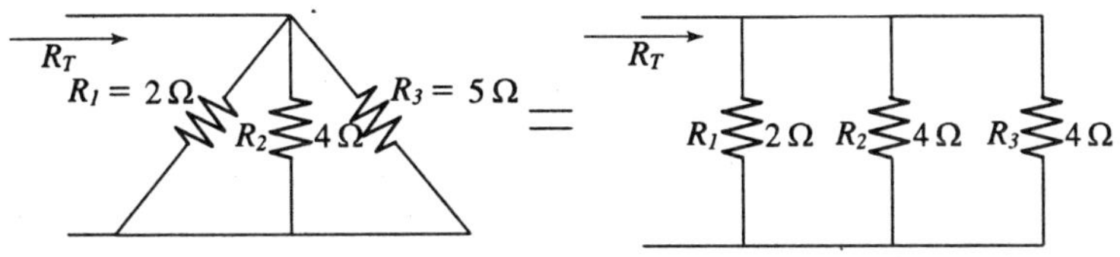

▌그림 1.43▌

1-60 a. 그림 1.44의 회로에서 총저항을 구하여라.

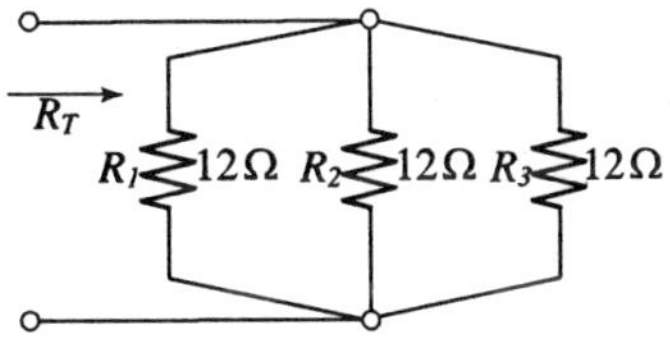

▌그림 1.44▌

b. 그림 1.45의 회로에서 총저항을 계산하여라.

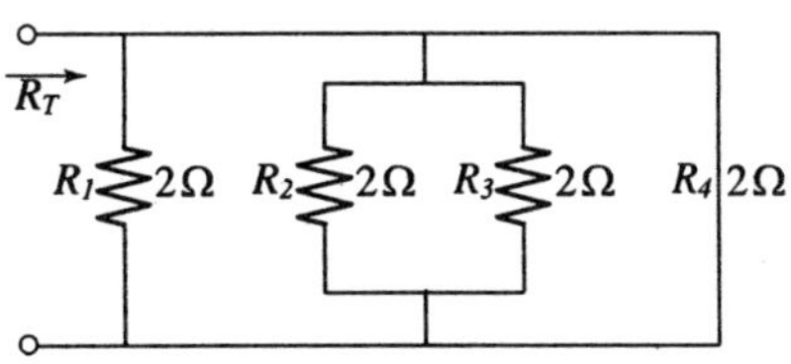

▌그림 1.45▌

1-61 그림 1.47에서 총저항이 9kΩ이 되도록 R_2의 값을 정하여라.

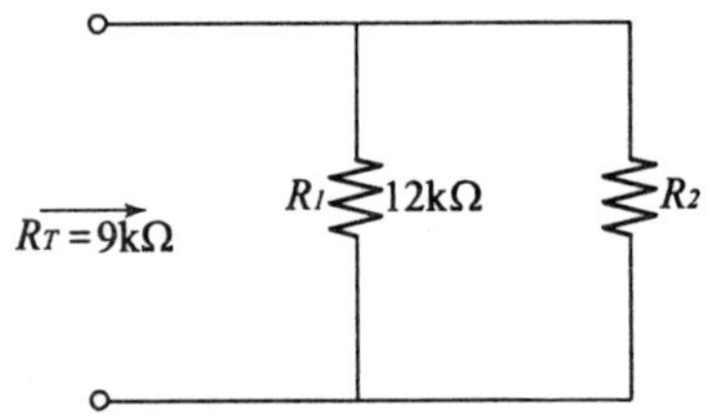

|그림 1.47|

1-62 그림 1.49의 회로망에 대해서

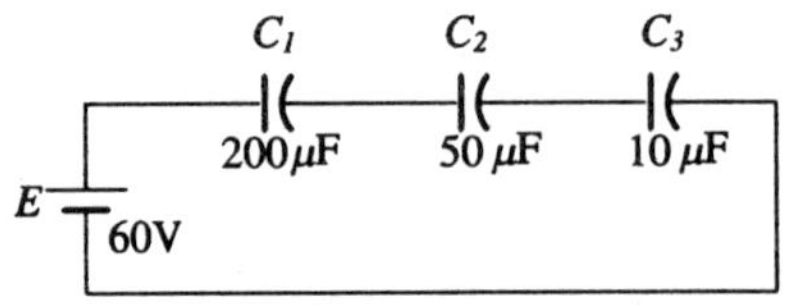

|그림 1.49|

a. 총용량을 구하여라.

b. 각 판의 용량을 구하여라.

c. 각 콘덴서의 전압을 구하여라.

1-63 그림 1.50에 나타난 회로망에 대해서

a. 총용량을 구하여라.

b. 각 판의 용량을 구하여라.

c. 총전하를 구하여라.

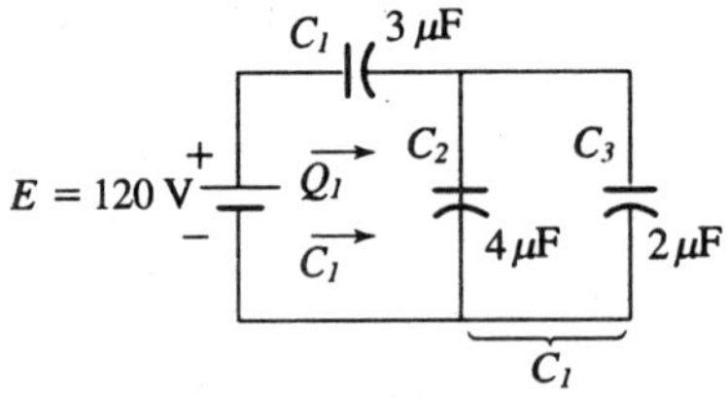

|그림 1.50|

1-64 그림 1.51에 나타난 회로에서 콘덴서의 전압이 최종값에 도달한 후 콘덴서 C_1에 축적되는 전하와 전압을 구하여라.

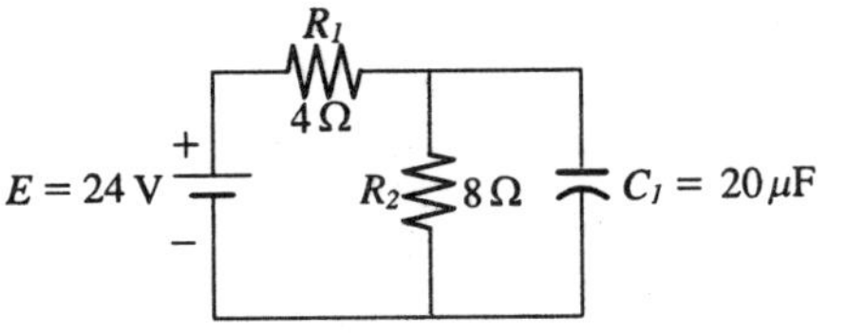

❙그림 1.51❙

1-65 그림 1.52에 나타난 회로망에서 각 콘덴서가 최종치까지 충전된 후 각 콘덴서의 전하와 전압을 구하여라.

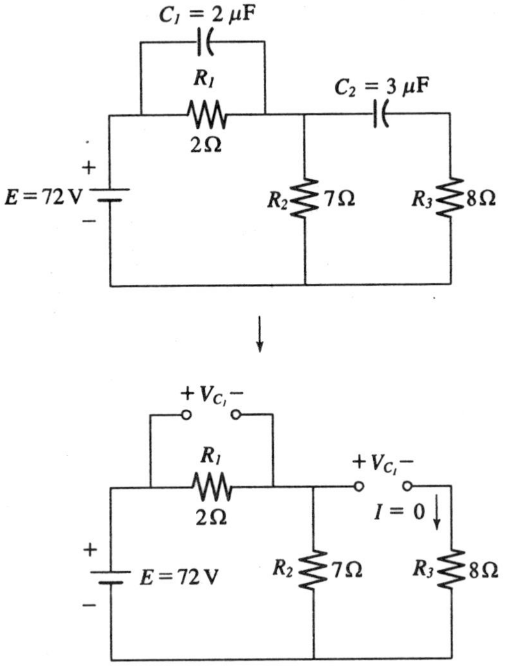

❙그림 1.52❙

1-66 그림 1.53의 회로에서 전압 V_c와 전류 I_L을 구하여라.

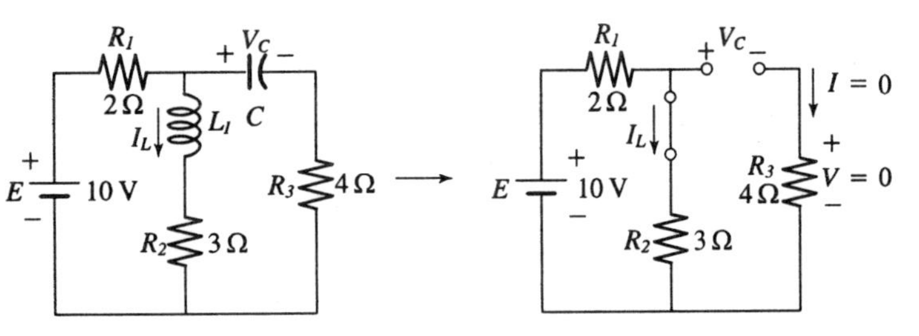

❙그림 1.53❙

1-67 그림 1.54의 회로에서 전류 I_1, I_2와 전압 V_1, V_2를 구하여라.

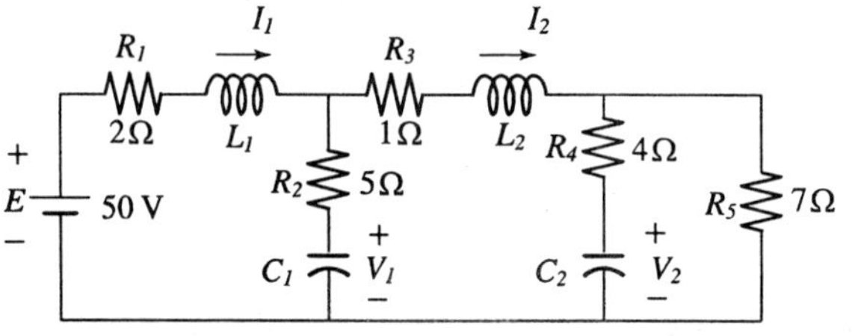

┃그림 1.54┃

1-68 그림 1.55의 회로에서 코일에 흐르는 전류가 최종값까지 이를 때, 코일에 저장되는 에너지를 구하여라.

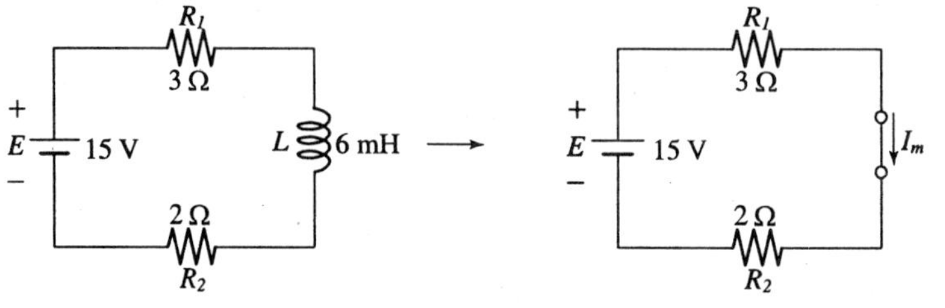

┃그림 1.55┃

제 2 장
직류회로

제1장에서 소개한 옴의 법칙은 2단자 저항의 전압, 전류 관계를 설명하는 데는 도움이 되지만 회로소자의 기하학적 구조에 따라 변화하는 전압, 전류의 관계를 해석하기에는 미흡하다. 따라서 회로망의 기하학적 관계에 대한 기본적인 개념과 이러한 회로망을 해석하기 위한 중요한 기초 이론을 소개하기로 한다.

2.1 키르히호프의 법칙(Kirchhoff's law)

2.1.1 키르히호프의 전류법칙

키르히호프의 전류법칙(KCL)에 의하면 한 절점에서의 입력전류값과 출력전류값의 대수적인 합은 0이다.

다시 말해서 한 절점에서의 입력전류의 합은 그 절점에서의 출력전류의 합과 같다.

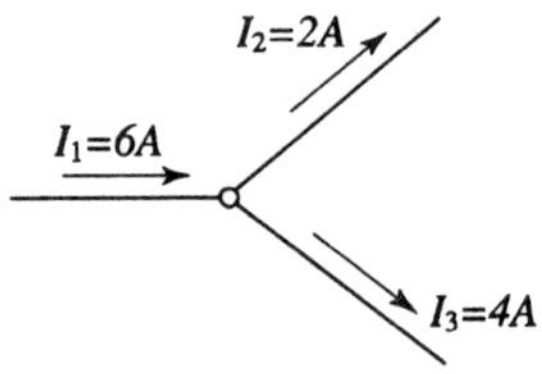

그림 2.1

식으로 쓰면

$$\sum I_{\text{in}} = \sum I_{\text{out}}$$

그림 2.1에서

$$\sum I_{\text{in}} = \sum I_{\text{out}}$$
$$6\text{A} = 2\text{A} + 4\text{A}$$

가 된다.

관속에 물이 흐르는 경우를 생각하면 법칙을 이해하기가 좋을 것이다. 한 절점으로 들어가는 물의 총합은 관을 나가는 물의 총합과 같다.

2.1.2 키르히호프의 전압법칙(Kirchhoff's Voltage Law)

키르히호프의 전압법칙(KVL)은 임의의 폐회로(경로)에서 전압상승과 전압강하의 대수합이 0임을 나타내는 법칙이다.

임의의 폐회로란 회로상의 한 점에서 회로를 따라 임의의 방향으로 출발하여 되돌아오는 가지의 어떠한 연속적인 접속을 말한다. 그림 2.2에 나타난 전류의 흐름에서, a 점에서 R_1 을 향하여 출발하여 E 를 통해 되돌아오는 연속적인 경로를 추적할 수 있다. 따라서 $abca$ 는 폐로이다. 키르히호프의 전압법칙을 적용함에 있어서, 전압상승과 전압강하의 합은 폐회로의 한쪽 방향을 기준으로 취해져야만 한다.

정부호(+)는 전압상승(−에서 +), 부(−)부호는 전압강하(+에서 −)를 나타낸다. 그림 2.2에서 a 점으로부터 전류가 흐른다면, 먼저 R_1 양단의 전압강하 V_1 (+에서 −)을 만난 후, R_2 양단의 또 다른 전압강하 V_2 를 만나게 된다. 연속하여 전압원을 지나면, a점으로 되돌아가기 전에 전압상승 E (−에서 +로)를 가지게 된다.

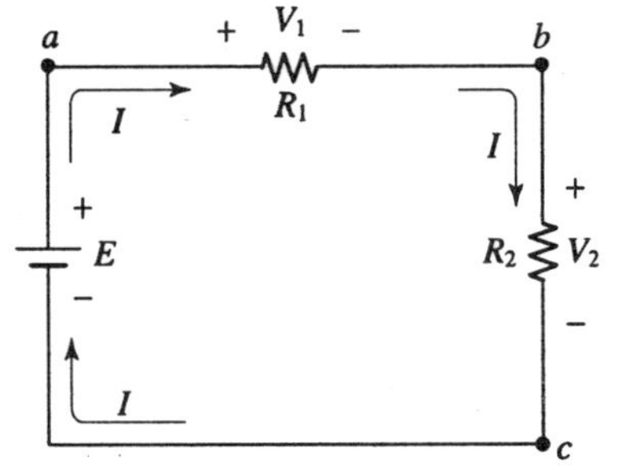

▌그림 2.2▐

따라서 그림 2.2에서 시계방향으로 전류를 따라 적용하면

$$+E - V_1 - V_2 = 0$$

또는,

$$E = V_1 + V_2$$

이는 회로에 가해지는 전압이 회로내부의 전압강하와 같음을 나타낸다. 또는 전압상승의 합은 폐루프에서의 전압강하의 합과 같을 것이다.

만약 폐루프가 반시계방향으로 취한다면 아래와 같은 결과로 된다.

$$-E + V_2 + V_1 = 0$$

또는 전과 같이

$$E = V_1 + V_2$$

예제 2.1

그림 2.3의 회로에서

a. R_T를 구하여라.

b. I를 구하여라.

c. V_1과 V_2를 구하여라.

d. 4Ω과 6Ω의 저항에서 각각 소비되는 전력을 구하여라.

e. 축전지에서 공급되는 전력을 구하고, 4Ω과 6Ω에서 소비되는 전력의 합과 비교하여라.

f. 키르히호프의 전압법칙이 성립함을 증명하여라(시계방향에 대해서).

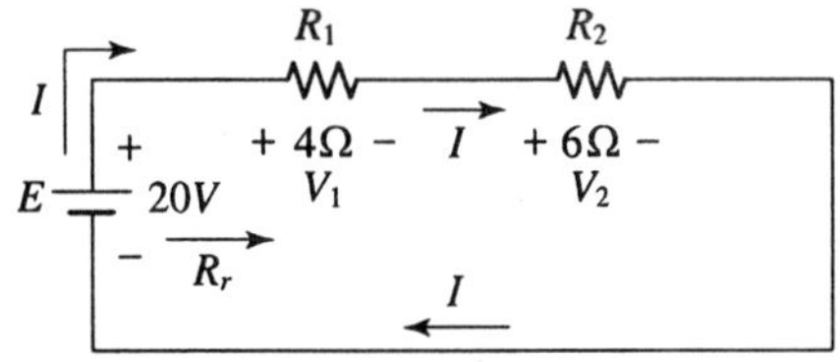

|그림 2.3|

풀이

a. $R_r = R_1 + R_2 = 4\Omega + 6\Omega = 10\Omega$

b. $I = \dfrac{E}{R_r} = \dfrac{20V}{10\Omega} = 2A$

c. $V_1 = IR_1 = (2\,\mathrm{A})(4\Omega) = 8\,\mathrm{V}$

$V_2 = IR_2 = (2\,\mathrm{A})(6\Omega) = 12\,\mathrm{V}$

d. $P_{4\Omega} = \dfrac{V_1^2}{R_1} = \dfrac{(8V)^2}{4} = \dfrac{64}{4} = 16\,\mathrm{W}$

$P_{6\Omega} = I^2R_2 = (2\,\mathrm{A})^2(6\,\Omega) = (4)(6) = 24\,\mathrm{W}$

e. $P_E = EI = (20\,\mathrm{V})(2\mathrm{I}) = 40\,\mathrm{W}$

$P_E = P_{4\Omega} + P_{6\Omega}$

$40\mathrm{W} = 16\mathrm{W} + 24\mathrm{W}$

f. $\sum V = +E - V_1 - V_2 = 0$

$E = V_1 + V_2$

$20\mathrm{V} = 8\mathrm{V} + 12\mathrm{V}$

2.1.3 루프 해석법(Loop analysis)

키르히호프의 전압법칙을 이용하여 회로망의 기하학적 관계를 해석하기 위한 하나의 방법으로서 회로망의 각 loop(또는 mesh)에 흐르는 전류를 구하고 이 loop전류에 의한 각 소자에 흐르는 전류를 결정하여 회로를 해석한다. 다시 말하면 각 loop에 KVL을 적용하여 전압방정식을 구하고 이 방정식을 해석하여 loop 전류를 구한다.

loop전류가 흐르는 소자의 전류는 임의의 한 쪽 방향으로 흐르는 전류를 기준으로 정하여 정방향(+)로 하고 반대 방향으로 흐르는 전류는 부방향(−)로 하면 된다.

그러나 loop해석법은 평면회로에만 적용할 수 있다.

예를 들면 그림 2.4에 보인 회로는 3개의 망으로 구성되어 있으므로 각 망에 KVL을 적용하면 다음과 같은 3개의 독립 방정식을 얻는다.

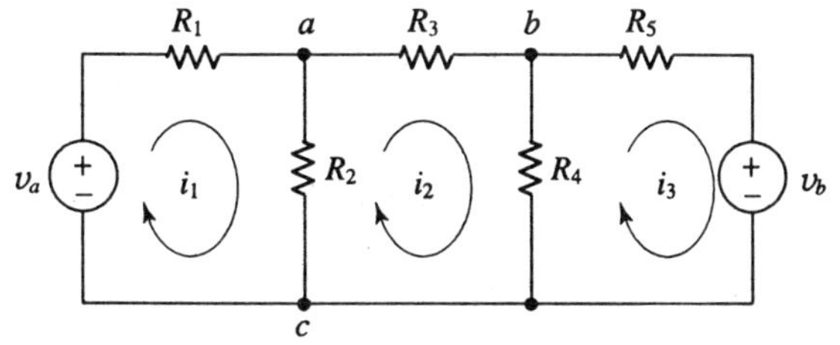

|그림 2.4|

$$\text{loop I} \ : \ (R_1+R_2)i_1 - R_2 i_2 = v_a$$
$$\text{loop II} \ : \ -R_2 i_1 + (R_2+R_3+R_4)i_2 - R_4 i_3 = 0 \qquad (2.1)$$
$$\text{loop III} \ : \ -R_4 i_2 + (R_4+R_5)i_3 = -v_b$$

위의 연립방정식 (2.1)의 상수계수를 다음과 같이 나타낸 배열을 행렬(matrix)이라고 한다.

$$\begin{bmatrix} R_{11} & R_{12} & R_{13} \\ R_{21} & R_{22} & R_{23} \\ R_{31} & R_{32} & R_{33} \end{bmatrix} \begin{bmatrix} i_1 \\ i_2 \\ i_3 \end{bmatrix} = \begin{bmatrix} v_1 \\ v_2 \\ v_3 \end{bmatrix} \qquad (2.2)$$

여기서 각 원소 $R_{ij}(i,\ j=1,\ 2,\ 3)$의 물리적 의미를 식 (2.1)의 예를 통하여 살펴보면 다음과 같으며, 이를 이해하면 여하한 복잡한 회로망도 직관(inspection)적으로 표현할 수 있다.

① R_{ii}는 전류 i_1이 통과하는 모든 저항의 합이다. 예를 들면 $R_{11}=R_1+R_2$이다.

② $R_{ij}(i \neq j)$는 망 전류 i_i와 i_j가 흐르는 공동 저항의 합이다. 이 경우 i_I와 i_j의 전류 방향이 동일 방향이면 저항의 부호는 '+'이고 서로 반대 방향이면 '−'이다. 예를 들면 $R_{12}=-R_{21}$이다. 여기서 모든 i와 j에 대하여 $R_{ij}=R_{ji}$임에 유의하여라. 즉, 저항 행렬은 주 대각선에 대하여 대칭이다.

loop해석법으로부터 구한 행렬 방정식은 여러 가지 기법에 의해서 풀 수 있다.

이 기법 중의 하나가 행렬식을 이용한 방법의 하나인 Crammer 법칙이다.

행렬방정식(2.2)을 Crammer법칙에 의해서 미지전류 i_1을 구하면 정방 행렬 (square matrix)의 행렬식은 값을 Δ로 표기했을 때

$$i_1 = \frac{1}{\Delta}\begin{vmatrix} v_1 & R_{12} & R_{113} \\ v_2 & R_{22} & R_{23} \\ v_3 & R_{32} & R_{33} \end{vmatrix}$$

로 주어진다. 마찬가지로 i_2와 i_3를 구하면

$$i_2 = \frac{1}{\Delta}\begin{vmatrix} R_{11} & v_1 & R_{13} \\ R_{21} & v_2 & R_{23} \\ R_{31} & v_3 & R_{33} \end{vmatrix} \quad i_3 = \frac{1}{\Delta}\begin{vmatrix} R_{11} & R_{12} & v_1 \\ R_{21} & R_{22} & v_2 \\ R_{31} & R_{32} & v_3 \end{vmatrix}$$

이다. 여기서

$$\Delta = \begin{vmatrix} R_{11} & R_{12} & R_{13} \\ R_{21} & R_{22} & R_{23} \\ R_{31} & R_{32} & R_{33} \end{vmatrix}$$

이다. 윗 식을 소행렬식(minor)으로 전개하면 이는 회로망을 이해하는데 도움이 된다. 즉,

$$i_1 = v_1\left(\frac{\Delta_{11}}{\Delta}\right) + v_2\left(\frac{\Delta_{21}}{\Delta}\right) + v_3\left(\frac{\Delta_{31}}{\Delta}\right)$$

$$i_2 = v_1\left(\frac{\Delta_{12}}{\Delta}\right) + v_2\left(\frac{\Delta_{22}}{\Delta}\right) + v_3\left(\frac{\Delta_{32}}{\Delta}\right)$$

$$i_3 = v_1\left(\frac{\Delta_{13}}{\Delta}\right) + v_2\left(\frac{\Delta_{23}}{\Delta}\right) + v_3\left(\frac{\Delta_{33}}{\Delta}\right)$$

이다. 여기서 Δ_{ij}는 Δ에서 R_{ij}의 소인자(cofactor)이다. 즉,

$$\Delta_{ij} = (-1)^{j+i} A_{ij}$$

이며, A_{ij}는 행렬식의 i번 째 행과 j번째 열에 위치한 요소 R_{ij}의 소행렬식, 즉, i번 째 행과 j번째 열을 제외한 나머지 행렬로 구성된 행렬식이다.

예제 2.2

그림 2.5에 보인 회로는 3개의 주요 지로를 포함하고 있다. 이 지로의 전류는 미지수이다. 두 개의 loop으로 구성되어 있으므로 왼쪽 loop를 loop I 이라고 가정하고 오른쪽 loop를 loop II 라고 가정한다. 또한 각 loop를 따라 흐르는 loop전류의 기준 방향을 그림에 보인 바와 같이 시계방향으로 정한다. loop전류를 구하여라.

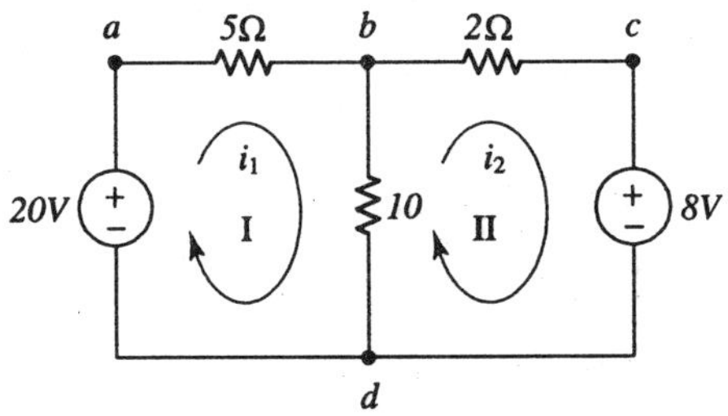

그림 2.5

풀이

지금 마디 a를 시작으로 KVL을 loop I 에 따라 적용하면

$$-20+5i_1+10(i_1-i_2)=0$$

이고, 마디 b를 시작으로 한 loop II의 경우에는

$$2i_2+8+10(i_2-i_1)=0$$

이다. 위의 두 식을 정리하면

$$15i_1-10i_2=20$$

$$-10i_1+12i_2=-8$$

또는

$$\begin{vmatrix} 15 & -10 \\ -10 & 12 \end{vmatrix} \begin{vmatrix} i_1 \\ i_2 \end{vmatrix} = \begin{vmatrix} 20 \\ -8 \end{vmatrix}$$

가 된다. 위의 연립 방정식을 풀면

$$i_1=2\,[\mathrm{A}],\quad i_2=1\,[\mathrm{A}]$$

을 얻는다. 따라서, 10[Ω]에 흐르는 지로 전류는 $i_1-i_2=1\,[\mathrm{A}]$이다.

예제 2.3

loop해석법을 그림 2.6에 보인 회로에 적용하여 loop 전류 i_1을 구하여라.

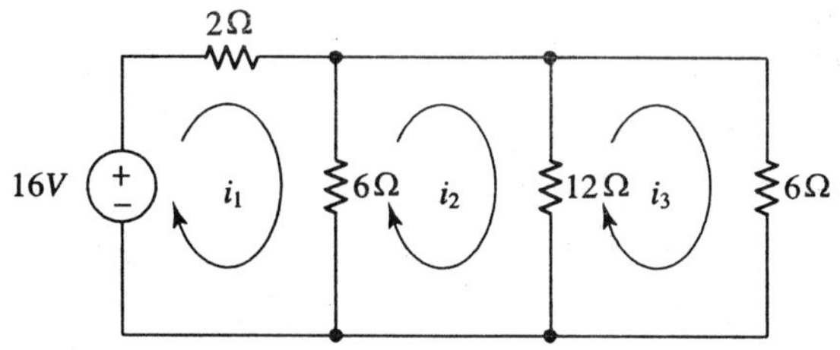

▌그림 2.6▌

(풀이)

각 loop에 KVL을 적용하면

$$2i_1 + 6(i_1 - i_2) = 16$$
$$6(i_2 - i_1) + 12(i_2 - i_3) = 0$$
$$12(i_3 - i_2) + 6i_3 = 0$$

가 된다. 윗 식을 loop전류별로 정리하면

$$8i_1 - 6i_2 = 16$$
$$-6i_1 + 18i_2 - 12i_3 = 0$$
$$-12i_2 + 18i_3 = 0$$

가 된다. 행렬로 나타내면

$$\begin{bmatrix} 8 & -6 & 0 \\ -6 & 18 & -12 \\ 0 & -12 & 18 \end{bmatrix} \begin{bmatrix} i_1 \\ i_2 \\ i_3 \end{bmatrix} = \begin{bmatrix} 16 \\ 0 \\ 0 \end{bmatrix}$$

가 된다. Crammer규칙을 사용하여 i_1을 구하면

$$i_1 = \frac{\begin{vmatrix} 16 & -6 & 0 \\ 0 & 18 & -12 \\ 0 & -12 & 18 \end{vmatrix}}{\Delta} = \frac{2,880}{792} = 3.64\,[\mathrm{A}]$$

가 된다. 여기서

$$\Delta = \begin{vmatrix} 8 & -6 & 0 \\ -6 & 18 & -12 \\ 0 & -12 & 18 \end{vmatrix} = 792$$

이다.

예제 2.4

그림 2.7에 loop해석법을 이용하여 전류를 구하여라.

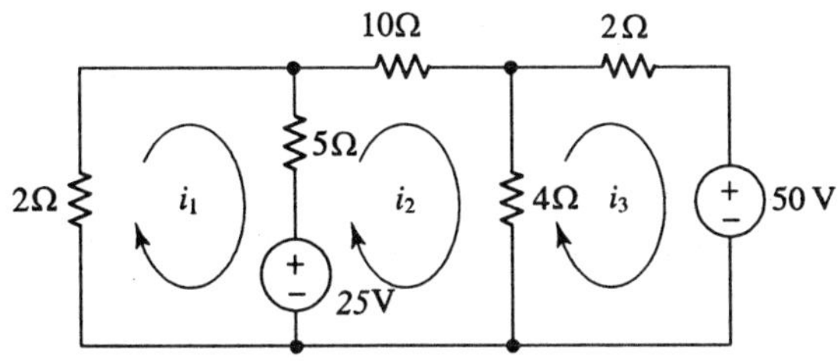

그림 2.7

풀이

앞에서 설명한 요령에 따르면 주어진 회로의 행렬은

$$\begin{bmatrix} 7 & -5 & 0 \\ -5 & 19 & -4 \\ 0 & -4 & 6 \end{bmatrix} \begin{bmatrix} i_1 \\ i_2 \\ i_3 \end{bmatrix} = \begin{bmatrix} -25 \\ 25 \\ -50 \end{bmatrix}$$

와 같다. 그러므로 각 loop전류는

$$i_1 = \frac{\Delta_1}{\Delta} = \frac{\begin{vmatrix} -25 & -5 & 0 \\ 25 & 19 & -4 \\ -50 & -4 & 6 \end{vmatrix}}{\begin{vmatrix} 7 & -5 & 0 \\ -5 & 19 & -4 \\ 0 & -4 & 6 \end{vmatrix}}$$

$$= \frac{-2,700}{536} = -5.04\,[\mathrm{A}]$$

마찬가지로

$$i_2 = \frac{\Delta_2}{\Delta} = \frac{-1,100}{536} = -2.05[\mathrm{A}]$$

$$i_3 = \frac{\Delta_3}{\Delta} = \frac{-5,200}{536} = -9.7[\mathrm{A}]$$

이다. 여기서 i_1이 (−) 값이 됨은 실제의 방향이 반대임을 의미한다.

예제 2.5

그림 2.8에서 저항 6[Ω]에 흐르는 전류를 구하여라.

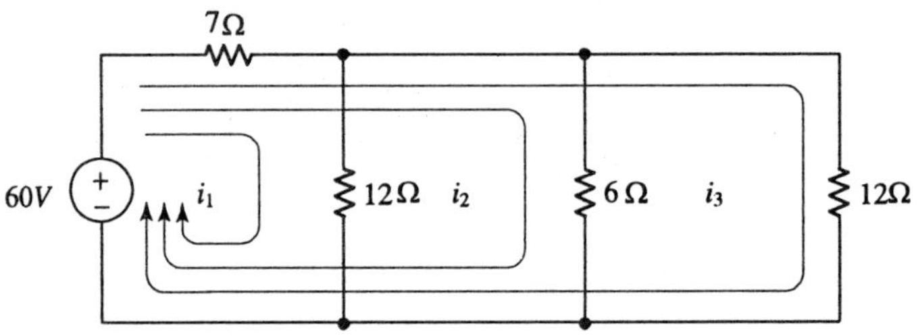

┃그림 2.8┃

풀이

그림 2.8에서 저항 6[Ω]에 흐르는 전류를 구하는 경우 loop해석법을 사용하면 두 개의 loop전류를 구해서 더해야 하지만 다음 방법을 사용하면 i_2만을 구하면 되므로 계산이 그만큼 간단해진다. 이를 설명하면 다음과 같다. 각 loop전류를 그림 2.8에 보인 바와 같이 정의하면 다음과 같은 행렬을 얻는다.

$$\begin{bmatrix} 19 & 7 & 7 \\ 7 & 13 & 7 \\ 7 & 7 & 19 \end{bmatrix} \begin{bmatrix} i_1 \\ i_2 \\ i_3 \end{bmatrix} = \begin{bmatrix} 60 \\ 60 \\ 60 \end{bmatrix}$$

따라서,

$$\Delta = \begin{vmatrix} 19 & 7 & 7 \\ 7 & 13 & 7 \\ 7 & 7 & 19 \end{vmatrix} = 2,880$$

이다. 그러므로 loop전류 i_1는

$$i_1 = \frac{\begin{vmatrix} 60 & 7 & 6 \\ 60 & 13 & 7 \\ 60 & 7 & 19 \end{vmatrix}}{\Delta} = \frac{4,320}{2,880} = 1.5\,[\text{A}]$$

이다. 마찬가지로

$$i_2 = 3\,[\text{A}], \quad i_3 = 1.5\,[\text{A}]$$

이다.

예제 2.6

그림 2.9에 보인 회로에서 4[Ω] 저항이 소모하는 전력을 loop해석법을 사용하여 구하여라.

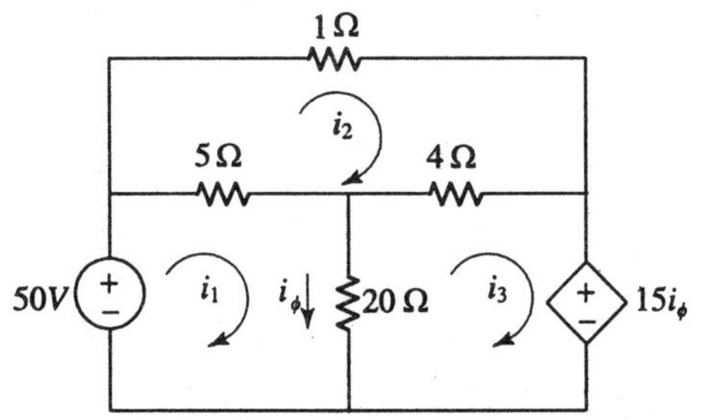

|그림 2.9|

풀이

주어진 회로에서 미지 가지 전류는 6개이고 주요 마디는 4개이므로 회로를 해석하기 위해서는 3개의 loop전류가 필요하다. loop전류의 방향은 그림 2.9에 보인 바와 같이 정의하면 loop전류 방정식은

$$\begin{bmatrix} 25 & -5 & -20 \\ -5 & 10 & -4 \\ -20 & -4 & 24 \end{bmatrix} \begin{bmatrix} i_1 \\ i_2 \\ i_3 \end{bmatrix} = \begin{bmatrix} 50 \\ 0 \\ -15i_\phi \end{bmatrix} \tag{2.3}$$

이다. 여기서 보조 방정식은

$$i_\phi = i_1 - i_3$$

이다. 식 (2.3)에 (2.4)를 대입하여 정리하면

$$\begin{bmatrix} 25 & -5 & -20 \\ -5 & 10 & -4 \\ -5 & -4 & 9 \end{bmatrix} \begin{bmatrix} i_1 \\ i_2 \\ i_3 \end{bmatrix} = \begin{bmatrix} 50 \\ 0 \\ 0 \end{bmatrix} \tag{2.4}$$

가 된다. 4[Ω]에 흐르는 전류는 $i_3 - i_2$이므로 i_2와 i_3를 구하면 다음과 같다.

$$i_2 = \frac{\begin{vmatrix} 25 & 50 & -20 \\ -5 & 0 & -4 \\ -5 & 0 & 9 \end{vmatrix}}{125} = \frac{-50(-45-20)}{125} = 26\,[\text{A}]$$

$$i_3 = \frac{\begin{vmatrix} 25 & -5 & 50 \\ -5 & 10 & 0 \\ -5 & -4 & 0 \end{vmatrix}}{125} = \frac{50(20+50)}{125} = 28\,[\mathrm{A}]$$

이고, 여기서

$$\Delta = \begin{vmatrix} 25 & -5 & -20 \\ -5 & 10 & -4 \\ -5 & -4 & 9 \end{vmatrix} = 125$$

이다. 그러므로 4 [Ω]에서 소모되는 전력은

$$P = (i_3 - i_2)^2(4) = (2)^2(4) = 16\,[\mathrm{W}]$$

이다.

2.1.4 독립 전류원을 지로에 포함한 회로망

그림 2.10에 보인 평면회로는 3개의 미지 loop 전류 i_1, i_2, i_3 와 5 [A]전류원의 전압이 미지수이다. 그러나 i_1 와 i_3 은 전류원 5 [A]에 의해서 지배되고 있으므로 3개의 미지 전류를 두 개로 줄일 수 있다. 그러나 loop Ⅰ이나 loop Ⅲ에 KVL을 적용하는 경우 5 [A]의 전류원의 미지 전압 v 를 부가해야 한다. 그러나 이는 loop Ⅰ과 loop Ⅲ에 대한 loop전류 방정식을 구해서 이들을 서로 더하면 미지 전압 v 를 제거할 수 있다. 즉, loop Ⅰ에 대한 loop 전류 방정식은

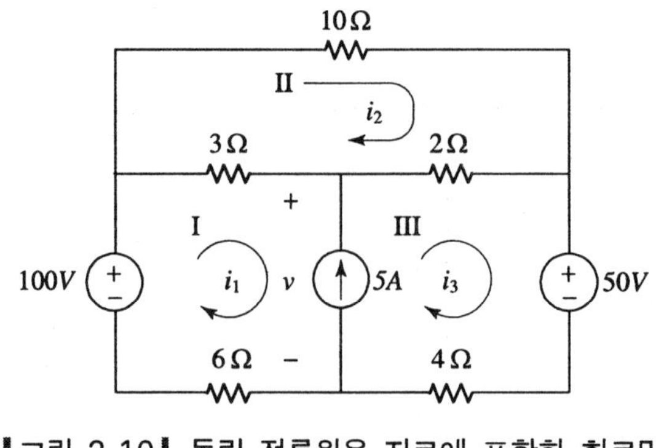

그림 2.10 독립 전류원을 지로에 포함한 회로망

$$3(i_1 - i_2) + v + 6i_1 = 100 \tag{2.5}$$

이고 loop Ⅲ에 대한 loop 전류 방정식은

$$4i_3 - v + 2(i_3 - i_2) = -50 \tag{2.6}$$

이다. 윗 식 (2.5)와 (2.6)을 더하면

$$9i_1 - 5i_2 + 6i_3 = 50 \tag{2.7}$$

가 된다. loop Ⅱ에 대한 loop 전류 방정식은

$$3(i_2 - i_1) + 10i_2 + 2(i_2 - i_3) = 0$$

또는

$$-3i_1 + 15i_2 - 2i_3 = 0 \tag{2.8}$$

이다. 그러므로 다음과 같은 전류 조건식

$$i_3 - i_1 = 5 \tag{2.9}$$

를 사용하면 식 (2.7)과 (2.8)로부터 3개의 미지 loop 전류 i_1, i_2, i_3를 구할 수 있다. 즉,

$$i_1 = 1.75[\text{A}], \quad i_2 = 1.25[\text{A}], \quad i_3 = 6.75[\text{A}]$$

다음은 독립 전류원 사이의 미지 전압 v를 사용하지 않고 loop 전류를 쉽게 구하는 방법을 소개한다. 이는 loop Ⅰ과 loop Ⅱ를 한 개의 폐회로로 보고 이에 KVL를 사용하는 방법이다. 우선 3개의 loop전류는 앞에서 정의한 것처럼 시계방향으로 i_1, i_2, i_3를 설정한 다음 독립 전류원을 포함한 지로를 제거하면 그림 2.11에 보인 바와 같은 점선이 된 loop가 생긴다. 이와 같은 loop를 Super mesh 라고 한다. 점선으로 표시된 Super mesh를 따라 KVL을 적용하면

$$-100 + 3(i_1 - i_2) + 2(i_3 - i_2) + 50 + 4i_3 + 6i_1 = 0$$

이므로 윗 식을 정리하면

$$9i_1 - 5i_2 + 6i_3 = 50 \tag{2.10}$$

가 된다. 식 (2.10)는 앞에서 구한 식 (2.7)과 동일함을 알 수 있다. 즉, Super

mesh를 사용하면 독립 전류원 사이의 미지 전압을 제거할 필요가 없게 된다.

그림 2.11에 보인 바와 같이 외각 폐로에 전류원이 전혀 포함되지 않고 loop Ⅰ과 loop Ⅲ만이 공통으로 전류원을 공유하는 회로망은 Super mesh형성한다. 그러므로 loop Ⅱ와 Super mesh에 KVL를 적용하면 두개의 KVL 방정식을 얻고 Super mesh를 이루는 공유 전류원에 KCL를 사용하면 KCL방정식 (2.9)로부터 i_3를 i_1로 나타내며 이를 두 개의 KVL 방정식 (2.7)과 (2.10)에 대입하면 두 개의 연립방정식으로 줄어들어 그만큼 계산이 편하게 된다.

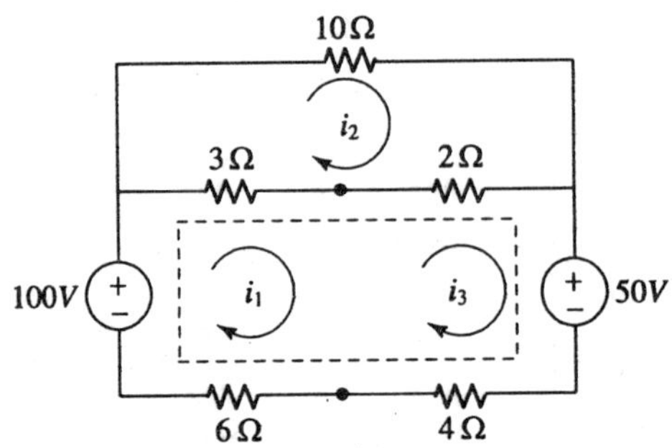

|그림 2.11| 그림 2.10에 Supper mesh의 개념을 적용한 변형 회로

예제 2.7

그림 2.12에 보인 회로에 Super mesh의 개념을 사용하면 loop전류 i_1과 i_2를 구하여라.

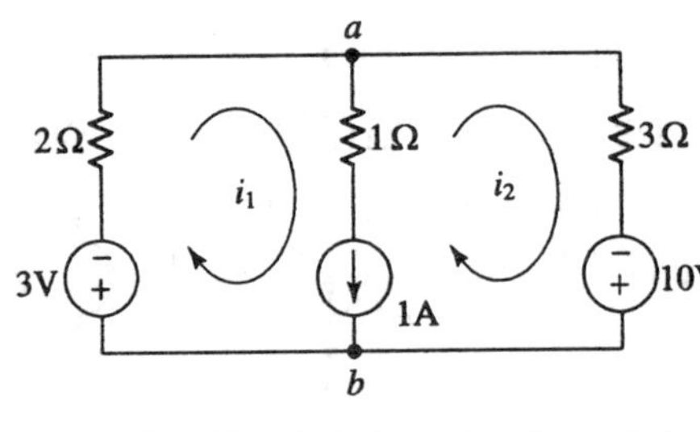

|그림 2.12| 독립 전류원을 지로에 포함한 회로망

풀이

그림 2.13에 보인 바와 같이 loop Ⅰ과 loop Ⅱ는 저항 1[Ω]과 전류원을 공유함으로 한 개의 Super mesh를 형성한다.

따라서 Super mesh에 KVL를 사용하면 다음과 같은 KVL 방정식을 얻는다.

$$3 + 2i_1 + 3i_2 - 10 = 0 \tag{2.11}$$

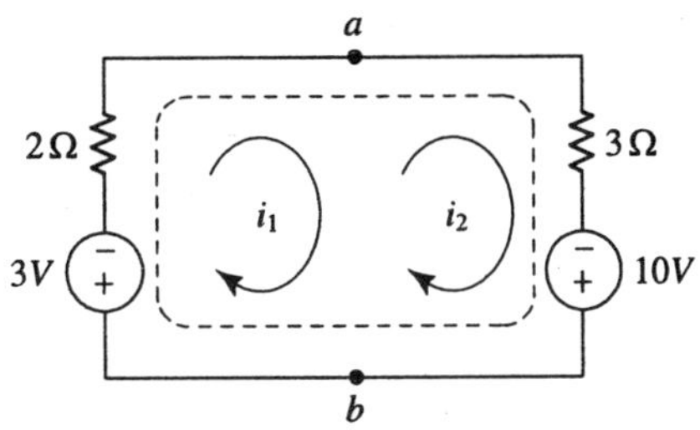

▌그림 2.13▐

이는 첫 번째 loop 전류 방정식이다.

다음으로 그림 2.12에 보인 주요 마디 a에 KCL를 사용하면 다음과 같은 KCL 방정식을 얻는다.

$$i_1 - i_2 = 1 \tag{2.12}$$

이는 두 번째 loop 전류 방정식이다. 위의 두 loop 전류 방정식을 행렬형식으로 나타내면 다음과 같다.

$$\begin{bmatrix} 2 & 3 \\ 1 & -1 \end{bmatrix} \begin{bmatrix} i_1 \\ i_2 \end{bmatrix} = \begin{bmatrix} 7 \\ 1 \end{bmatrix}$$

위 행렬식을 풀면 loop 전류를 구할 수 있다. 식 (2.12)를 $i_2 = i_1 - 1$로 나타내면 그림 2.13을 그림 2.14에 보인 바와 같이 나타낼 수 있으므로 Super mesh에 KVL를 사용하여 i_1을 바로 구할 수 있다. 즉

$$3 + 2i_1 + 3(i_1 - 1) - 10 = 0$$

그러므로

$$i_1 = 2\,[\mathrm{A}]$$

이고 식 (2.12)로부터

$$i_2 = 1\,[\mathrm{A}]$$

이다.

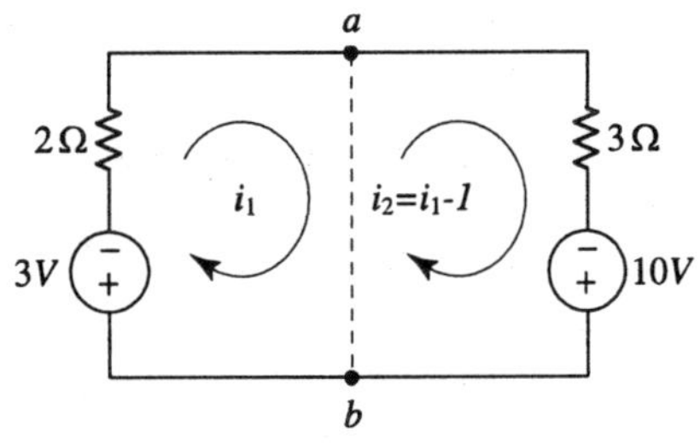

▌그림 2.14▐

2.1.5 절점 해석법

회로에 KCL을 적용하여 전압을 미지수로 하는 회로의 해석방법을 다룬다. 많은 회로에서 편리하게 선정하는 전압이 절점전압이다. 한 전압이 두 절점사이에 존재하는 것으로 정의되므로 회로망에서 편리한대로 한 절점을 선택하여 기준절점(reference node 또는 datum node)이 되게 하고, 다음에 다른 절점들의 전압이나 전위를 연관시킨다.

기준절점에 대한 각 비기준절점전압을 절점전압으로 정의한다. 절점전압의 극성은 기준절점에 대해서 상대적으로 양(+)으로 택하는 것이 일반적인 습관이다.

흔히 가장 많은 수의 가지가 접속되어 있는 절점을 기준절점으로 선정한다. 기준절점은 접지전위 또는 영(0)전위에 있고, 다른 절점들은 영보다는 높은 어떤 전위에 있다고 간주한다.

그림 2.15(a)에서 보이는 회로망에서는 보여주는 대로 점선을 긋고 번호를 준 세 개의 절점이 있다[이를 알기 쉽도록 다시 그린 것이 그림 2.15(b)이다]. 절점 3에 접속된 소자는 4개이므로 이를 기준절점으로 선택하고 보여준대로 접지된 것으로 이 절점을 구분하였다.

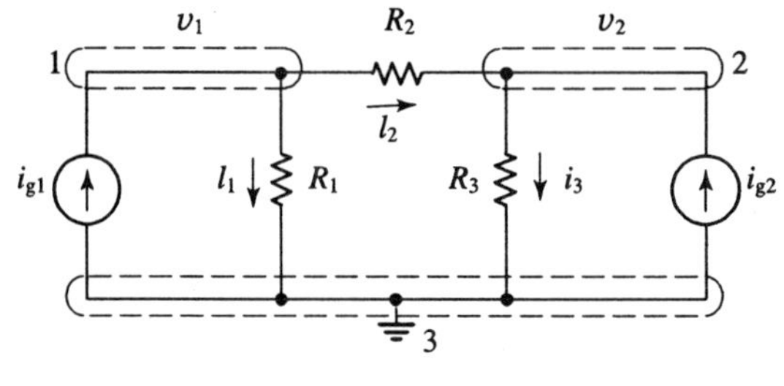

(a)

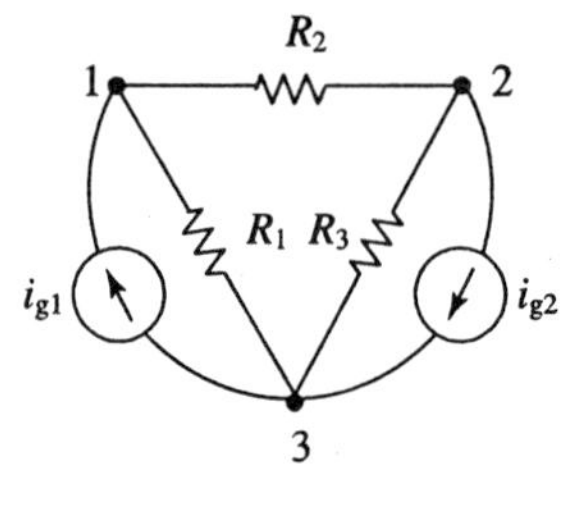

(b)

|그림 2.15| 독립전류원을 포함하는 회로

절점방정식을 쓰기 전에 그림 2.16에서 보여주는 소자를 살펴보자. 이 그림에서 v_1과 v_2는 절점전압이다. R_2 소자의 전압 v는

$$v = v_1 - v_2$$

로 되고, 따라서 Ohm의 법칙에 의해서

$$i = \frac{v}{R} = \frac{v_1 - v_2}{R}$$

즉

$$i = G(v_1 - v_2)$$

를 갖는다. 여기서 $G = I/R$ 은 컨덕턴스이다. 즉 절점 1에서 절점 2로 흐르는 전류는 절점 1에서의 절점전압과 절점 2에서의 절점전압의 차를 저항 R 로 나눈 것, 즉 컨덕턴스 G 를 곱한 것이다. 이 관계식을 이용하면 절점전압의 항으로 직접 관찰에 의해 절점방정식을 바로 쓸 수가 있다.

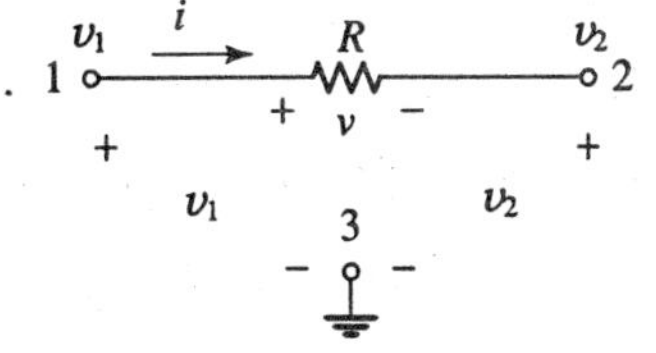

【그림 2.16】 단일소자

이제 다시 그림 2.15의 회로로 돌아가서, 절점 1에서 유출하는 전류의 합은 영이 되어야 하며, 이 결과는 다음 식이 된다.

$$i_1 + i_2 - i_{g1} = 0$$

절점전압의 항으로는 이 식이

$$G_1 v_1 + G_2(v_1 - v_2) - i_{g1} = 0$$

으로 된다. 같은 방법으로 절점 2에 KCL을 적용하면

$$-i_2 + i_3 + i_{g2} = 0$$

즉

$$G_1(v_2 - v_1) + G_3 v_2 + i_{g2} = 0$$

얻는다. 역시 G 는 컨덕턴스(R 의 역수)이다.

절점에서 유출하는 전류의 합이 절점으로 유입하는 전류의 합과 같다고 할 수도 있다. 그렇게 하면 i_{g1} 과 i_{g2} 는 우변에 놓이게 될 것이다.

$$G_1 v_1 + G_2(v_1 - v_2) = i_{g1}$$

$$G_2(v_2 - v_1) + G_3 v_2 = -i_{g2}$$

이 두 식을 재배열하면

$$(G_1 + G_2)v_1 - G_2 v_2 = i_{g1} \tag{2.13}$$

$$-G_2 v_1 + (G_2 + G_3)v_2 = -i_{g2} \tag{2.14}$$

이 된다. 이식들은 직관으로 재배열된 꼴의 식을 세우는데 대칭성을 이용할 수 있음을 보여준다.

식 (2.13)에서는 v_1의 계수가 절점 1에 접속된 소자들의 컨덕턴스의 합이고, 반면에 v_2의 계수는 절점 1에서 절점 2까지에 접속된 소자의 컨덕턴스의 음이다. 식 (2.14)에 대해서 동일한 설명을 번호 1과 2를 바꾸면 할 수 있다. 즉 절점 2는 식 (2.14)에서 식 (2.13)에서의 절점 1의 역할을 한다. 즉 KCL이 적용된 절점이다. 각 방정식에서 우변은 전류원으로부터 대응하는 절점으로 유입하는 전류이다.

예제 2.8

절점해석법을 증명하기 위해 그림 2.17의 회로를 고려하자. 기준절점을 보여준 바와 같이 취하고 비기준절점들을 v_1, v_2 및 v_3로 명명한다. 컨덕턴스는 저항에 대하여 정해졌다.

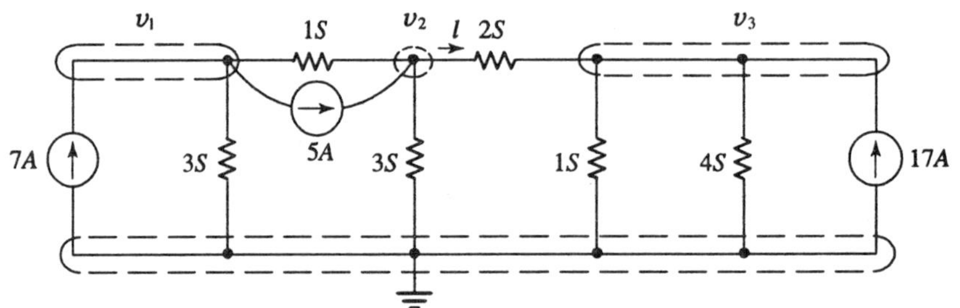

그림 2.17 회로의 예

세 개의 비기준절점들이 있으므로 세 개의 방정식이 있어야 할 것이다. 절점 v_1에서는 지름길 방법으로

$$4v_1 - v_2 = 2 \tag{2.15}$$

를 얻는다. 절점 v_1에서 컨덕턴스의 합은 3+1=4이고 절점 1과 2 사이의 컨덕턴스는 1이고 절점 1과 3사이에는 0 및 전원을 통해 절점으로 들어오는 순전류는 7−5=

2이다.

전통적인 KCL방법을 v_1에서 사용하면

$$1(v_1 - v_2) + 3v_1 + 5 = 7$$

이 되는데, 이는 식 (2.15)와 같다.

절점 v_2와 v_3에서는 다음이 된다.

$$\begin{aligned} -v_1 + 6v_2 - 2v_3 &= 5 \\ -2v_2 + 7v_3 &= 17 \end{aligned} \tag{2.16}$$

연립방정식을 푸는 여러 가지 방법 중에서 어떤 한 가지를 이용해서 식 (2.15)와 (2.16)을 풀어서 절점전압을 구하면 된다. 이런 방법 중에 두 가지가 행렬식을 이용하는 Cramer 법칙과 Gauss소거법이다.

Cramer 법칙을 이용하기 위해 우선 계수행렬식을 구하면

$$\Delta = \begin{vmatrix} 4 & -1 & 0 \\ -1 & 6 & -2 \\ 0 & -2 & 7 \end{vmatrix} = 145$$

이다. 따라서

$$v_1 = \frac{\begin{vmatrix} 2 & -1 & 0 \\ 5 & 6 & -2 \\ 17 & -2 & 7 \end{vmatrix}}{145} = \frac{145}{145} = 1\,\text{V}$$

$$v_2 = \frac{\begin{vmatrix} 4 & 2 & 0 \\ -1 & 5 & -2 \\ 0 & 17 & 7 \end{vmatrix}}{145} = \frac{290}{145} = 2\,\text{V}$$

및

$$v_3 = \frac{\begin{vmatrix} 4 & -1 & 2 \\ -1 & 6 & 5 \\ 0 & -2 & 17 \end{vmatrix}}{145} = \frac{435}{145} = 3\,\text{V}$$

을 얻는다.

이제는 절점전압을 얻었으므로 회로를 완전히 해석해도 된다. 예를 들어 2S소자의 전류 i를 구하면

$$i = 2(v_2 - v_3) = 2(2-3) = -2\,\text{A}$$

이다. 식 (2.15)와 식 (2.16)은 방정식을 세운다는 점에서 대칭적이다. 이 대칭성은 또한 일반적인 경우에도 존재한다.

예제 2.9

그림 2.18(a)의 회로에서 v를 구하자. 아래쪽 절점을 기준절점으로 취하고, 비기준절점은 그림 2.18(b)와 같이 v, v_1 및 v_2로 명명한다. 직관에 의해 지적한 바와 같이 $v_1 = v + 3$ 및 $v_2 = 20$이다. 즉 v_1은 절점 v보다 3V 높고 v_2는 접지보다 20V 높다. 두 전압원을 일반화절점의 점선으로 그림에서와 같이 둘러싸면, 두 절점이 있게 되고, 오직 1개의 절점방정식을 세우는 것만이(일반화 절점 중에 어느 것에나) 필요하다. 이는 오직 1개의 미지수-절점전압 v-만이 필요하므로 정확히 충분하다. 위쪽의 일반화절점에 대한 절점방정식은

$$\frac{v+3-20}{6} + \frac{v+3}{2} + \frac{v}{4} = 6$$

이며, 여기서 v가 volt라면 모든 항은 mA단위를 갖는다. 이 식을 풀면 $v = 8\text{V}$가 된다.

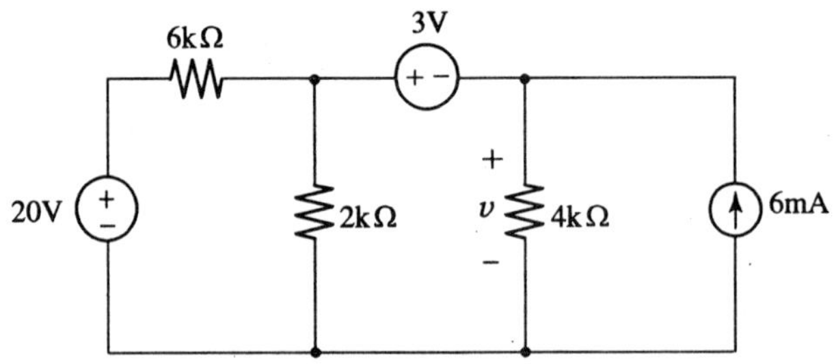

(a) 전압 및 전류원을 포함한 회로

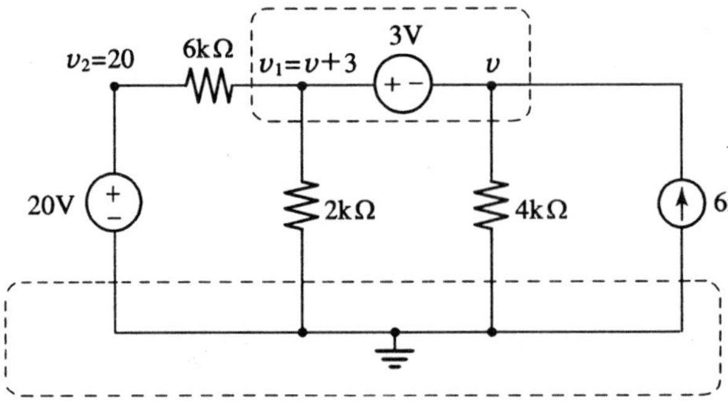

(b) 절점전압을 나타내서 다시 그린 회로

▌그림 2.18▌

예제 2.10

그림 2.19의 회로에서 모든 미지전압과 전류를 찾자. 이 그림은 독립 및 종속전류원과 전압원을 포함하고 있다. 간단히 처리하기 위해 기준절점을 그림에서와 같이 택하고, 비기준 절점을 v_1, v_2, v_3 및 v_4로 명명하였다. 어떤 절점방정식을 세우기에 앞서, 회로로부터

$$v_1 = 2$$

$$v_2 - v_3 = 3i_y$$

$$v_1 - v_4 = v_x$$

및 Ohm의 법칙으로부터

$$v_2 = -2i_y$$

을 얻는다. 이 결과로부터

$$v_1 = 2$$

$$v_2 = -2i_y$$

$$v_3 = v_2 - 3i_y = -5i_y$$

$$v_4 = v_1 - v_x = 2 - v_x$$

를 가지며, 따라서 절점전압들은 두 미지수 v_x와 i_g만의 항으로 표현할 수 있다. 결국 두 개의 방정식이 더 필요할 뿐이다. 절점을 3개, 즉 보통의 절점과 점선으로 나타낸 두 일반화절점을 가지므로 두 개의 절점방정식을 정확히 갖게 된다. 절점 v_4에서

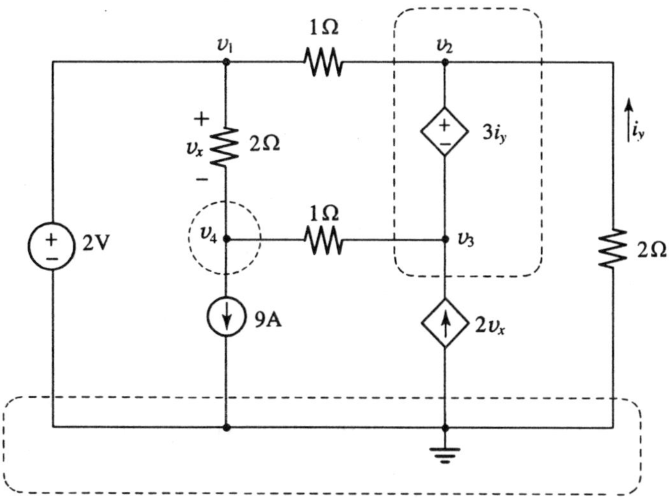

▌그림 2.19▌ 좀더 복잡한 회로

$$-\frac{v_x}{2}+9+\frac{v_4-v_3}{1}=0$$

을 갖고, 종속전압원을 포함한 일반화절점에서는

$$\frac{v_2-v_1}{1}-i_y-2v_x+\frac{v_3-v_4}{1}=0$$

를 갖는다. 절점전압에 대해 대입하면 이들은

$$-\frac{v_x}{2}+9+\frac{2-v_x-(-5i_y)}{1}=0$$

$$\frac{-2i_y-2}{1}-i_y-2v_x+\frac{-5i_y-(2-v_x)}{1}=0$$

이 된다. 이 식들은 간단히 하면

$$-3v_x+10i_y=-22$$

$$-v_x=8i_y=4$$

가 되며, 풀면 다음이 된다.

$$v_x=4\text{V}, \qquad i_y=-1\text{A}$$

예 제 2.11

그림 2.20에서 보는 바와 같이 두 개의 주요 절점(1,3) 사이에 전압원만이 존재하는 경우, 기준 절점 3에 대한 미지 전압은 v_1과 v_2이다. 그러나 v_1는 전원 전압 100 [V]이므로 절점 2에 대한 다음과 같은 절점방정식을 풀면 v_2를 구할 수 있다.

$$\frac{v_2-v_1}{10}+\frac{v_2}{50}-5=0$$

그러나 $v_1=100$ [V]이므로 윗 식을 v_2에 관하여 풀면

$$v_2=125\,[\text{V}]$$

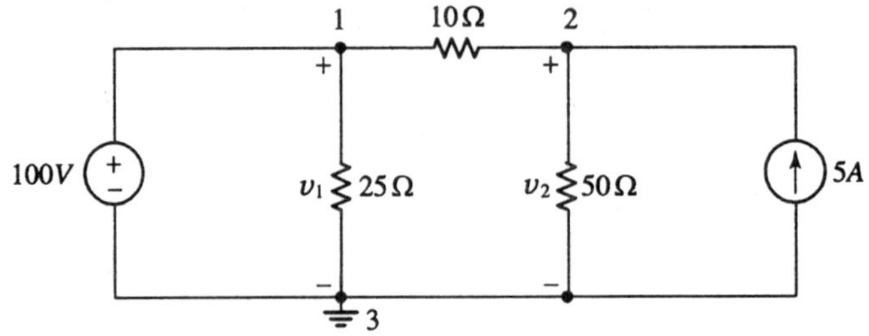

▌그림 2.20▌ 독립 전압원과 독립 전류원을 포함한 회로망

이다. v_2를 알면 주어진 회로의 모든 가지 전류를 구할 수 있다. 예를 들어 독립전압원에서 마디 1에 들어가는 전류를 i_s라고 하면 절점 1에 대한 절점방정식은

$$-i_s + \frac{100-125}{10} + \frac{100}{25} = 0$$

이므로

$$i_s = 1.5\,[\mathrm{A}]$$

이다. 여기서 유의할 것은 절점해석법에서는 주요 마디 사이에 어떤 전압원이 직접 연결되면 미지 절점 전압의 수가 줄어든다는 점이다.

예제 2.12

절점해석법을 사용하여 그림 2.21에 보인 회로를 해석하여라.

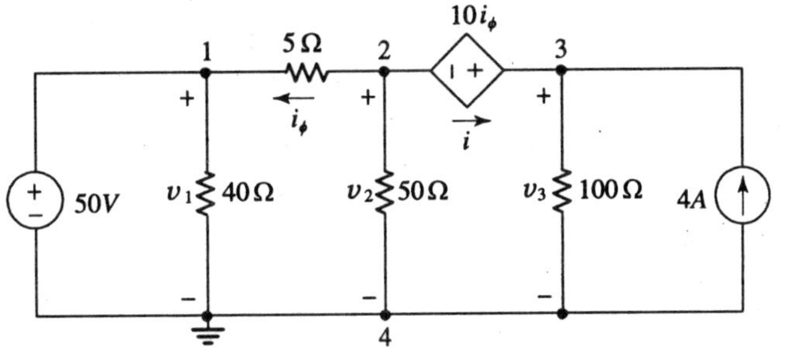

그림 2.21

풀이

주어진 회로는 4개의 주요 마디를 포함하고 있으므로 3개의 절점 방정식으로 해석할 수 있다. 그러나 2개의 주요 절점(1,4)가 한 개의 독립 전압원에 의해 연결되고 전류에 의해 제어되는 종속 전압원이 다른 2개의 주요 절점(2,3)을 연결시키고 있기 때문에 실제의 절점 전압은 한 개만이 남는다.

예를 들면 50 [Ω] 저항 사이의 전압을 알게 되면 종속 전압원이 존재하기 때문에 100 [Ω] 저항 사이의 전압도 알게 된다. 그러므로 50 [Ω] 저항 사이의 전압을 구하면 나머지 전압과 전류를 구할 수 있다. 이를 구체적으로 설명하면 다음과 같다.

주어진 회로를 살펴보면 가장 많은 가지가 연결된 절점 4를 기준으로 선정하는 것이 바람직하다는 것을 알 수 있다. 그러나 절점 2 또는 3에 대한 절점 전압 방정식을 세울 경우 절점 2와 3사이에 전류에 따르는 종속 전압원이 연결되어 있기 때문에 여기에 흐르는 전류를 구하기 위해 절점 2와 3 사이에 흐르는 미지 전류를 i라고 놓으면 절점 2에 대한 절점 전압 방정식은

$$\frac{v_2 - v_1}{5} + \frac{v_2}{50} + i = 0 \tag{2.17}$$

또는

$$-\frac{1}{5}v_1 + \left(\frac{1}{5} + \frac{1}{50}\right)v_2 + i = 0$$

이고, 절점 3에 대한 절점 전압 방정식은

$$\frac{1}{100}v_3 - i - 4 = 0 \tag{2.18}$$

이다. 식 (2.17)과 (2.18)을 더하면 다음과 같이 i를 쉽게 제거할 수 있다.

$$-\frac{1}{5}v_1 + \left(\frac{1}{5} + \frac{1}{50}\right)v_2 + \frac{1}{100}v_3 = 4 \tag{2.19}$$

Super node의 개념을 사용하면 종속 전류 i를 제거할 필요없이 식 (2.19)를 직접 구할 수 있다.

그림 2.21에서 절점 2와 3사이의 종속 전류원을 제거하고 그림 2.22에 보인 바와 같이 한 개의 절점으로 취급한다. 이와 같이 절점 2와 3을 결합한 마디를 흔히 Super node라 부른다. Super node에서도 KCL은 분명히 성립한다. 즉,

$$\frac{v_2 - v_1}{5} + \frac{v_2}{50} + \frac{v_3}{100} - 4 = 0$$

또는

$$-\frac{1}{5}v_1 + \left(\frac{1}{5} + \frac{1}{50}\right)v_2 + \frac{1}{100}v_3 = 4 \tag{2.20}$$

이다. 윗 식은 식 (2.19)와 동일하다.

이와 같은 Super node의 개념은 종속 또눈 독립 전압원 뿐만 아니라 두 개의 주요 절점 사이에 존재하는 전류원에 대해서도 사용될 수 있다.

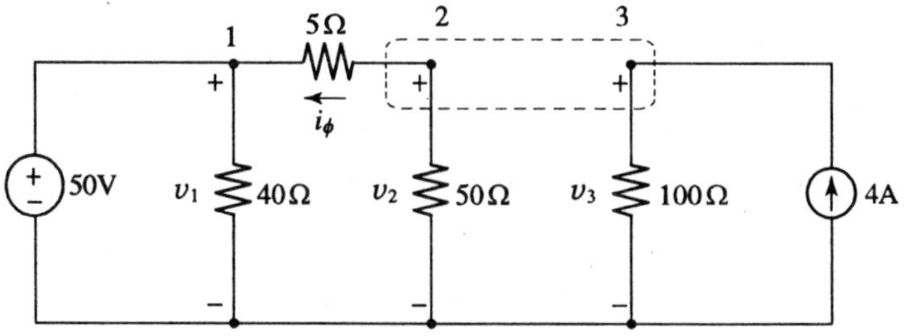

| 그림 2.22 | 그림 2.21에 Super node의 개념을 적용한 변형 회로망

식 (2.20)을 구하는 방법을 설명하였으므로 v_1, v_2, v_3 및 i_φ를 구하는 절차를 설명한다. $v_1 = 50$ [V] 임은 이미 알고 있으므로 그림 2.21에서 v_3를 v_2의 함수로 나타내면

$$v_3 = v_2 + 10i_\varphi \tag{2.21}$$

가 된다. 또한 종속 전압원을 제어하는 전류를 절점 전압으로 나타내면

$$i_\varphi = \frac{v_2 - 50}{5} \tag{2.22}$$

가 된다. 식 (2.21)과 (2.19) 및 $v_1 = 50$ [V]를 사용하면 식 (2.20)은 다음과 같이 간소화 된다.

$$v_2\left(\frac{1}{50} + \frac{1}{5} + \frac{1}{100} + \frac{10}{500}\right) = 10 + 4 + 1$$

$$v_2(0.25) = 15$$

$$v_2 = 60\,[\mathrm{V}]$$

그러므로 식 (2.21)과 (2.22)로부터

$$i_\varphi = \frac{60 - 50}{5} = 2\,[\mathrm{A}]$$

$$v_3 = 60 + 20 = 80\,[\mathrm{V}]$$

2.1.6 loop 해석법과 절점 해석법의 비교

앞에서 설명한 loop 해석법과 절점 해석법을 비교하는 경우 어느 방법이 더 우수하다고 분명하게 답할 수는 없다. 우열을 가리는 첫 번째 절차는 각 방법에 필요로 하는 독립연립 방정식의 수를 비교하여 가장 적은 수를 선택하는 것이다. 두 번째 절차는 회로 내의 전압원과 전류의 존재 및 위치를 검토하는 것이다.

예를 들면 절점 방정식을 구할 때에는 전류원이 바람직하고 loop방정식을 구할 때는 전압원이 바람직하다.

이 밖에 두 방법 중에서 하나를 선택할 때 고려할 점은 주어진 회로망의 관심사이다. 왜냐하면 회로망의 완전한 해석에 관한 것보다 회로망의 어느 특별한 부분에 관한 해석에 관심을 갖는 경우가 더 많기 때문이다. 그러므로 회로망이 주어지면 회로 해석에 앞서 어떤 방법이 유리한가를 충분한 시간을 갖고 검토해야 한다. 두 방법을 선택하는 예를 들면 다음과 같다.

예제 2.13

그림 2.23에 보인 회로에서 전압 v_0을 구하여라.

풀이

얼핏보면 종속 전류원의 아래쪽 단자를 기준으로 하는 절점 해석법을 적용하면 종속 전류원 사이의 미지 전압 v_0를 직접 구할 수 있을 것 같이 보인다.

그러나 좀더 살펴보면 기준마디에 연결된 가지수가 적으므로 주요 마디가 4개이고 2개의 제어용 종속 전원을 포함하고 있으므로 3개의 절점 방정식과 2개의 보조식을 사용하여 회로망을 해석해야 한다. 다음으로는 loop해석법을 사용하여 v_0를 구하는 경우를 살펴본다.

주어진 회로는 3개의 loop로 구성되었으므로 제일 왼쪽 loop전류 i_1을 구하면 v_0도 구할 수 있다. 즉 $v_0 = 193 - 10i_1$이 된다. 이 경우 loop전류가 3개이나 2개의 전류원이 포함되고 있으므로 한 개의 Super mesh방정식과 두 개의 보조식이 된다. 그러므로 loop 해석법이 절점 해석법보다 유리함을 알 수 있다.

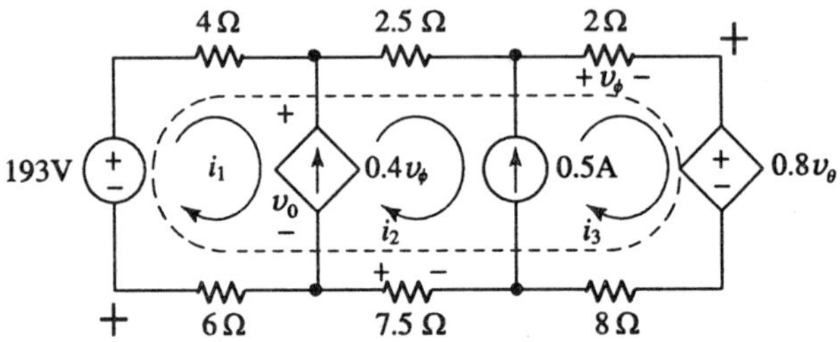

(a) loop 해석법

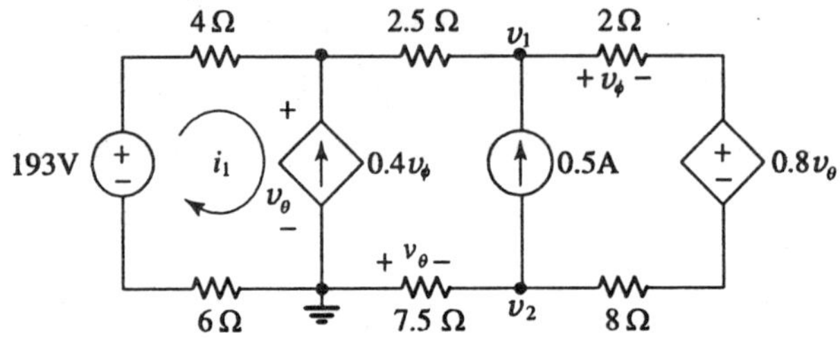

(b) 절점 해석법

[그림 2.23]

즉, Super mesh방정식은

$$10i_1 + 10i_2 + 10i_3 + 0.8v_\theta = 193 \tag{2.23}$$

이고 두 개의 보조식은

$$i_2 - i_1 = 0.4v_\varphi = 0.8i_3$$

$$i_3 - i_2 = 0.5$$

이다. 두 개의 보조식과 $v_\theta = -7.5i_2$의 관계식을 사용하여 식 (2.23)을 i_1에 관하여 풀면 $80i_1 = 160$ 또는 $i_1 = 2[\text{A}]$이므로 구하고자 하는 전압 v_0는 $v_0 = 193 - 20 =$

173 [V]가 된다.

참고로 그림 2.23(b)에 보인 절점 전압을 미지수로 한 절점 방정식을 구하면

$$\frac{v_0 - 193}{10} - 0.4v_\varphi + \frac{v_0 - v_1}{2.5} = 0$$

$$\frac{v_1 - v_0}{2.5} - 0.5 + \frac{v_1 - (v_2 + 0.8v_\theta)}{10} = 0$$

$$\frac{v_2}{7.5} + 0.5 + \frac{v_2 + 0.8v_\theta - v_1}{10} = 0$$

이고 보조식은

$$v_\theta = -v_2$$

$$v_\varphi = 2\left[\frac{v_1 - (v_2 + 0.8v_\theta)}{10}\right]$$

가 된다. 보조식을 절점 전압 방정식에 대입하면 v_0, v_1, v_2를 포함하는 3개의 연립 방정식이 된다. 이를 풀면 $v_0 = 173$ [V]가 된다.

예제 2.14

그림 2.24(a)에 보인 연산 증폭기는 가장 널리 사용되는 반전 증폭기이다. 이의 전압 증폭률을 구하여라.

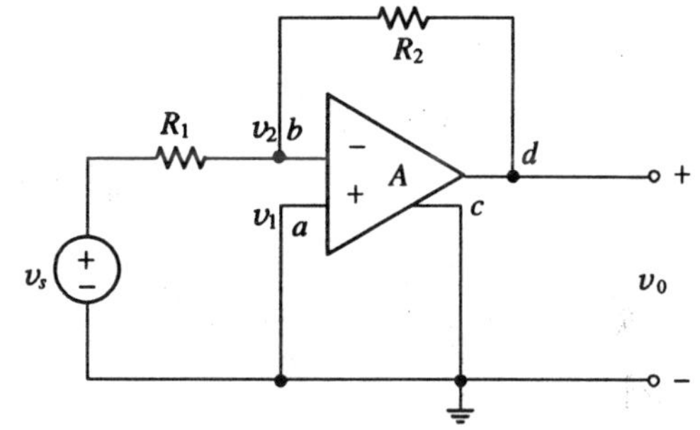

(a)

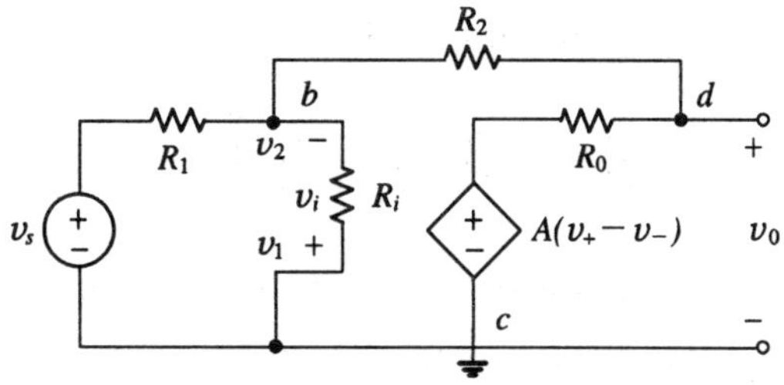

(b) (a)의 등가회로

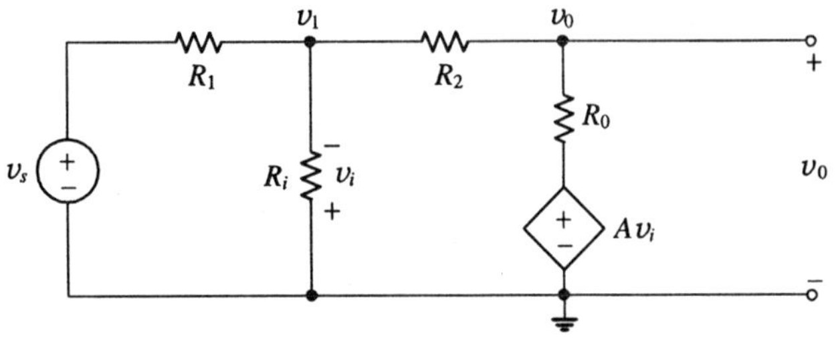

(c) (b)의 등가회로

▌그림 2.24▌

풀이

그림 2.24(a)의 등가회로를 그리면 그림 2.24(b)와 같이 되며 이를 다시 그리면 그림 2.25(c)가 된다. 이와 같은 과정은 전자소자를 포함한 전자회로를 어떻게 등가화하는 가를 보여주는 좋은 예이다. 그러므로 주어진 전자소자를 일단 모델화하면 전기회로의 해석법에 의해 제반 요구사항을 구할 수 있다. 즉, 그림 2.25(c)에 절점 해석법을 사용하면

$$\frac{v_1 - v_s}{R_1} + \frac{v_1}{R_i} + \frac{v_1 - v_0}{R_2} = 0$$

$$\frac{v_0 - v_1}{R_2} + \frac{v_0 - Av_1}{R_0} = 0$$

또는

$$\begin{bmatrix} \frac{1}{R_1} + \frac{1}{R_i} + \frac{1}{R_2} & -\frac{1}{R_2} \\ -\left(\frac{1}{R_2} - \frac{A}{R_0}\right) & \frac{1}{R_2} + \frac{1}{R_0} \end{bmatrix} \begin{bmatrix} v_1 \\ v_0 \end{bmatrix} = \begin{bmatrix} \frac{v_s}{R_1} \\ 0 \end{bmatrix}$$

가 된다. 여기서 $v_i = -v_1$임에 유의한다. v_0에 관하여 풀면

$$v_0 = \frac{1}{\Delta}\left(\frac{1}{R_2} - \frac{A}{R_0}\right)\left(\frac{v_s}{R_1}\right)$$

이다. 여기서

$$\Delta = \left(\frac{1}{R_1} + \frac{1}{R_i} + \frac{1}{R_2}\right)\left(\frac{1}{R_2} + \frac{1}{R_0}\right) - \frac{1}{R_2}\left(\frac{1}{R_2} - \frac{A}{R_0}\right)$$

그러므로 연산 증폭기의 저압 증폭률은

$$\frac{v_0}{v_s} = \frac{\frac{1}{\Delta}\left(\frac{1}{R_2} - \frac{A}{R_0}\right)}{R_1}$$

이다. 지금 연산 증폭기의 전형적인 파라미터 값, $A = 10^5$, $R_i = 10^8\,[\Omega]$, $R_0 = 10\,[\Omega]$, $R_1 = 1\,[\text{k}\Omega]$, $R_2 = 5\,[\text{k}\Omega]$을 윗 식에 대입하면 전압 증폭률은

$$\frac{v_0}{v_s} = -5.0003006 \approx -5.000$$

이다. 이상적 연산 증폭기를 사용하면 $A \to \infty$이므로 이의 증폭률을

$$\lim_{A \to \infty} \left(\frac{v_0}{v_s} \right) = -\frac{R_2}{R_1} = -5.0$$

가 된다. 위의 결과를 살펴보면 실제적 연산 증폭기를 이상적인 것으로 취급하여도 큰 차이가 없음을 알 수 있다. 따라서 이상적인 연산 증폭기 모델을 사용하는 것이 훨씬 간단하므로 연산 증폭기가 포함된 회로를 해석할 때는 이상적인 연산 증폭기 모델을 사용하기로 한다.

예제 2.13에서 $v_0 = -5v_s$이므로 입력 전압과 출력 전압간의 위상차가 180°, 즉 반전의 관계를 가지므로 그림 2.24(a)의 연산 증폭기는 반전 증폭기(inverting amplifier)이다. 또한 출력이 입력에 비례하고 있으므로 이 연산 증폭기는 전압제어 전압원(VCVS : voltage control voltage source)이다. 연산 증폭기의 (+)단자에 입력을 가하고 (−)단자를 공통 기준(접지)으로 취하면 입력전압과 출력전압간의 위상은 동상이 되므로 비반전증폭기(non-inverting amplifier)가 된다.

예제 2.15

그림 2.25(a)에 그림 2.24의 모델을 사용한 경우, 연산 증폭기의 전압 증폭률을 구하여라.

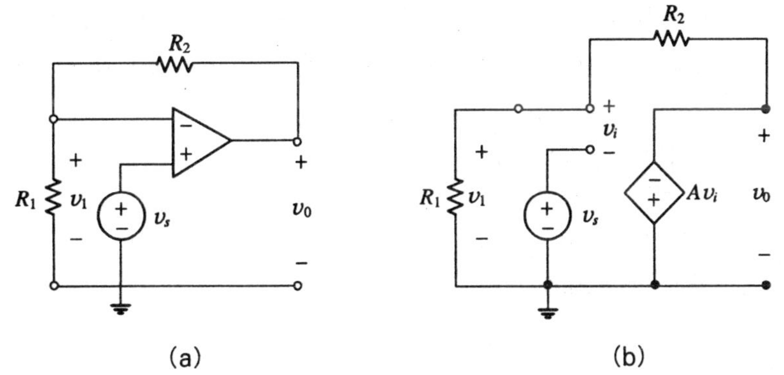

그림 2.25

풀이

그림 2.25(a)에 그림 2.24의 모델을 사용해서 등가 회로로 나타내면 그림 2.25(b)에 보인 바와 같이 된다. 여기서 주의할 점은 op-amp의 극성에 따라 등가회로의 종속전원의 극성이 변경된다는 사실이다. 출력 전압은

$$v_0 = -Av_i \tag{2.24}$$

이고, 차동전압은

$$v_i = v_1 - v_s \tag{2.25}$$

이다. 전압 분배의 원리를 사용하면 v_1은

$$v_1 = \frac{R_1}{R_1 + R_2} v_0 \tag{2.26}$$

가 된다. 식 (2.26)을 (2.25)에 대입하고 $\beta = \frac{R_1}{R_1 + R_2}$라 놓으면

$$v_i = \beta v_0 - v_s \tag{2.27}$$

가 된다. 식 (2.27)을 (2.24)에 대입하면

$$v_0 = -A(\beta v_0 - v_s)$$

또는

$$v_0(1 + A\beta) = Av_s \tag{2.28}$$

이므로

$$\frac{v_0}{v_s} = \frac{A}{1 + A\beta} \tag{2.29}$$

$A\beta \gg 1$일 때

$$\frac{v_0}{v_s} = \frac{1}{\beta} = \frac{R_1 + R_2}{R_1} \tag{2.30}$$

가 된다. 윗 식에서 출력 전압과 입력 전압과의 위상차는 동상(in-phase)이므로 그림 2.25(a)는 비반전 증폭기이다. 이와 같은 사실은 입력 단자에 따른 출력의 위상이 동상 또는 반전됨을 보여주는 좋은 예이다. $A\beta \gg 1$일 때 $\frac{v_0}{v_s}$는 전압이득 A와 무관하고 오직 저항에만 의존한다는 사실 때문에 위의 결과 식 (2.30)은 매우 중요한 결과이다. $A\beta \gg 1$이고 v_0가 유한하면(예를 들면 14 [V] 이하), 식 (2.24)로부터 알 수 있는 바와 같이 v_i는 매우 작다. 예를 들면, 만약 $A = 10^5$, $v_0 = 10$ [V]이면 $v_i = 100$ [μV]이다. 주어진 op-amp 회로의 전형적인 값, $\beta = 0.1$과 $A = 10^5$를 사용하면 식 (2.29)에 의해

$$\frac{v_0}{v_s} = \frac{10^5}{1 + 10^4} \approx 10$$

가 된다.

특별한 경우, $R_2 = 0$, $R_1 = \infty$(개방회로), $\beta = 1$이므로

$$\frac{v_0}{v_s} = 1$$

이다. 이 회로의 이득은 1이므로 이와 같은 회로를 전압 파로우(voltage follower) 또는 완충 증폭기(buffer amplifier)라 부른다. 즉, 출력 전압이 입력 전압에 충실히

따르고 있기 때문에 입력과 출력 단자간의 완충용으로 사용될 수 있다.

완충 증폭기를 사용하면 출력측의 부하에 의한 영향으로부터 입력을 격리시킬 수 있다.

예제 2.16

예제 2.14에 보인 그림 2.24(a)에 op-amp의 약식 모델을 사용하여 전압 증폭률을 구하여라. 여기서 $R_1 = 50\,[\mathrm{k}\Omega]$, $R_2 = 100\,[\mathrm{k}\Omega]$이다.

풀이

그림 2.24(a)에 약식 모델을 사용하면 그림 2.26에 보인 바와 같다.

그림 2.26에 KVL을 사용하면 다음과 같은 방정식을 얻는다.

$$-v_0 + i(R_1 + R_2) + v_s = 0 \tag{2.31}$$

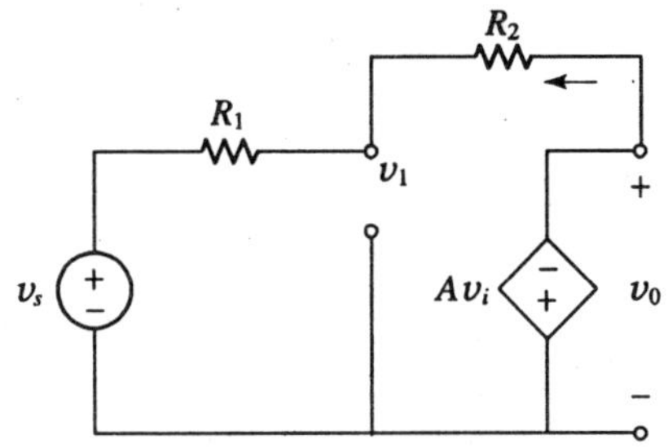

그림 2.26 발전 증폭기

여기서, 저항 R_1과 R_2에 흐르는 전류는 시계방향과 반대 방향이다. 또한 차동 전압은

$$v_i = iR_1 + v_s \tag{2.32}$$

이다. 식 (2.32)에서 i에 식 (2.31)에 대입하면

$$v_i = v_s + R_1\left(\frac{v_0 - v_s}{R_1 + R_2}\right) = v_s + \beta(v_0 - v_s)$$

가 된다. 그러므로 출력전압은

$$v_0 = -Av_i = -A(v_s + \beta v_0 - \beta v_s)$$

가 된다. 위 식을 v_0에 관하여 풀면

$$v_0 = \frac{-A(1-\beta)}{1+A\beta}\,v_s$$

또는

$$\frac{v_0}{v_s}=\frac{-A(1-\beta)}{1+A\beta}$$

가 된다. $A\beta \gg 1$이기 때문에 위 식은

$$\frac{v_0}{v_s}=\frac{-A(1-\beta)}{A\beta}=\frac{-(1-\beta)}{\beta}$$

가 된다. 위 식에 $\beta=\frac{R_1}{R_1+R_2}$를 대입하면

$$\frac{v_0}{v_s}=-\frac{R_2}{R_1}$$

이다. 따라서 $R_1=50\,[\mathrm{k\Omega}]$, $R_2=100\,[\mathrm{k\Omega}]$를 대입하면

$$\frac{v_0}{v_s}=-2$$

이다.

윗 식을 살펴보면 입력 전압과 출력 전압의 위상차가 역상(out of phase)이므로 그림 2.24(a)는 반전 증폭기이다.

2.2 테브난의 정리

전원과 선형 소자를 포함한 선형 능동 회로 또는 회로망의 어느 특정한 하나의 지로에 대한 전류와 전압에만 관심이 있는 경우에는 테브난의 정리(Thevenin's theorem) 또는 노튼의 정리(Norton's theorem)를 사용하면 loop 해석법(loop-current analysis)이나 절점 해석법(node-voltage analysis)보다 훨씬 더 간단하게 해를 구할 수 있는 경우가 흔히 있다.

하나 또는 그 이상의 전압원 및 전류원을 포함한 그림 2.27(a)에 보인 어떠한 선형 능동 회로망도 그림 2.27(b)에서 보는 바와 같이 하나의 전압원 v_{th}와 하나의 등가저항 R_{th}로 대치할 수 있다.

여기서 전압 v_{th}는 주어진 회로망의 단자 ab를 개방하였을 때 단자 사이에 나타나는 전압과 같고 R_{th}는 회로망 내의 모든 전압원을 단락하고 모든 전류원은 개방하였을 때 단자 ab에서 능동 회로망 쪽을 본 등가 저항과 같다.

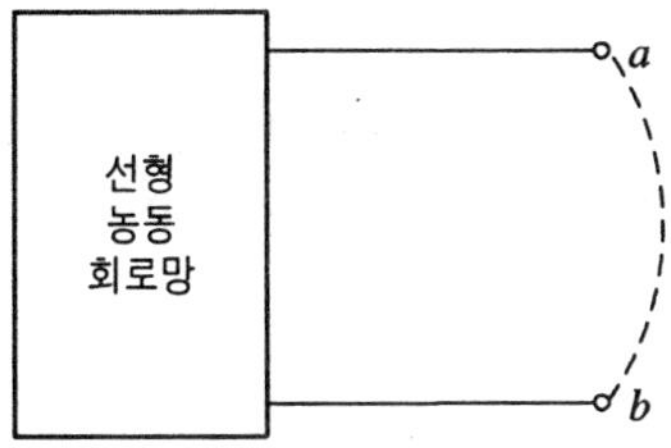

(a)

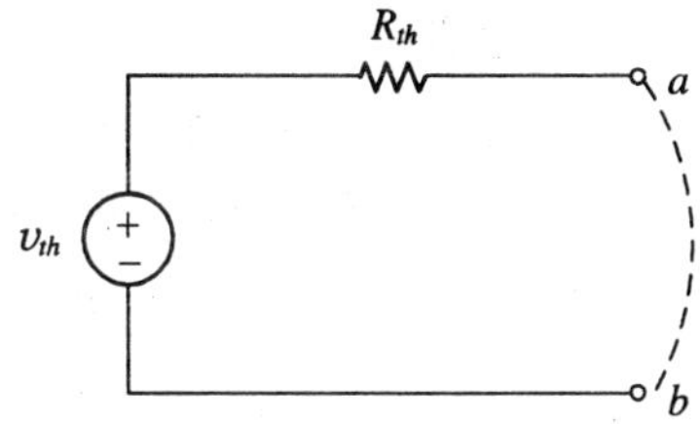

(b) (a)의 테브난 등가회로

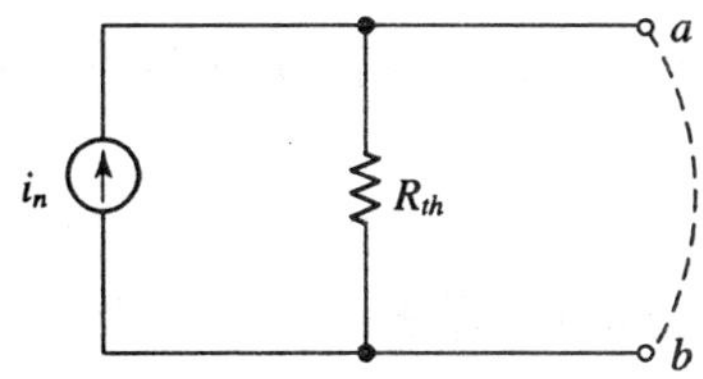

(c) (a)의 노튼등가회로

▌그림 2.27▌ 테브난 정리와 노튼의 정리에 대한 설명도

전압 v_{th}를 테브난 등가 전압(Thevenin equivalent voltage)이라 하고 R_{th}를 테브난 등가 저항(Thevenin equivalent resistance)이라 한다.

예제 2.17

그림 2.28(a)에 보인 능동 회로망에 대한 테브난의 등가 회로를 구하여라.

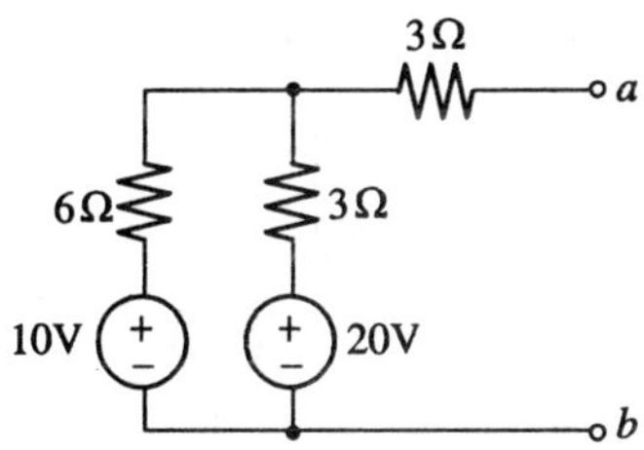

(a)

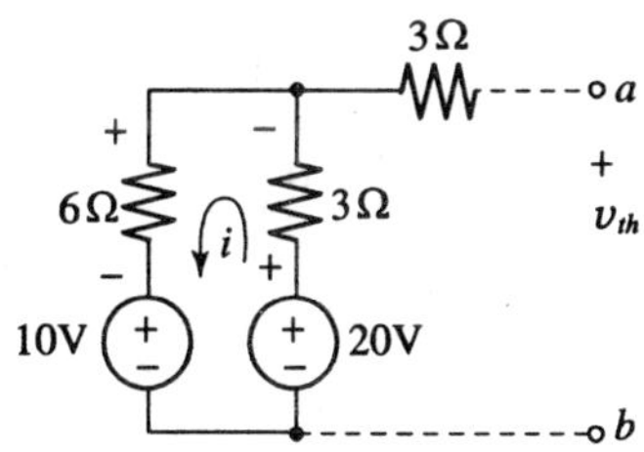

(b)

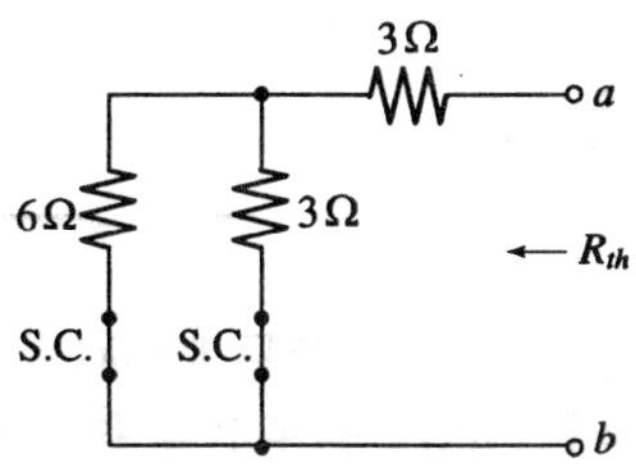

(c)

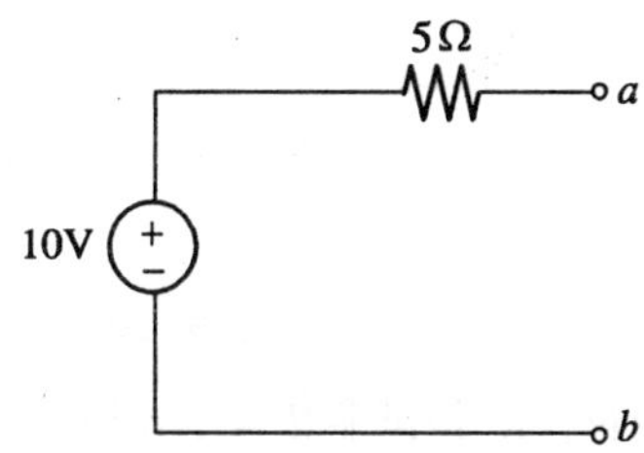

(d) (a)의 테브난 등가회로

▌그림 2.28▌

(풀이)

그림 2.28(a)에서 단자 ab를 개방한 경우, 두 개의 전압원에 의해서 시계반대방향으로 저항 3[Ω]과 6[Ω]에 흐르는 전류는

$$i = \frac{20+10}{3+6} = \frac{30}{9}\,[\text{A}]$$

이다. 3[Ω]에는 전류가 흐르지 않으므로 단자 ab에 나타나는 테브난 등가 전압 v_{th}는

$$v_{th} = v_{ab} = 20 - \left(\frac{30}{9}\right)(3) = 10\,[\text{V}]$$

또는

$$v_{th} = \left(\frac{30}{9}\right)(6) - 10 = 10\,[\text{V}]$$

이다. 등가저항 R_{th}는 전압원을 단락하고 단자 ab에서 회로망을 향하여 본 등가저항이므로 그림 2.28(c)로부터

$$R_{th} = 3 + \frac{(3)(6)}{9} = 5[\Omega]$$

이다. 그림 2.28(d)는 구하고자 하는 테브난의 등가회로이다.

예제 2.18

그림 2.29의 회로에 대한 테브난의 등가회로를 구하여라.

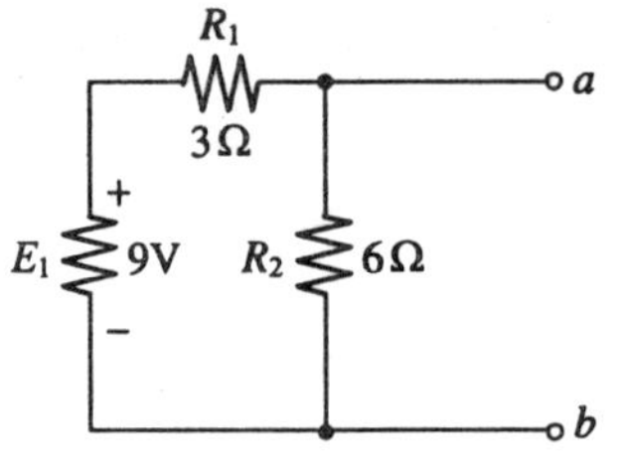

▎그림 2.29▎

(풀이)

테브난의 등가 전압 E_{th}는 6[Ω]에 걸린 저압이므로

$$E_{th} = \frac{6}{3+6} \times 9 = 6\,[\text{V}]$$

테브난의 등가 저항은 그림 2.30과 같이 전압원을 0[V]로 하기 위해 단락시키면

$$R_{th} = \frac{3\times 6}{3+6} = 2\,[\Omega]$$

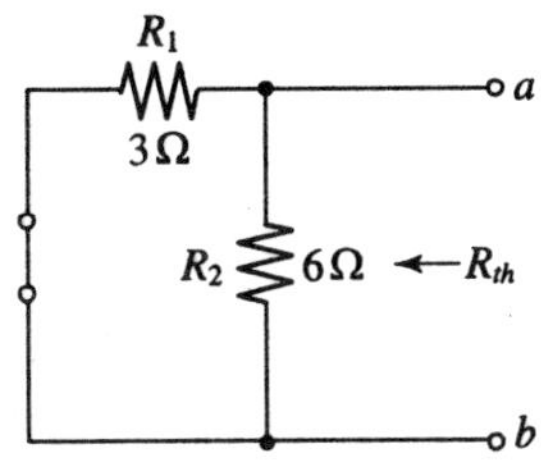

▌그림 2.30▌

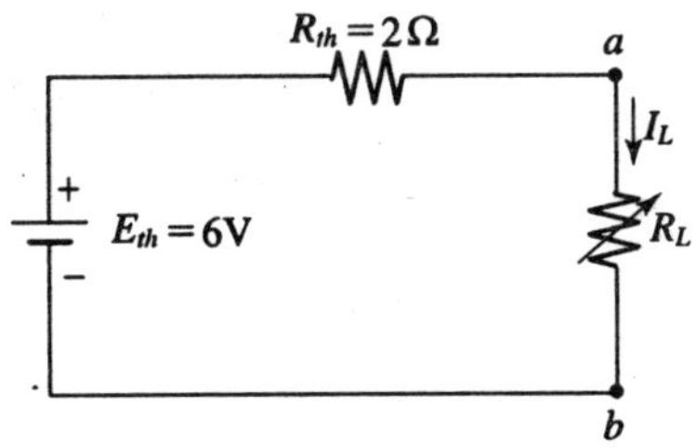

▌그림 2.31▌

따라서 테브난의 등가회로는 그림 2.31과 같이 된다.

예제 2.19

그림 2.32에서 단자 ab에 대한 테브난의 등가회로를 구하여라.

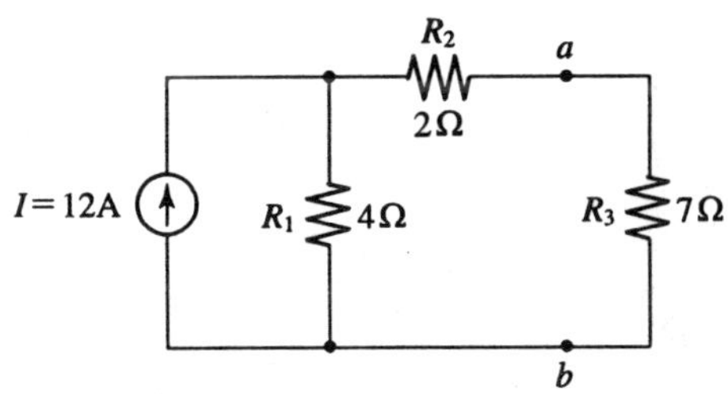

▌그림 2.32▌

풀이

테브난의 등가전압은 4[Ω]에 걸린 전압이므로

$$E_{th}=4\times 12=48\,[\mathrm{V}]$$

테브난의 등가 저항은 그림 2.33과 같이 전류원을 0[A]로 하기 위해 open시키면

$$R_{th}=2+4=6\,[\Omega]$$

따라서 테브난의 등가회로는 그림 2.34와 같다.

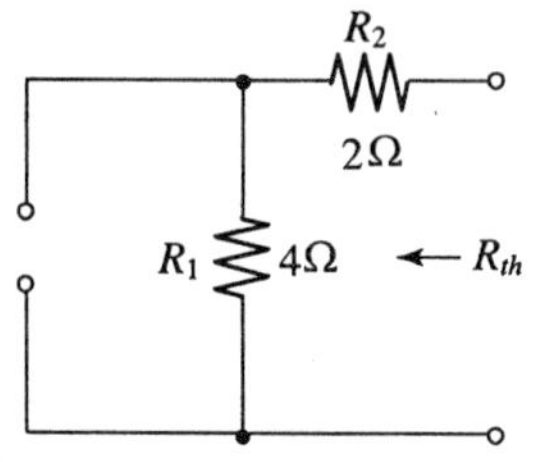

▎그림 2.33▎

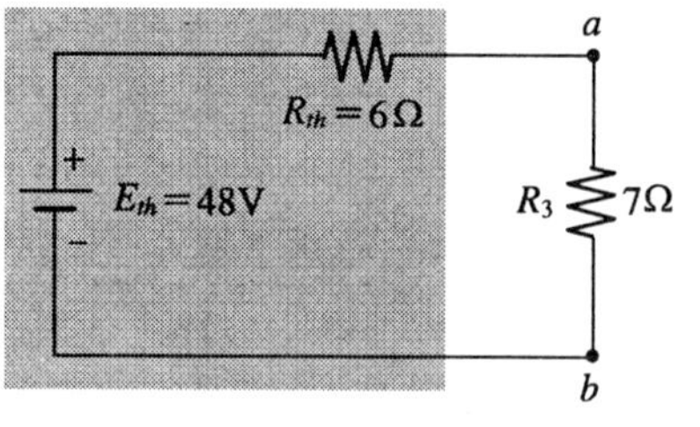

▎그림 2.34▎

임의의 물리적 회로에서 E_{th}의 값은 그림 2.35에서와 같이 부하단자에 걸리는 개방회로의 전압측정에 의해 실험적으로 결정할 수 있다($E_{th}=V_{ab}$).

따라서 R_{th}의 값은 그림 2.36(b)의 전위차계와 같은 R_L을 가진 회로를 완성함으로써 결정할 수 있다.

즉, R_L의 값은 부하를 통하여 나타나는 전압이 개방회로 1/2 또는 $V_L=E_{th}/2$가 될 때까지의 변화이다.

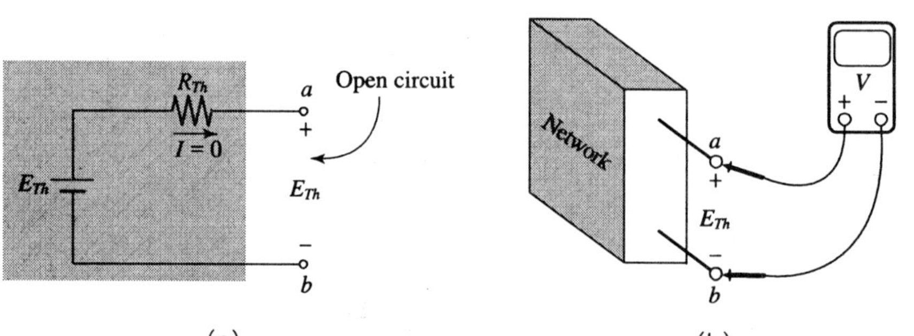

(a) (b)

▎그림 2.35▎

그림 2.36(a)의 직렬회로에 대해 부하전압이 개방회로 전압의 반으로 감소될 때 R_{th}나 R_L에 걸리는 전압은 반드시 같아야 한다. 만약에(그림 2.36(c)에서와 같이) 전에 계산한 결과인 R_L의 값을 읽을 수 있고 V_L이 R_{th}양단 전압과 같다면, $R_L=R_{th}$이므로 R_{th}를 얻을 수 있다.

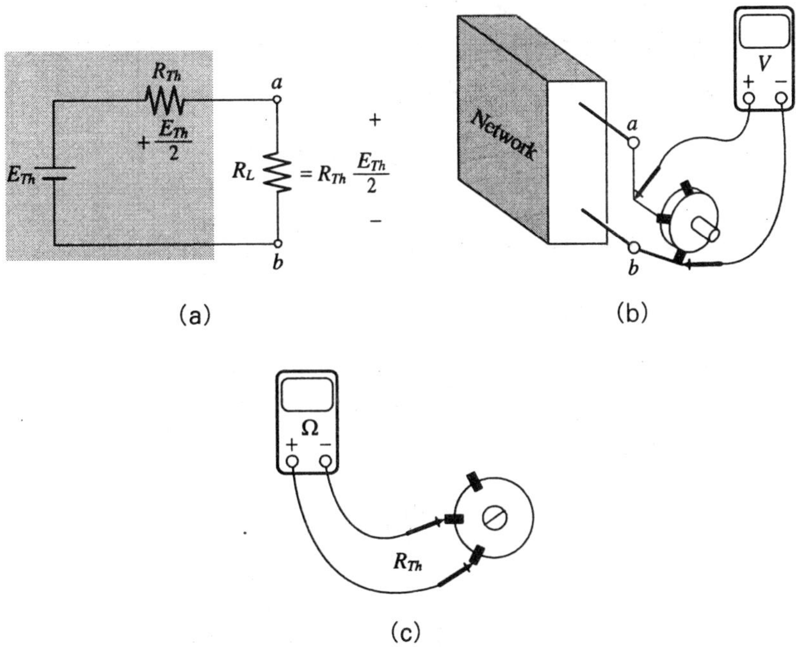

|그림 2.36|

2.3 노튼의 정리

선형 능동 소자는 하나의 전류원 i_n과 테브난의 정리의 경우와 동일한 방법으로 구한 등가 저항 R_{th}를 병렬로 대치할 수 있다(그림 2.27(c)).

여기서 전류 i_n은 주어진 회로망의 단자 ab를 단락했을 때 단락 회로에 흐르는 전류와 같다. i_n을 노튼의 등가 전류(Norton equivalent current)라고 한다. 두 등가 전원 사이에는 $v_{th} = R_{th} i_n$인 관계가 있으므로 전원을 서로 변환하면 테브난의 등가 회로와 노튼의 등가회로를 쉽게 서로 대치할 수 있다.

예 제 2.20

그림 2.28(a)를 노튼의 등가회로로 나타내어라.

풀이

그림 2.28(a)에서 단자 ab를 단락하면 그림 2.37(a)에 보인 바와 같다.

중첩의 원리를 사용하여 3[Ω]에 흐르는 전류 i_n을 구하면 다음과 같다. 10[V]의 전압원만이 동작할 경우, 그림 2.37(a)는 그림 2.37(b)에 보인 바와 같이 된다. 여기에서 입력 전류 i_T를 구하면

$$i_T' = \frac{10}{6+\frac{3\times3}{3+3}} = 1.333\,[\mathrm{A}]$$

이므로 전류 분배 법칙에 의하여

$$i_n' = \frac{1}{2}(1.333) = 0.667\,[\mathrm{A}]$$

가 된다.

마찬가지 방법으로 20[V] 전압원만이 동작하는 경우, 그림 2.37(c)에 보인 바와 같이 된다. 따라서

$$i_T'' = \frac{20}{3+\frac{(6)(3)}{6+3}} = 4\,[\mathrm{A}]$$

$$i_n'' = \frac{6}{6+3}(4) = 2.667\,[\mathrm{A}]$$

그러므로

$$i_n = i_n'' - i_n' = 2.667 - 0.667 = 2\,[\mathrm{A}]$$

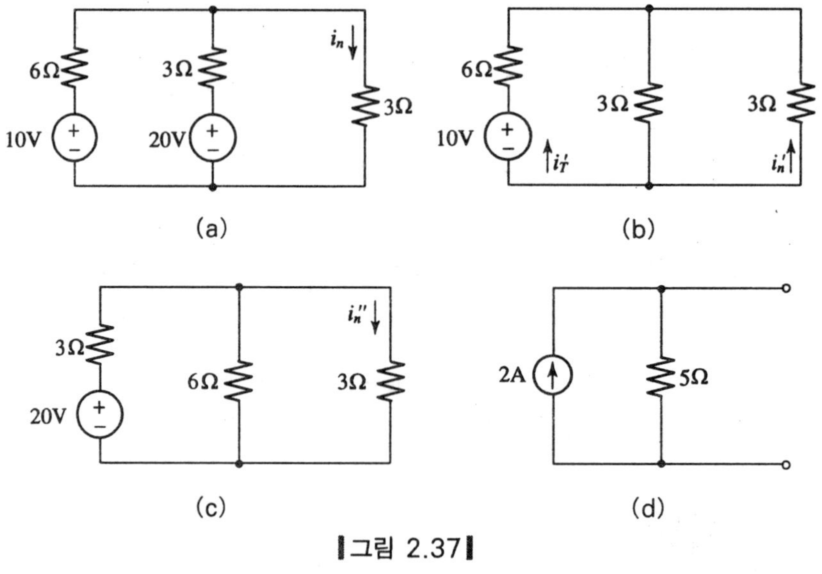

그림 2.37

이다. 노튼의 등가 저항은 테브난의 등가저항과 같으므로 노튼의 등가회로는 그림 2.37(d)에 보인 바와 같다. 앞에서 설명한 바와 같이 노튼의 등가 회로와 테브난의 등가 회로간에는 다음과 같은 관계가 성립됨을 알 수 있다.

$$V_{th} = R_{th}I_n = (5)(2) = 10\,[\mathrm{V}]$$

2.3.1 테브난의 등가 전압원과 노튼 등가 전류원에 의한 테브난의 등가 저항

그림 2.38에 보인 바와 같이 회로망이 종속 전원을 포함하고 있으면 예제 2.17에 보인 방법으로 R_{th}를 구할 수 없다. 이 경우에 테브난 등가저항을 구하는 방법은 다음과 같은 두 가지 방법이 있다.

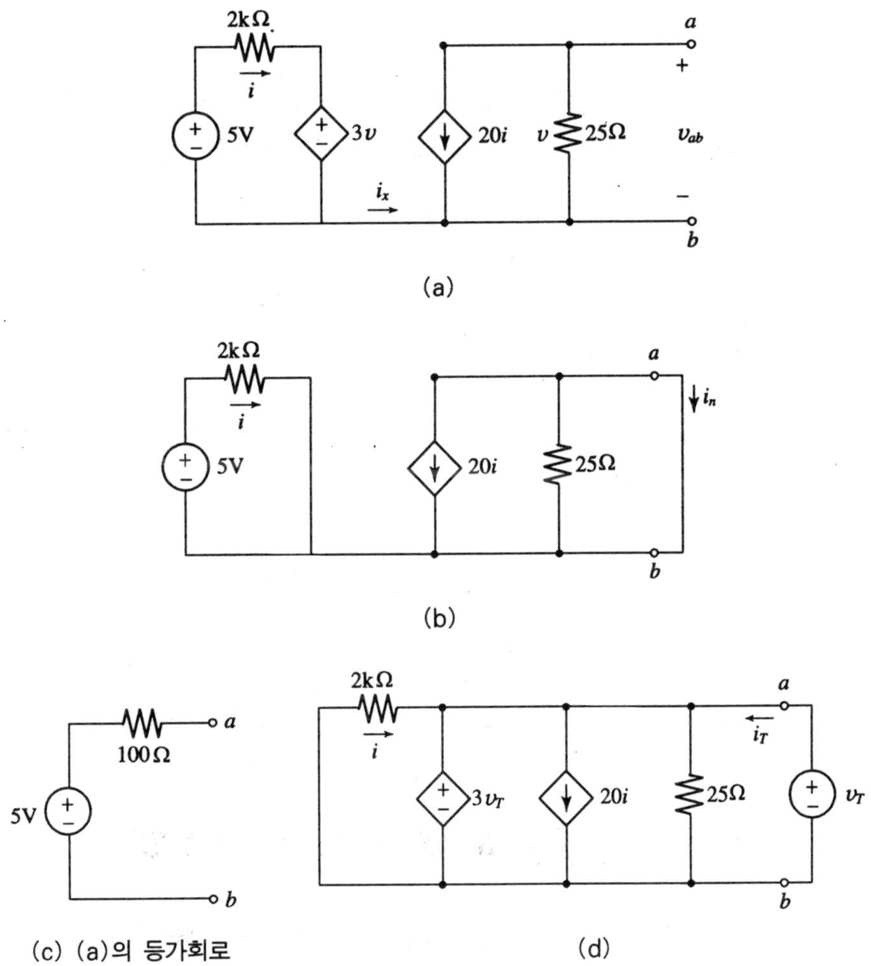

(c) (a)의 등가회로 (d)

┃그림 2.38┃ 종속 전원을 포함한 회로망에 대한 테브난의 등가 회로

회로 해석의 첫 단계로 그림 2.38(a)에 보인 바와 같이 i_x가 오른쪽 회로로 유입되었으나 귀환 경로가 없으므로 $i_x = 0$임을 알 수 있다. 우선 저항 25 [Ω]에 걸리는 테브난의 전압 또는 ab 사이의 개방 전압을 구하면 $i_x = 0$이므로

$$v_{th} = v = v_{ab} = (-20i)(25) = -500i \qquad (2.33)$$

이다. 그런데 전류 i는

$$i = \frac{5-3v}{2000} = \frac{5-3v_{th}}{2000}$$

이므로, 위의 식을 식 (2.33)에 대입하고 v_{th}에 관하여 풀면

$$v_{th} = -5\,[\mathrm{V}]$$

이다. 노튼의 등가 전류를 구하기 위하여 단자 ab를 단락하면 25 [Ω]에 걸리는 전압은 $v = 0$이므로 그림 2.38(b)에 보인 바와 같이 된다. 그러므로 종속 전류는 모두 단락 회로에 흐른다. 즉,

$$i = \frac{5}{2000} = 2.5\,[\mathrm{mA}]$$

이므로

$$i_n = i_{sc} = -20\,i = -20(2.5) = -50\,[\mathrm{mA}]$$

이다. 그러므로

$$R_{th} = \frac{v_{th}}{i_n} = \frac{-5}{-50} \times 10^3 = 100[\,\Omega\,]$$

가 된다. 테브난의 등가회로를 나타내면 그림 2.38(c)에 보인 바와 같다. 그림 2.38(c)에서는 테브난 등가 전압의 극성에 유의하여야 한다.

2.3.2 테브난 등가 전압 R_{th}를 구하는 또 다른 방법

2.3.1의 방법은 $v_{th}/i_n = 0/0$ 또는 ∞인 경우에는 적용할 수 없으므로 다른 방법을 소개하면 다음과 같다. 이 방법은 단자 ab에 테스트 전압원 또는 전류원을 인가하여 구하는 방법이다. 첫 번째 단계로 독립 전압원을 단락 회로로 대치

하고 단자 ab에 테스트 전압 v_T를 인가하면 그림 2.38(d)에 보인 바와 같이 된다. 그러므로 $R_{th} = v_T/i_n$에 의하여 R_{th}를 구할 수 있다. 그림 2.38(d)에서

$$i_T = \frac{v_T}{25} + 20i$$

$$i = \frac{-3v_T}{2}\,[\text{mA}]$$

이다. 그러므로 위의 식들로부터 i_T를 구하면

$$i_T = \left(\frac{1}{25} - \frac{1}{2000}\right)v_T$$

가 된다. 따라서,

$$\frac{i_T}{v_T} = \frac{1}{25} - \frac{6}{200} = \frac{2}{200} = \frac{1}{100}$$

또는

$$R_{th} = \frac{v_T}{i_T} = 100\,[\Omega]$$

일반적으로 단락 전류를 구하는 방법은 2.3.1을 사용하여 구하는 것이 더 편리하다. 그러나 저항과 종속 전원만을 포함한 회로망에서 테브난 등가 전압과 단락 전류의 비를 결정할 수 없을 경우에는, 즉 $v_{th}/i_n = 0$ 또는 ∞인 경우에는 2.3.2를 사용하여야만 한다.

예 제 2.21

그림 2.39(a)에 보인 회로망의 단자 ab에서 본 테브난 등가 회로를 구하여라.

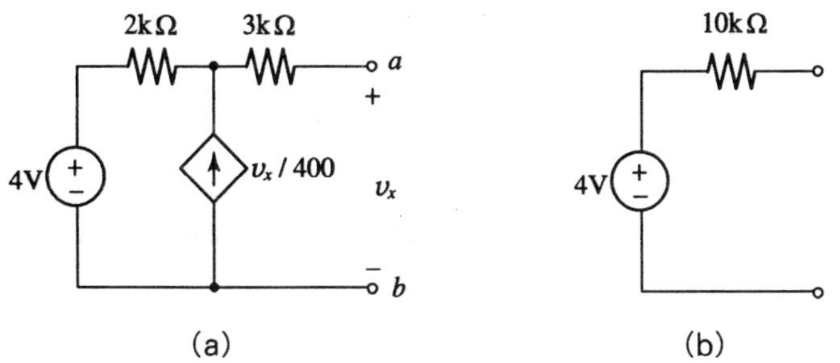

(a) (b)

그림 2.39

풀이

v_{th}를 구하면 다음과 같다.

$$\frac{v_x}{2000} - \frac{v_x}{4000} = 0$$

그러므로

$$v_x = 8 = v_{th}$$

이다. i_n을 구하면 다음과 같다.

$v_x = 0$이라고 놓으면 종속 전류원은 0이 된다. 그러므로

$$i_n = 4/(5 \times 10^3) = 0.8\,[\text{mA}]$$

따라서, 구하고자 하는 테브난 등가저항은 다음과 같다.

$$R_{th} = \frac{v_{th}}{i_n} = 10\,[\text{k}\Omega]$$

예제 2.22

그림 2.40의 단자 ab에 대한 노턴의 등가회로를 구하여라.

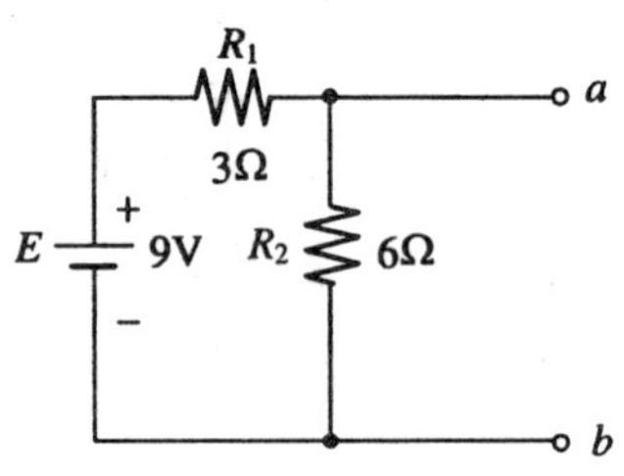

┃그림 2.40┃

풀이

노턴의 등가 전류를 구하기 위하여 그림 2.41과 같이 단자 ab를 단락시키면

$$I_n = \frac{9}{3} = 3\,[\text{A}]$$

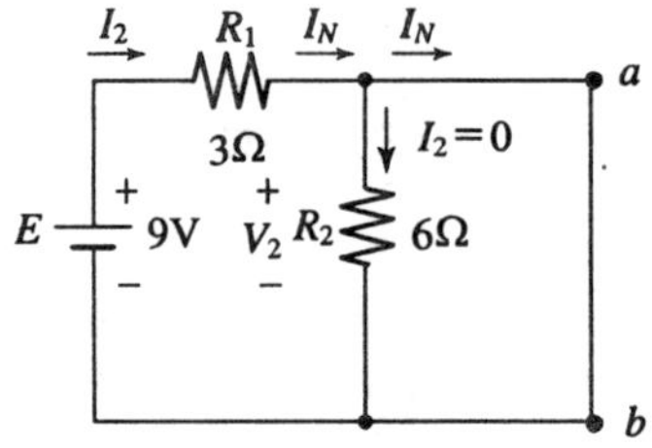

┃그림 2.41┃

가 된다. 등가 저항은 그림 2.42와 같이 전압원을 단락시키면 $R_N = \frac{3 \times 6}{3+6} = 2[\Omega]$

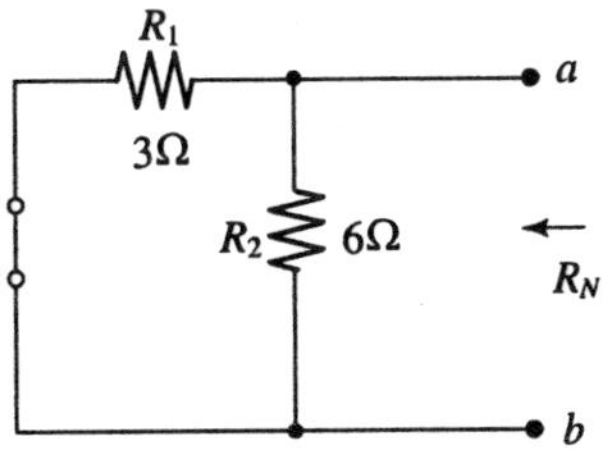

▌그림 2.42▌

따라서 노턴의 등가 회로는 그림 2.43과 같다.

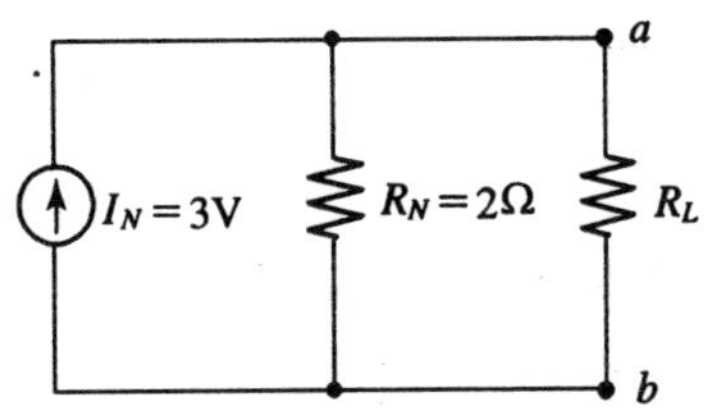

▌그림 2.43▌

이 회로는 테브난 정리의 개발과정에서 처음에 생각한 것과 같다. 테브난 회로를 실제로 그림 2.44와 같은 하나의 간단한 변환을 나타낸다.

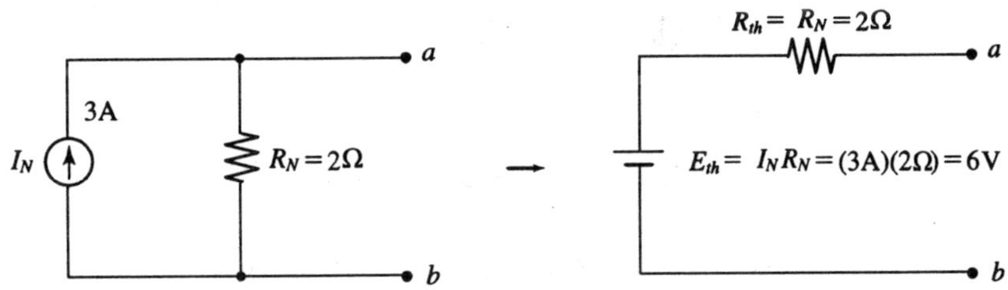

▌그림 2.44▌

2.4 최대 전력 전달 정리

때때로 선형 능동 회로망으로부터 외부의 부하 저항에 최대의 전력을 전달하고자 하는 경우가 있다. 이 경우 능동 회로망을 그림 2.45에 보인 바와 같이 테브난 등가 회로로 간소화할 수 있다.

그림 2.45에서 부하에 공급되는 전력은

$$p_L = i_L^2 R_L = v_{th}^2 \frac{R_L}{(R_{th}+R_L)^2} \tag{2.34}$$

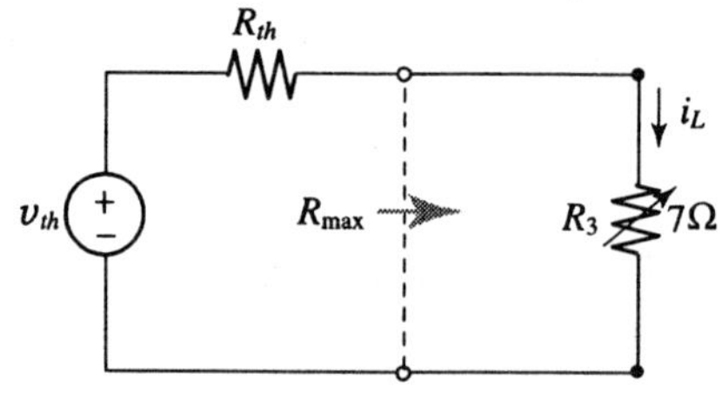

▌그림 2.45▐

이다. 따라서 최대 전력 P_{Lmax}를 구하기 위하여 윗 식을 다음과 같이 P_L에 관하여 미분하고 영으로 놓으면

$$\frac{dp_L}{dR_L} = 0$$

또는

$$\frac{v_{th}^2[(R_{th}+R_L)^2 - 2R_L(R_{th}+R_L)]}{(R_{th}+R_L)^4} = 0$$

또는

$$(R_{th}+R_L)^2 = 2R_L(R_{th}+R_L)$$

이므로 $P_L = R_{th}$일 때 P_L은 최대 전력이 된다. 즉

$$p_{Lmax} = \frac{v_{th}^2}{4R_{th}} \tag{2.35}$$

이다. 그러나 공급된 총 전력 중에서 반만이 부하에 사용되고 나머지 반은 전원에 의하여 소모되었으므로 전력 효율은 50%임에 유의하여라.

연습문제

2-1 a. 그림 2.46에 나타난 직렬회로의 총저항값을 구하여라.

b. 전류 I를 계산하여라.

c. 전압 V_1, V_2, V_3를 결정하여라.

d. R_1, R_2, R_3에 의해서 소비되는 전력을 계산하여라.

e. 전원에 인가된 전력을 구하고, 각각의 저항에서 소비되는 전력의 합과 비교하여라.

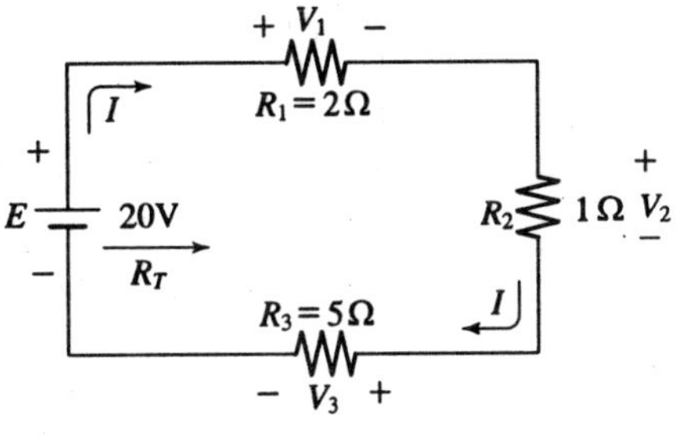

▌그림 2.46▐

2-2 그림 2.47의 회로에서 R_T, I 그리고 V_2를 구하여라.

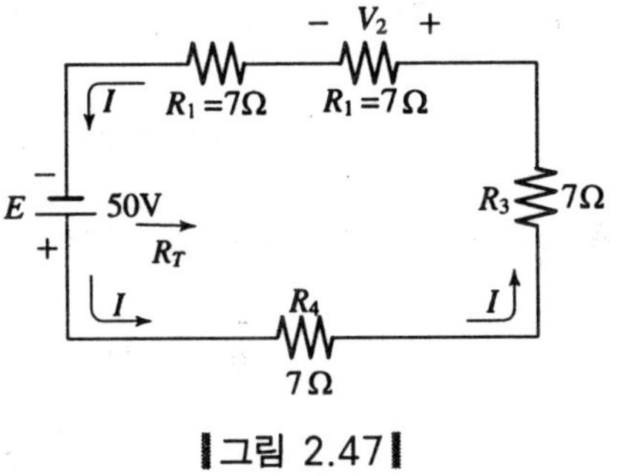

▌그림 2.47▐

2-3 R_T와 I가 주어졌을 때, 그림 2.48에 나타난 R_1과 E를 계산하여라.

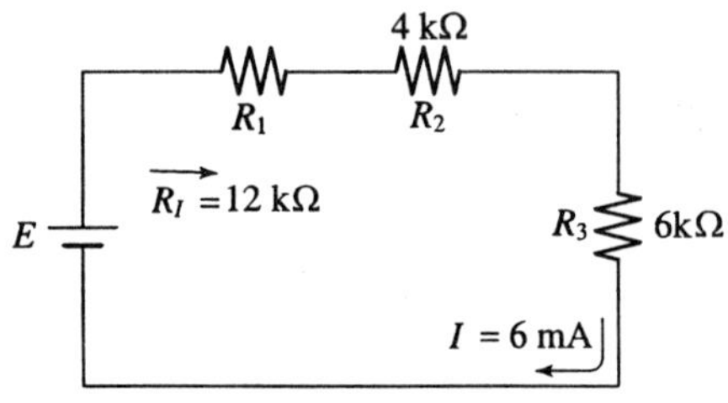

❙그림 2.48❙

2-4 키르히호프의 전압법칙을 사용하여 그림 2.49와 그림 2.50의 회로에 대해서 미지의 전압을 구하여라.

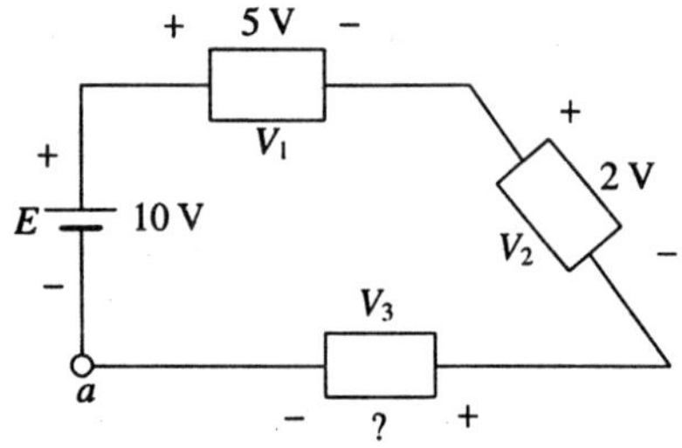

❙그림 2.49❙

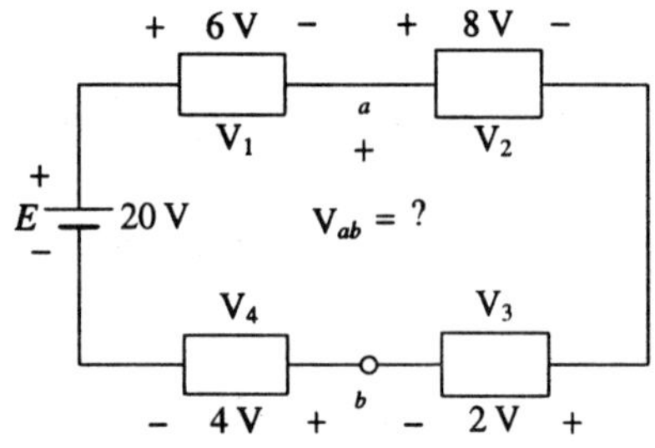

❙그림 2.50❙

2-5 그림 2.51의 회로에서 V_1과 V_2를 구하여라.

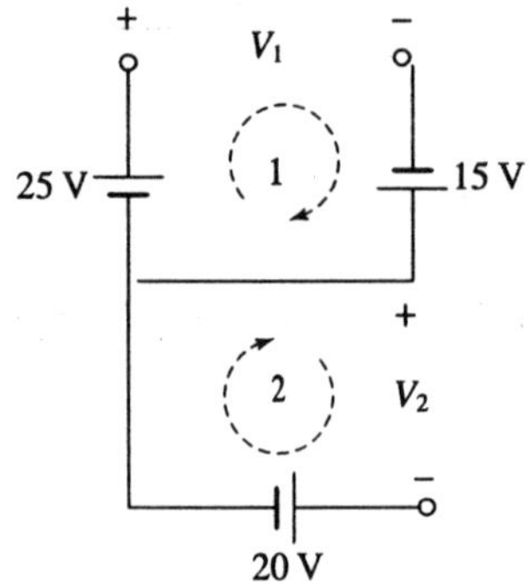

❙그림 2.51❙

2-6 그림 2.52의 회로에서

a. R_T를 구하여라.

b. I를 구하여라.

c. V_1과 V_2를 구하여라.

d. 4Ω과 6Ω의 저항에서 각각 소비되는 전력을 구하여라.

e. 축전지에서 공급되는 전력을 구하고, 4Ω과 6Ω에서 소비되는 전력의 합과 비교하여라.

f. 키르히호프의 전압법칙이 성립함을 증명하여라(시계방향 대해서).

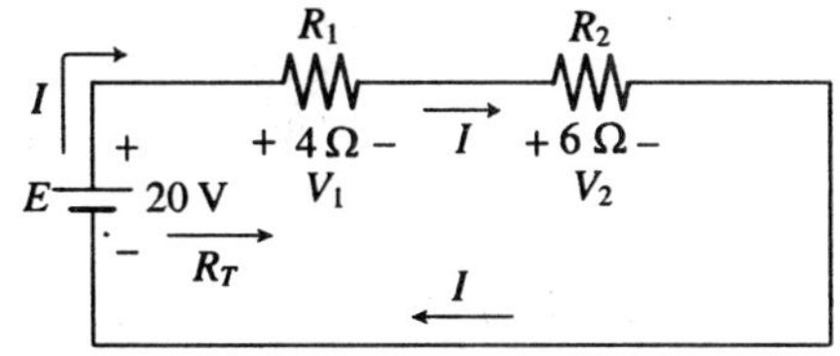

|그림 2.52|

2-7 그림 2.53의 회로에서

a. 키르히호프의 전압법칙을 이용하여 V_2를 구하여라.

b. I를 구하여라.

c. R_1과 R_2를 구하여라.

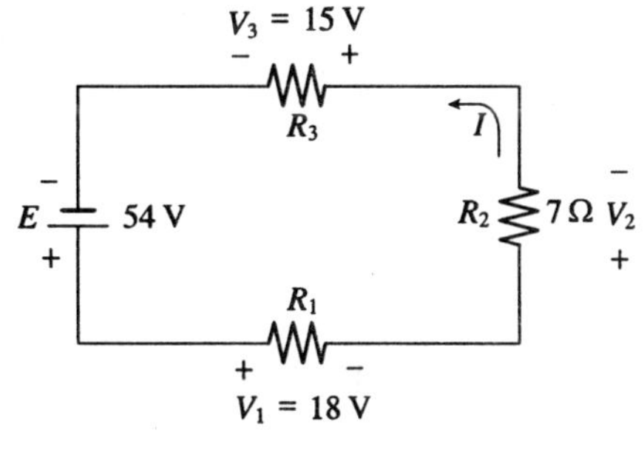

|그림 2.53|

2-8 그림 2.54의 회로에서, 전류 I와 7Ω 저항 양단에 걸리는 전압을 구하여라.

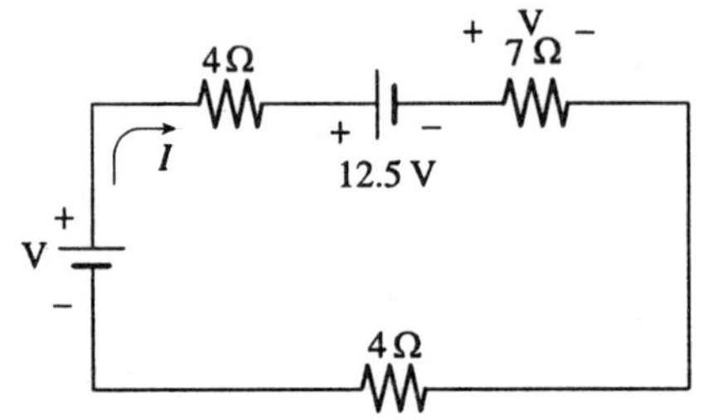

▌그림 2.54▌

2-9 그림 2.55의 회로에서 전압 V_1을 구하여라.

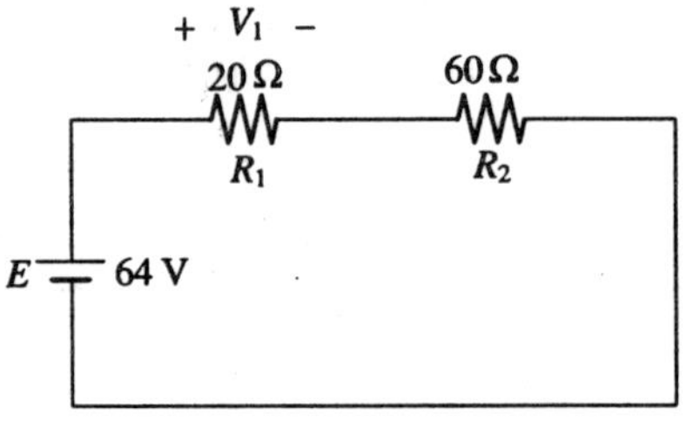

▌그림 2.55▌

2-10 그림 2.56의 직렬회로에서, 전압분배법칙을 사용하여 전압 V_1과 V_3를 결정하여라.

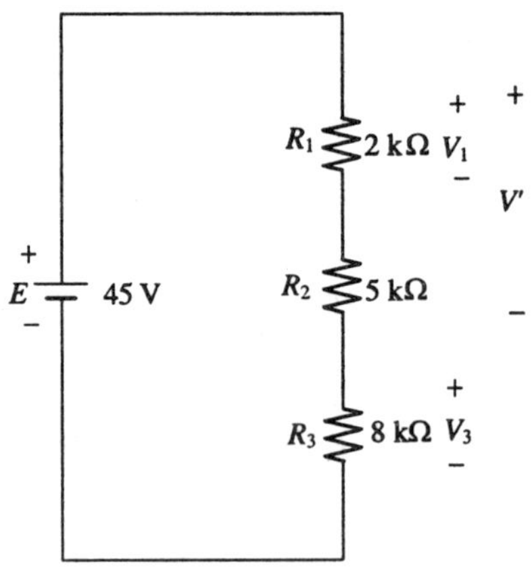

▌그림 2.56▌

2-11 그림 2.56에 있어서, 저항 R_1과 R_2 양단에 걸리는 전압 V를 구하여라.

2-12 $V_{R1} = 4V_{R2}$가 되도록 그림 2.57의 전압분배기의 R_1, R_2의 값을 구하여라.

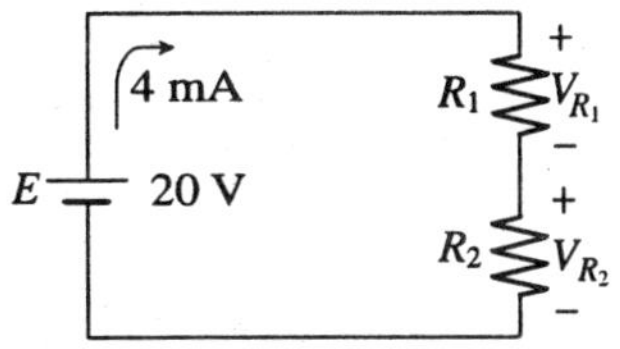

▌그림 2.57▌

2-13 그림 2.58의 병렬회로에서

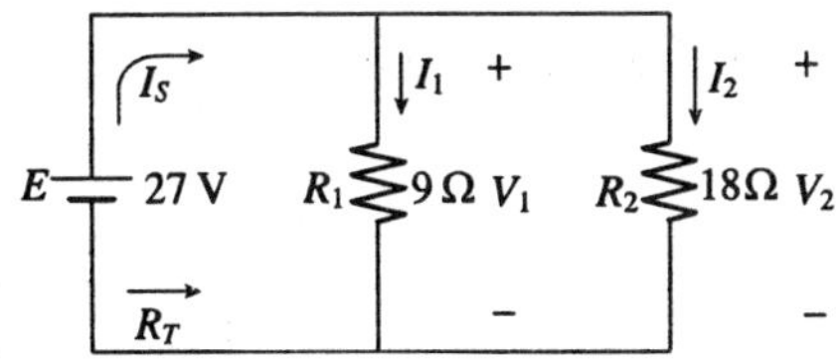

▌그림 2.58▌

a. R_T를 구하여라.

b. I_s를 구하여라.

c. I_1과 I_2를 계산하고, $I_s = I_1 + I_2$임을 설명하여라.

d. 각 저항부하에서 소비되는 전력을 계산하여라.

e. 전원에 의한 전력을 계산하고, 저항요소에 의한 총소비전력을 앞의 전력과 비교하여 설명하여라.

2-14 그림 2.59에 나타난 정보로부터

a. R_3를 구하여라.

b. E를 계산하여라.

c. I_s를 구하여라.

d. I_2를 구하여라.

e. P_2를 결정하여라.

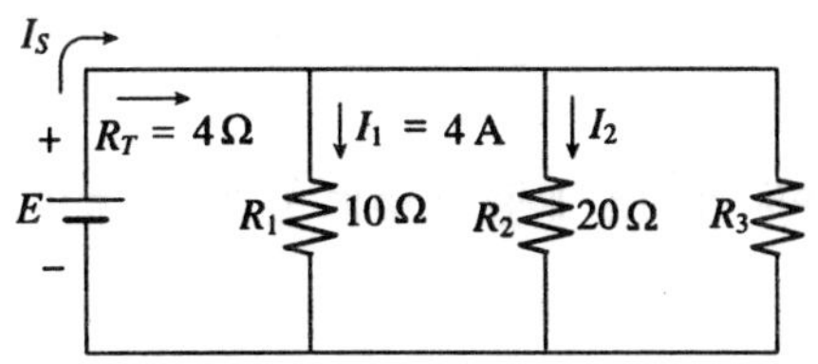

▌그림 2.59▌

2-15 그림 2.60에서 I_1, I_3, I_4와 I_5를 구하여라.

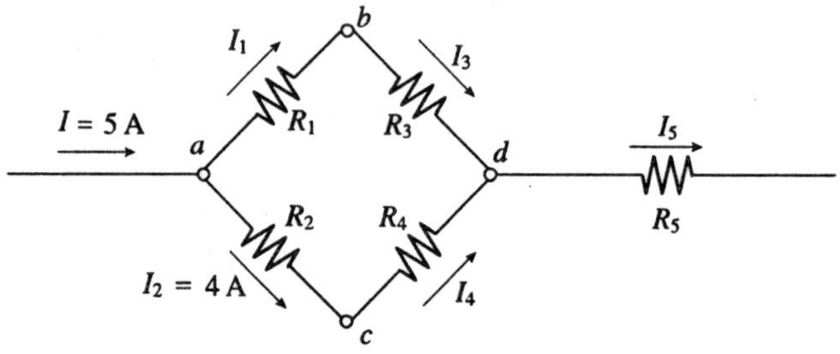

|그림 2.60|

2-16 키르히호프의 전류법칙을 적용하여 그림 2.61에서 전류 I_3와 I_5를 구하여라.

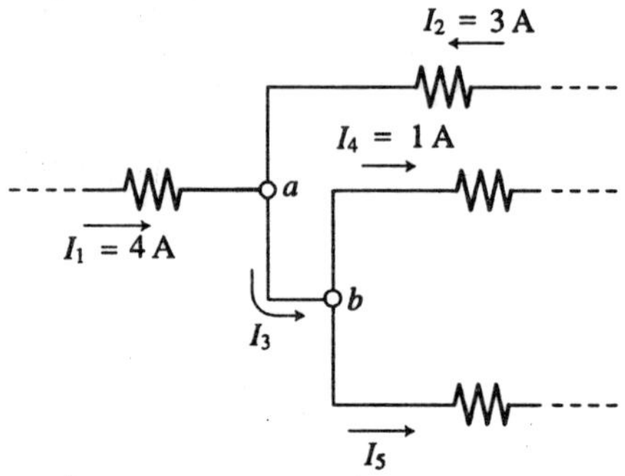

|그림 2.61|

2-17 그림 2.62의 회로에서 전류 I_3, I_4, I_6와 I_7의 방향과 그 값을 구하여라. 심지어 그 요소가 병렬 혹은 직렬이 아닐지라도 모든 미지전류의 결정에 키르히호프의 법칙을 적용할 수 있다.

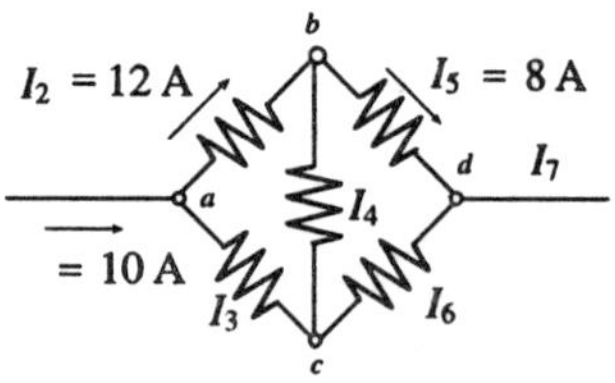

|그림 2.62|

2-18 그림 2.63의 회로에 전류 I_2를 구하여라.

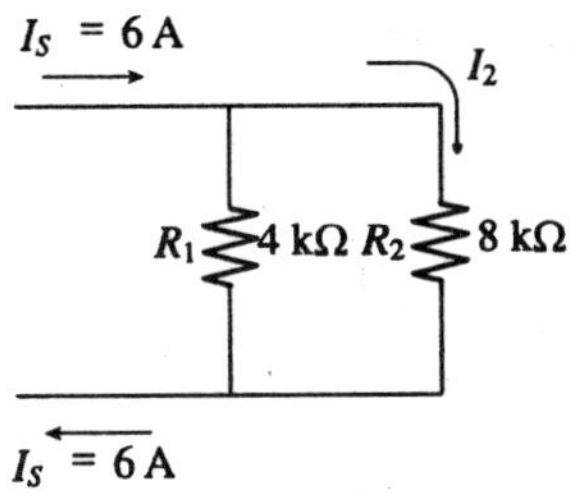

|그림 2.63|

2-19 그림 2.64의 회로에서 전류 I_1을 구하여라.

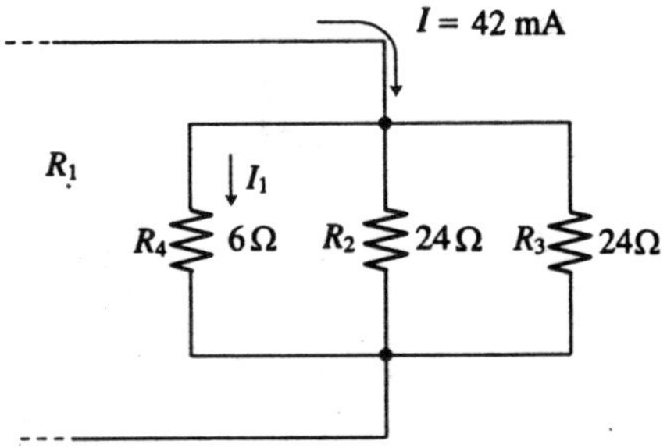

|그림 2.64|

2-20 그림 2.65의 회로에 대해서 전류 I_1, I_2와 I_3를 구하여라.

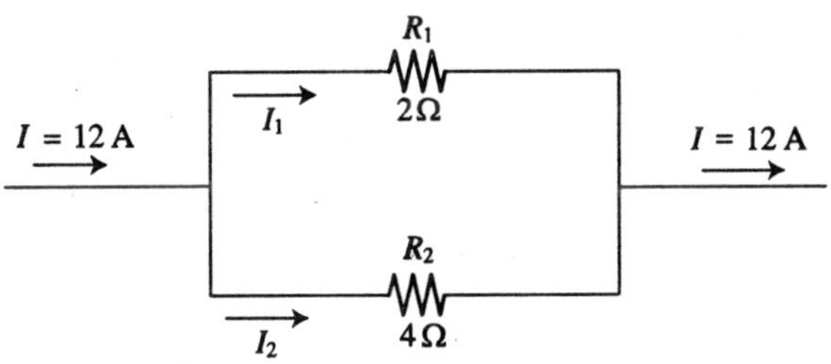

|그림 2.65|

2-21 그림 2.66의 회로에서 전류분배법칙으로 R_1을 구하여라.

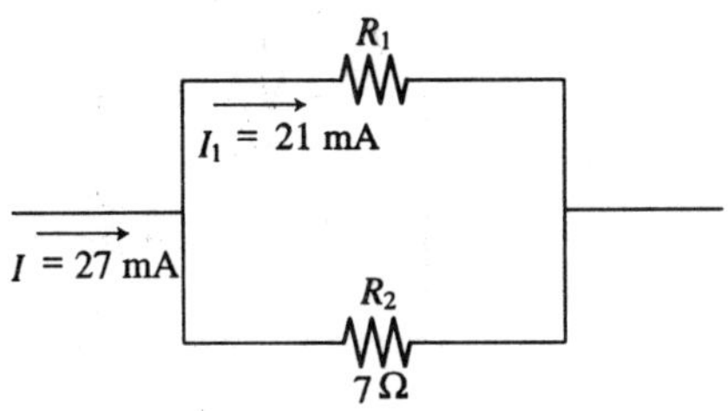

|그림 2.66|

2-22 그림 2.67의 전압 V_{ab}를 구하여라.

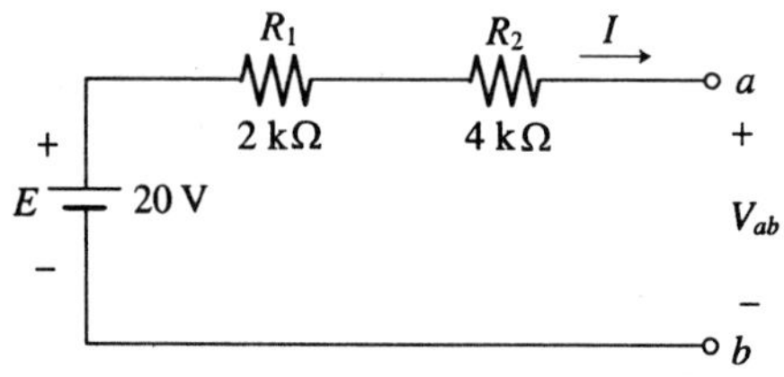

|그림 2.67|

2-23 그림 2.68의 회로망에서 전압 V_{ab}와 V_{cd}를 구하여라.

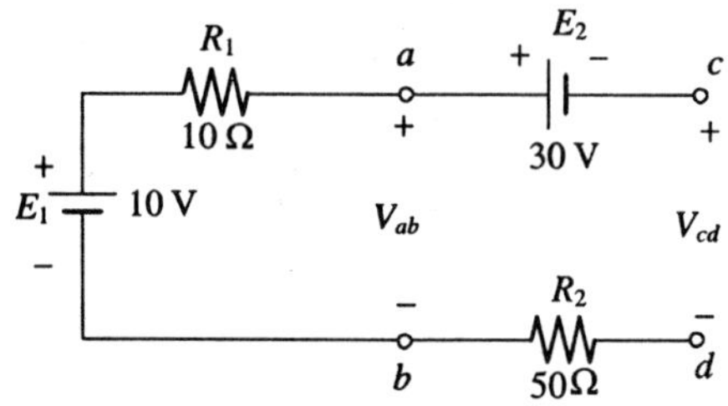

|그림 2.68|

2-24 그림 2.69에 나타난 전압 V와 전류 I를 구하여라.

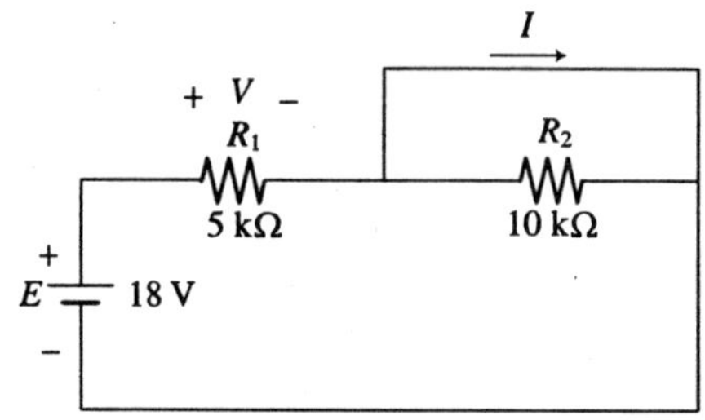

|그림 2.69|

2-25 그림 2.70의 회로에서 저항 R_2가 단락되었을 때의 전압 V와 전류 I를 구하여라.

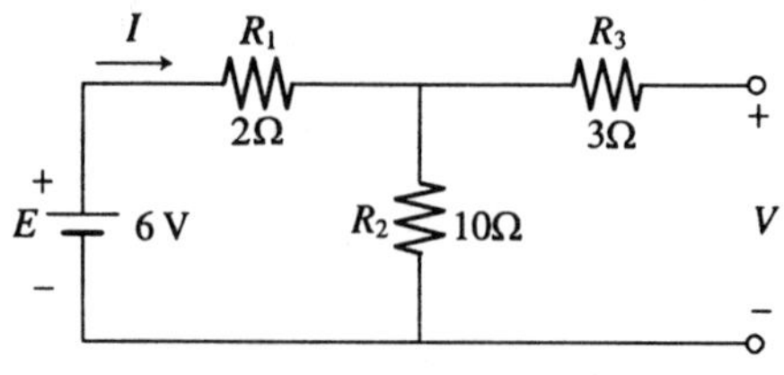

|그림 2.70|

2-26 그림 2.71의 회로에서 전류 I_4와 전압 V_2를 구하여라.

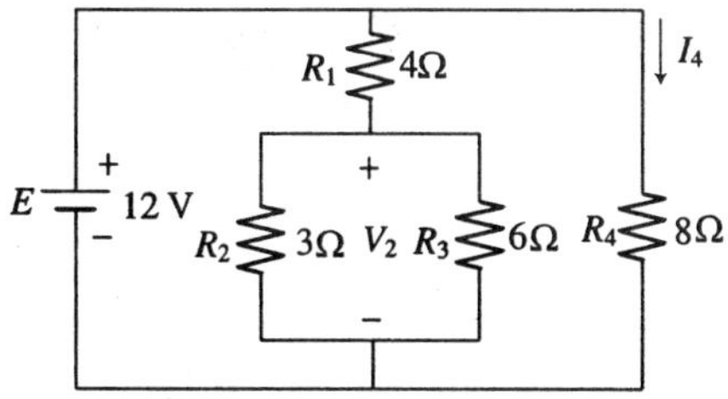

| 그림 2.71 |

2-27 그림 2.72의 회로에서 나타나는 전류와 전압을 구하여라.

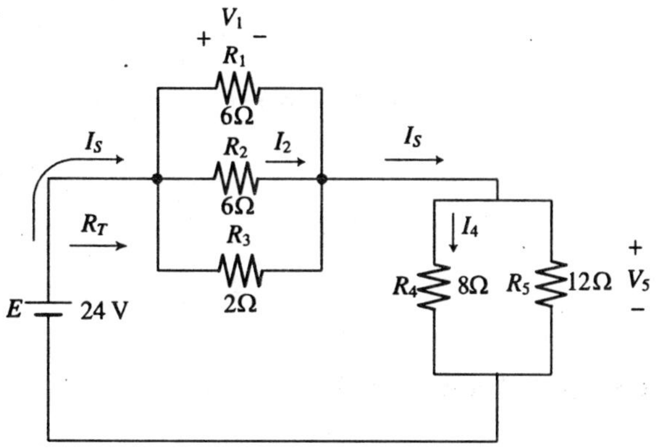

| 그림 2.72 |

2-28 a. 그림 2.73의 회로에 대해서 전압 V_1, V_3, V_{ab}를 구하여라.

b. 전원측 전류 I_s를 계산하여라.

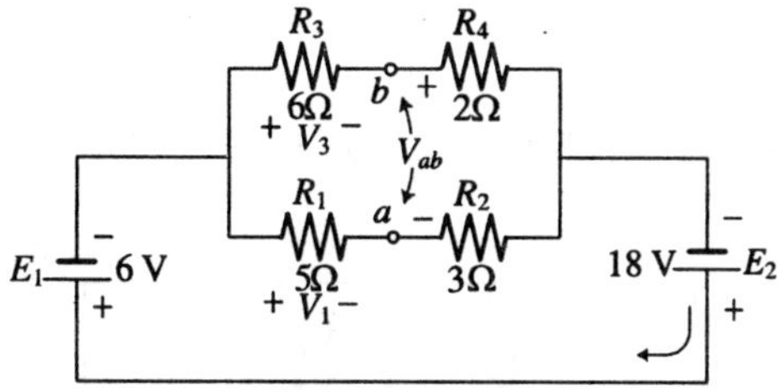

| 그림 2.73 |

2-29 그림 2.74의 회로에서 전압 V_1과 V_2 그리고 전류 I를 구하여라.

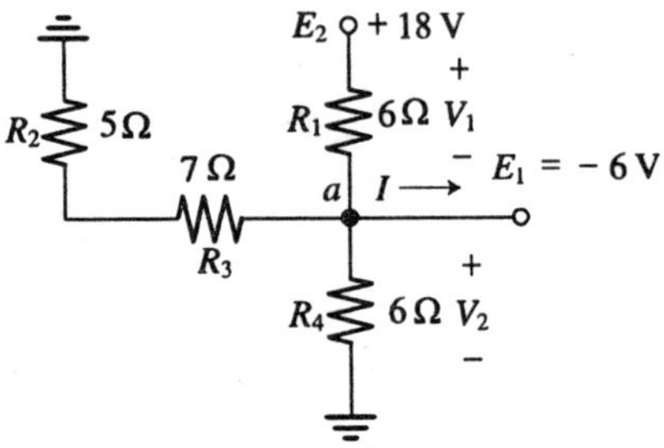

|그림 2.74|

2-30 그림 2.75의 부하가 있는 분압기에 대해서 전압 V_1과 V_2를 구하여라.

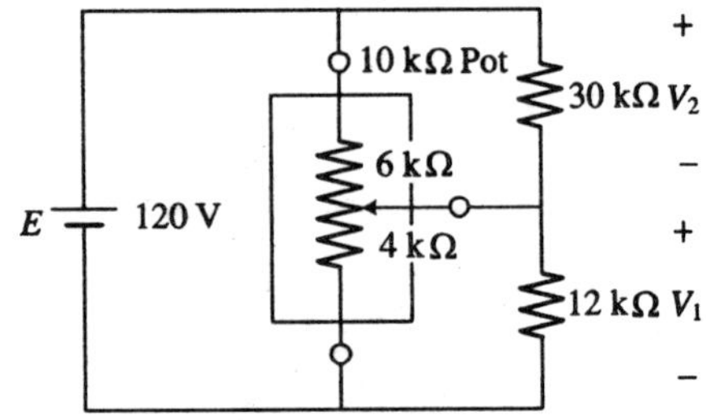

|그림 2.75|

2-31 그림 2.76의 회로에서 V_s와 I_1을 구하여라.

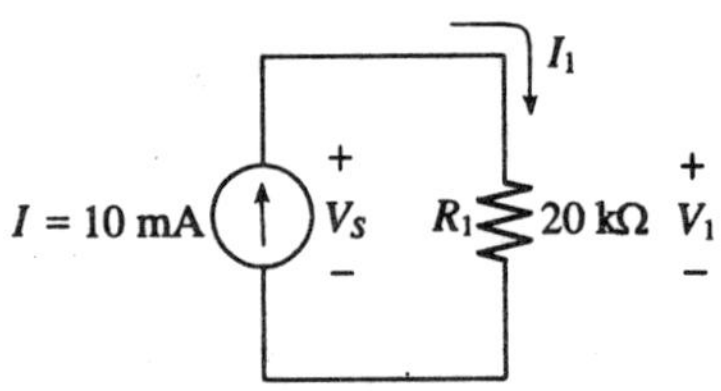

|그림 2.76|

2-32 그림 2.77의 회로에서 V_1, V_2, V_3를 구하여라.

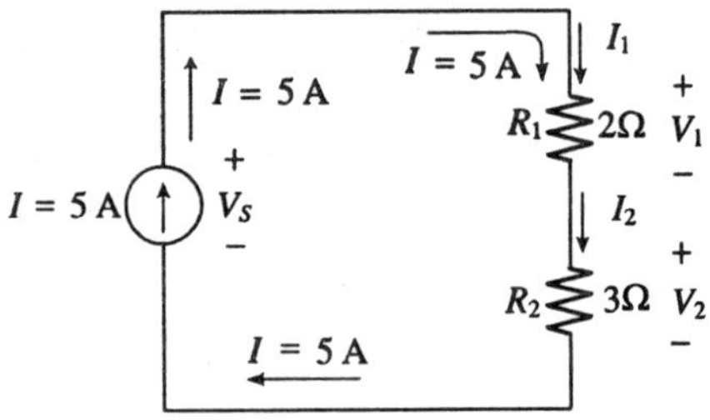

|그림 2.77|

2-33 그림 2.78의 회로에서 V_s, I_1을 구하여라.

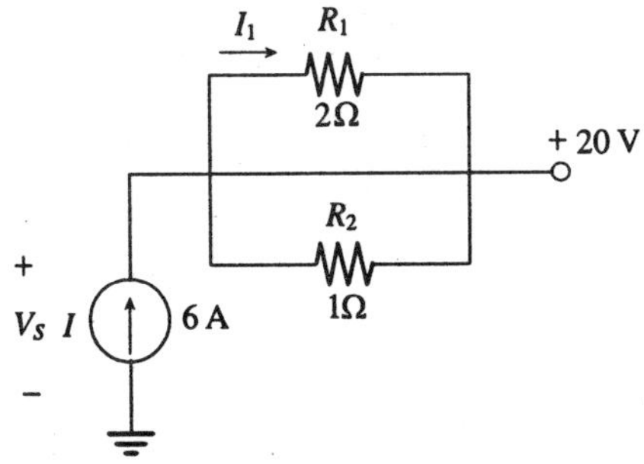

|그림 2.78|

2-34 그림 2.79의 전압원을 전류원으로 변환하고, 부하전류 I_L을 구하여라.

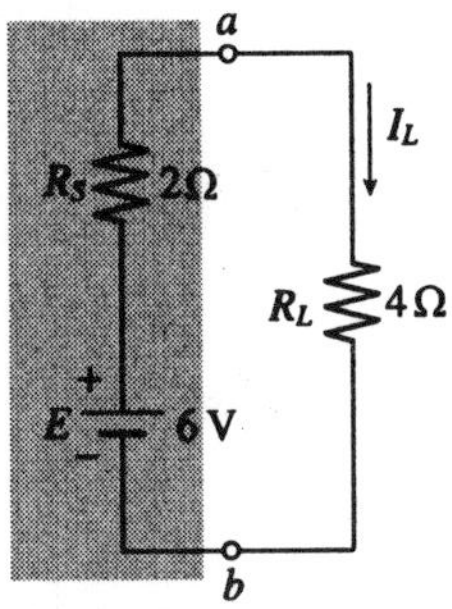

|그림 2.79|

2-35 그림 2.80의 전류원을 전압원으로 변환하고, 부하전류 I_L을 구하여라.

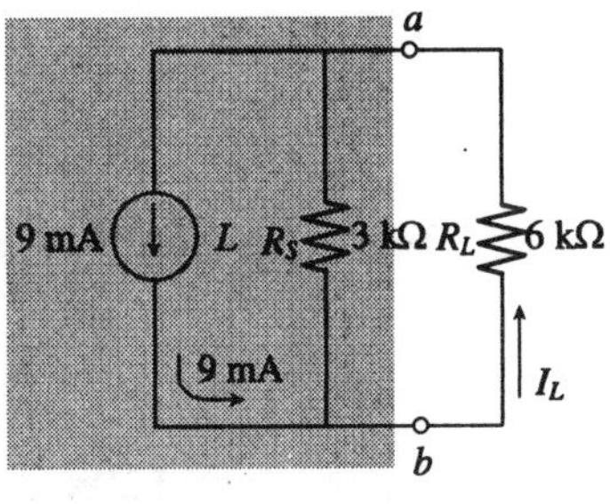

|그림 2.80|

2-36 그림 2.81과 그림 2.82의 왼쪽을 가장 간단하게 축소변환하여라.

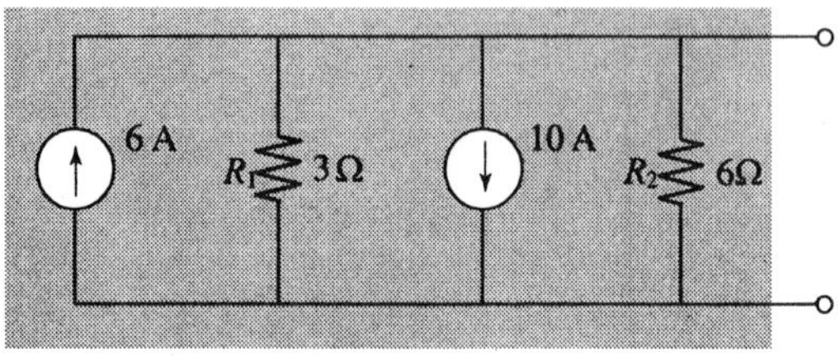

|그림 2.81|

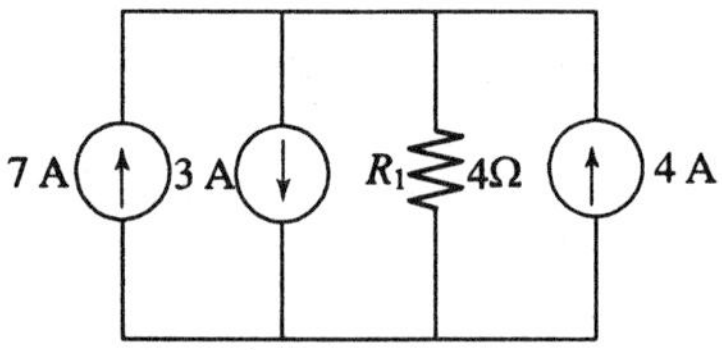

|그림 2.82|

2-37 그림 2.83의 회로를 단일전류원 형태로 변환하고, R_L에 흐르는 전류를 구하여라.

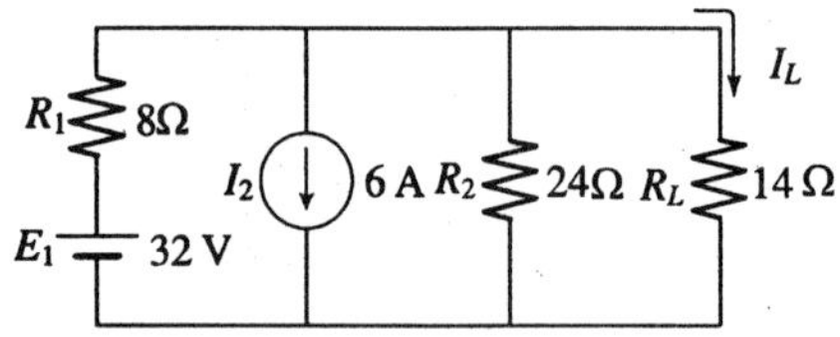

|그림 2.83|

2-38 그림 2.84의 회로망에서 I_2값을 구하여라.

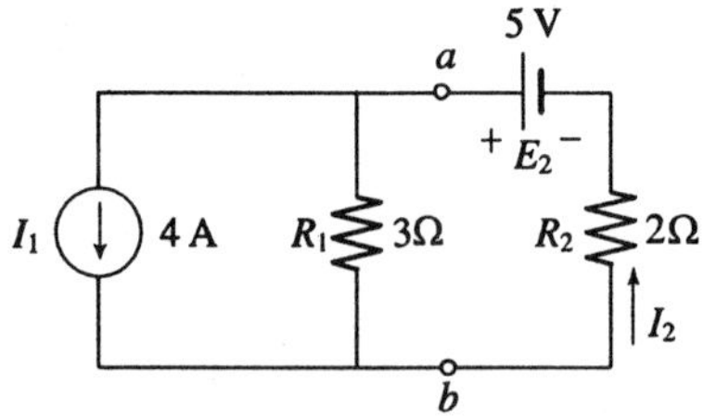

|그림 2.84|

2-39 그림 2.85의 회로망에 가지전류 해석법을 적용하여라.

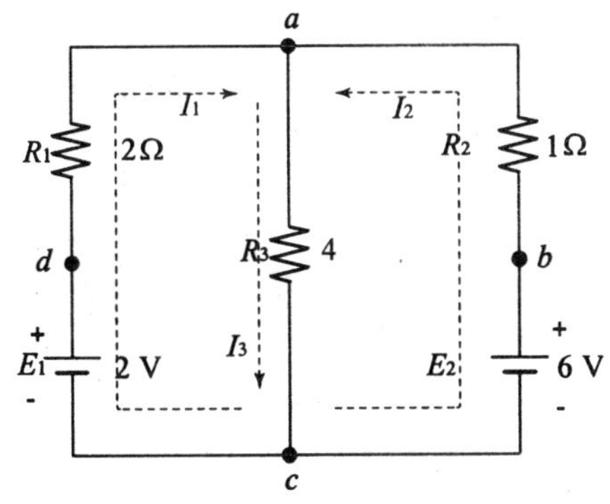

|그림 2.85|

2-40 그림 2.86의 회로에 가지전류 해석법을 적용하여라.

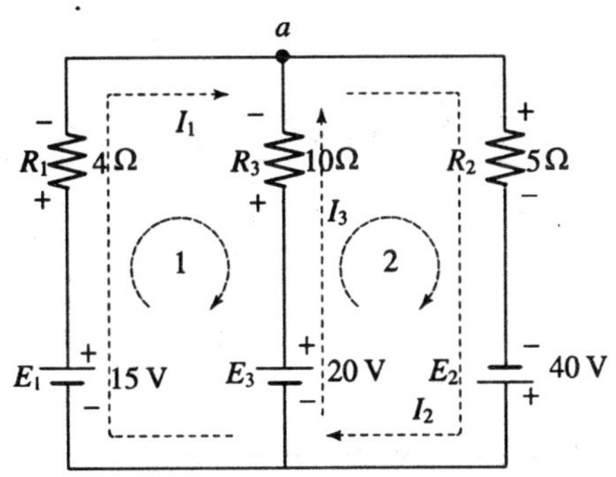

|그림 2.86|

2-41 그림 2.87의 회로망의 각 가지에 흐르는 전류를 망로해석법을 이용하여 구하라.

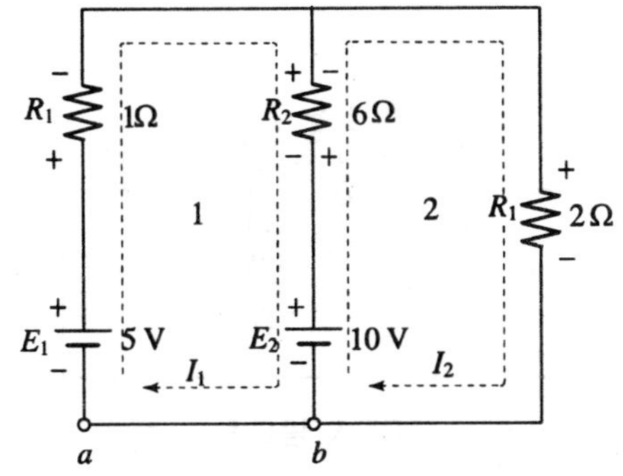

|그림 2.87|

2-42 그림 2.88의 회로망에서 가지전류를 구하여라.

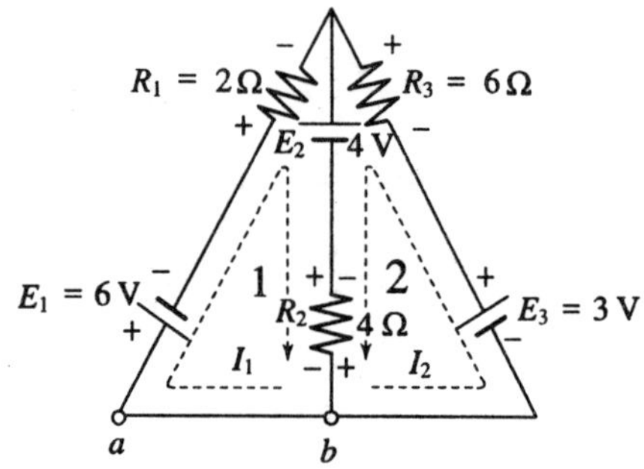

┃그림 2.88┃

2-43 그림 2.89의 회로망에 망로해석법을 이용하여, 9V 전원에 흐르는 전류 I를 구하여라.

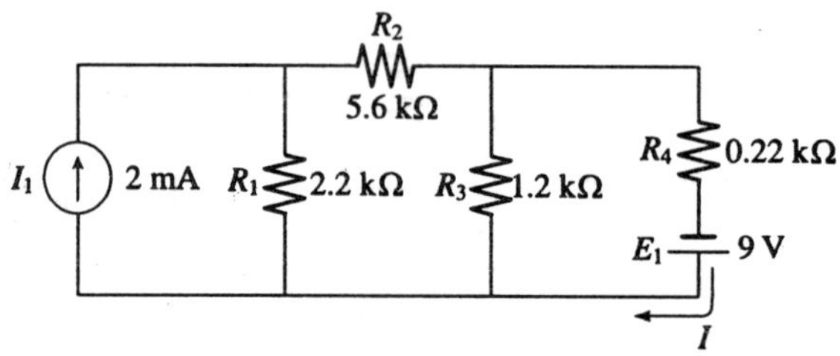

┃그림 2.89┃

2-44 그림 2.90의 회로망에서 7Ω의 저항에 흐르는 전류를 전형적인 망로해석법으로 구하여라.

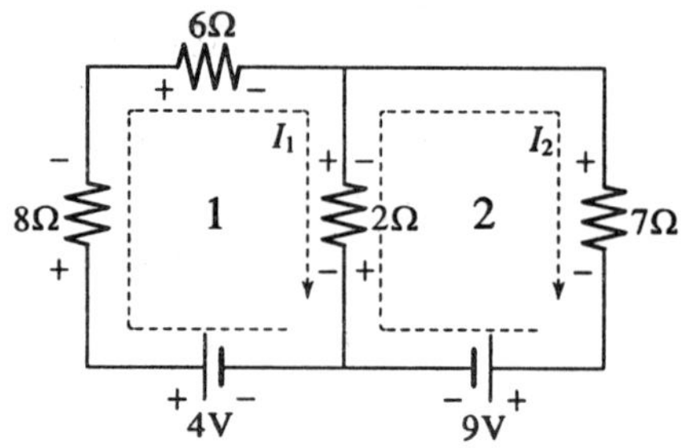

┃그림 2.90┃

2-45 그림 2.91의 회로망의 망로방정식을 세워라.

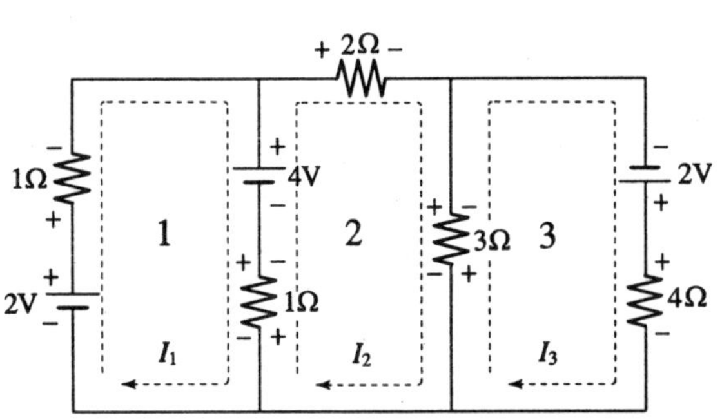

▌그림 2.91▐

2-46 그림 2.92의 회로를 전형적인 회로망 해석법으로 풀어라.

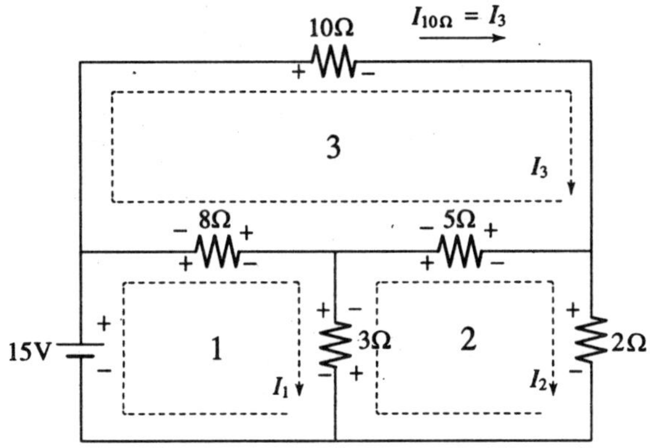

▌그림 2.92▐

2-47 그림 2.93의 회로망에서 마디해석법을 적용하여라.

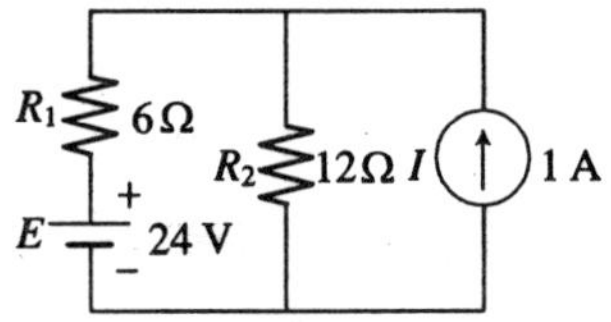

▌그림 2.93▐

2-48 그림 2.94의 회로망을 마디해석법을 이용하여 풀어라.

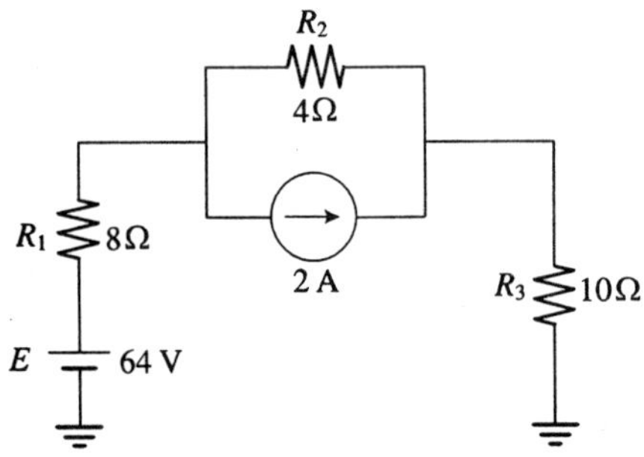

|그림 2.94|

2-49 그림 2.95의 회로망을 마디해석법을 이용하여 풀어라.

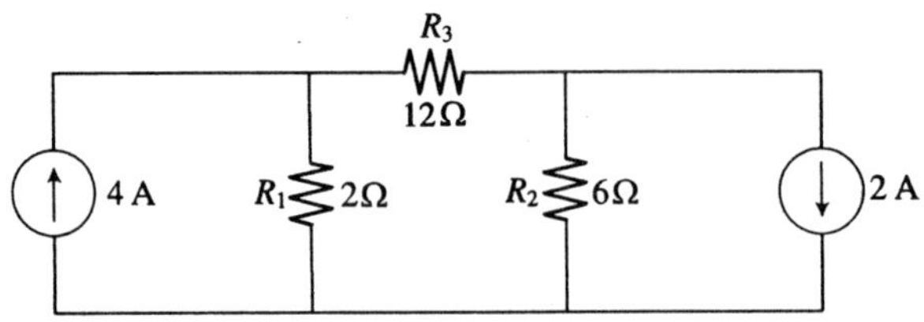

|그림 2.95|

2-50 그림 2.96의 회로에 전형적 마디해석법을 적용하여라.

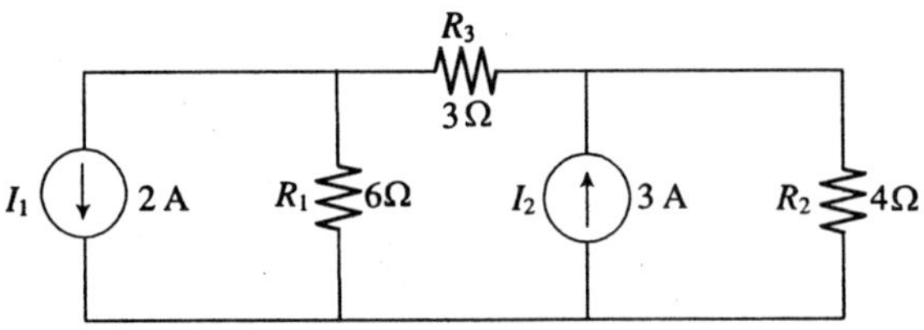

|그림 2.96|

2-51 그림 2.97에서 3Ω에 걸리는 전압을 마디해석법으로 구하여라.

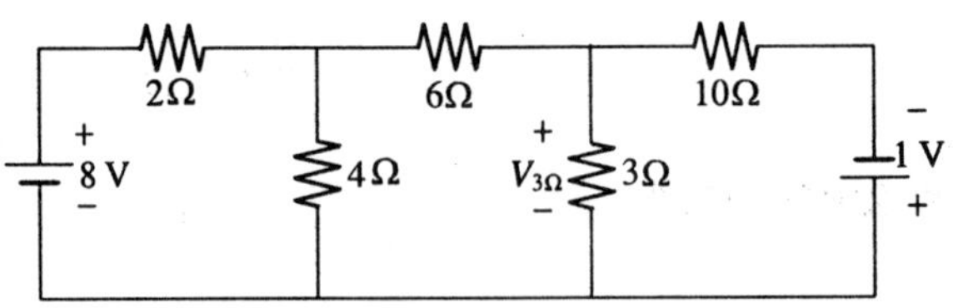

|그림 2.97|

2-52 그림 2.98에서 4Ω에 걸리는 전압을 마디해석법을 이용하여 구하여라.

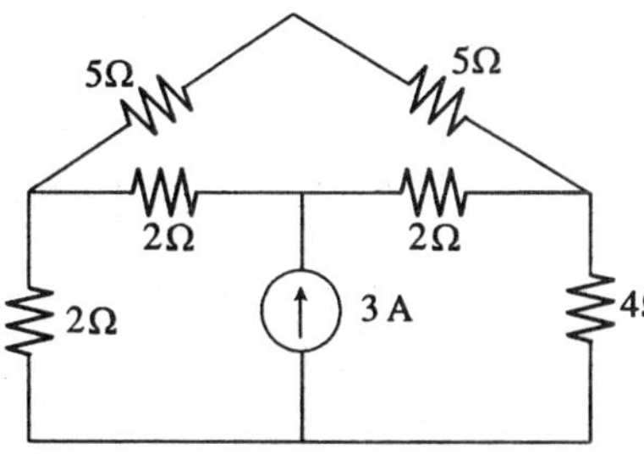

【그림 2.98】

2-53 그림 2.99의 회로에서 I_1을 구하여라.

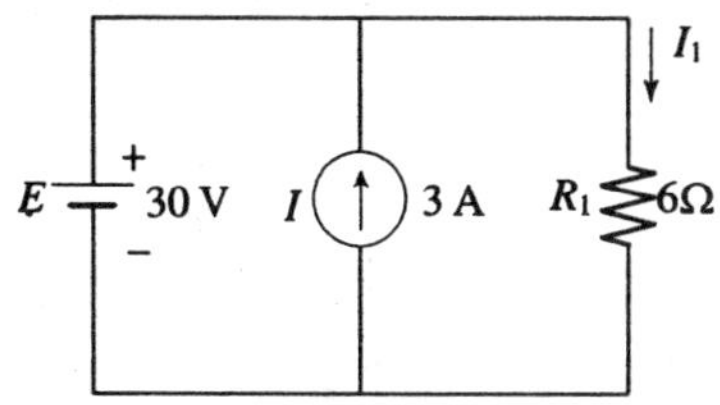

【그림 2.99】

2-54 그림 2.100에서 회로의 그림자 영역에서 테브난의 등가회로를 구하여라.

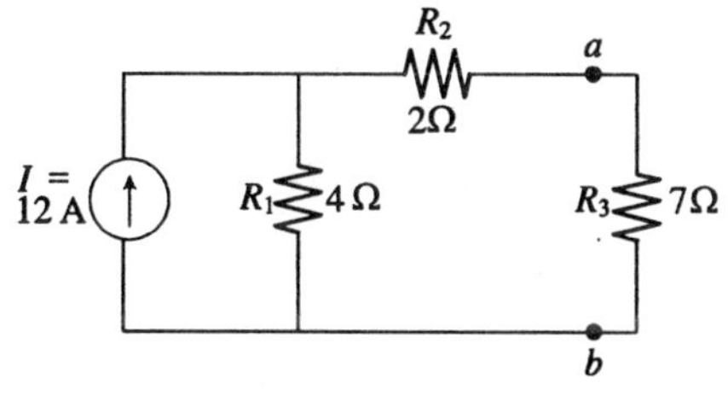

【그림 2.100】

2-55 그림 2.101의 그림자 부분의 회로에 대한 노턴의 등가회로를 구하여라.

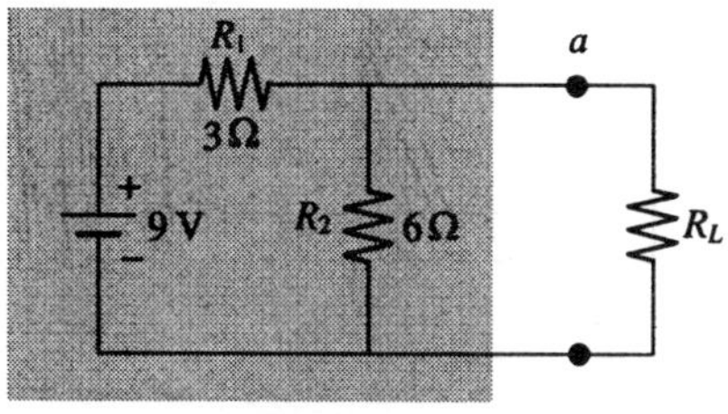

【그림 2.101】

2-56 그림 2.102의 그림은 트랜지스터 회로의 해석결과이다. R_L에 최대전력이 전달될 때

필요한 R_L을 구하여라. 그리고, 이러한 조건하에서 R_L의 전력을 구하여라.

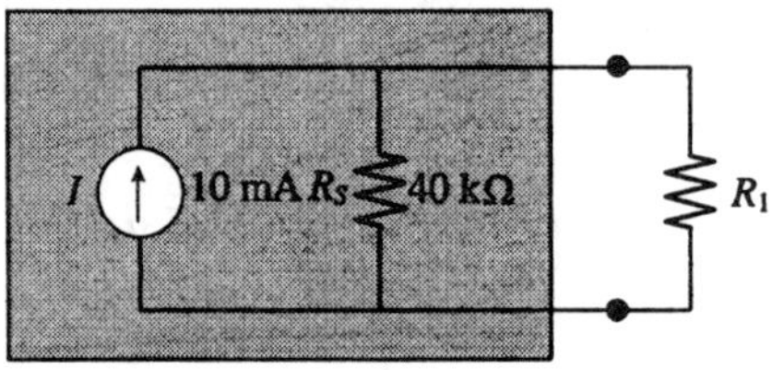

▌그림 2.102▌

2-57 그림 2.103의 회로에서 R에 걸리는 최대전력에 대한 R의 값을 구하여라. 그리고, 이러한 조건하에 공급되는 전력을 구하여라.

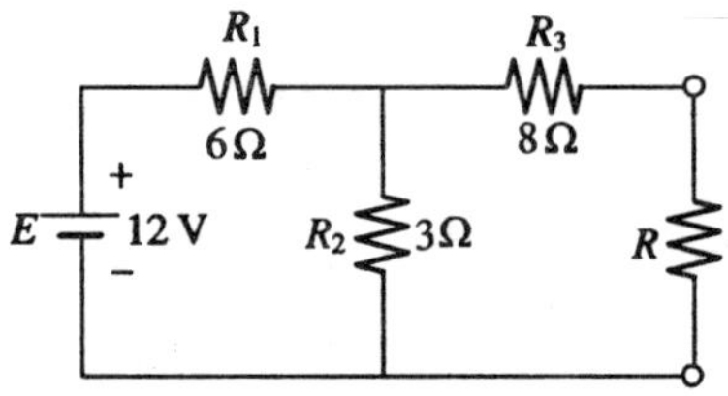

▌그림 2.103▌

제 3 장
교류전원

3.1 정현파 교류

정현파 교류는 그 형상이 R, L 및 C소자의 응답 특성에 따라 영향을 받지 않는 유일한 교류 파형이다. 즉 정현파 교류 입력에 대한 출력의 크기와 위상은 변하지만 주기와 파형의 모양은 같다.

그림 3.1과 같이 N · S극 사이의 자속을 끊는 부분의 길이 l [m], 폭 $2r$ 인 코일이 자속 밀도 B [Wb/m^2]인 평등 자기장 안에서 일정한 각속도 ω로 회전한다고 하자. 코일의 회전 반지름 r [m]이고, 각속도 ω [rad/s]이므로 코일의 주변 속도 v [m/s]는

$$v = \omega r \text{ [m/s]}$$

이 된다. 따라서 코일 한 변에 생기는 기전력의 크기는

$$V_{(t)} = Blv = Bl\omega r \text{ [V]} \tag{3.1}$$

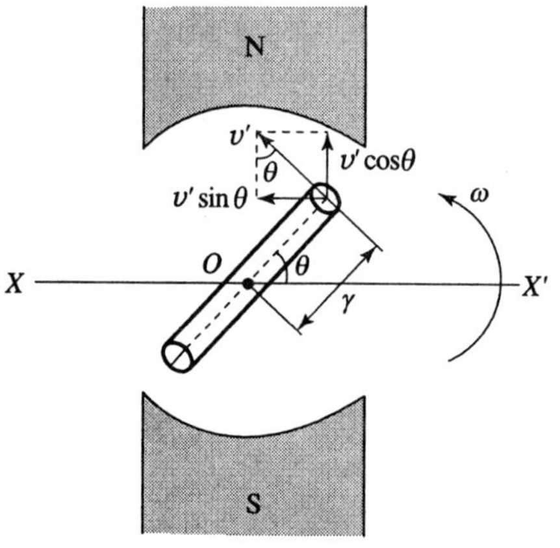

|그림 3.1|

이다. 그런데 식 (3.1)에서 Blv의 값은 자속 밀도, 코일의 길이, 코일의 회전 속도도 정해지므로 일정한 값이 된다. 따라서 이것을 V_m이라 하고 자극 사이에 중심선 XOX′로부터 θ만큼 코일의 회전 한 순간의 기전력 v는 다음과 같다.

$$V_{(t)} = Blv'\sin\theta = V_m \sin\theta \text{ [V]} \tag{3.2}$$

단, $V_m = Blv'$

그리고 코일이 회전을 시작하여 t [sec] 동안에 각도 θ만큼 회전했다고 하면 $\theta = \omega t$ [rad]이므로 식 (3.3)과 같이 표시한다.

$$V_{(t)} = V_m \sin\omega t \text{ [V]} \tag{3.3}$$

여기서 v는 각 순간에서의 전압의 값이므로 정현파 전압의 순시값(instantaneous value)이라 하고, V_m은 전압의 최대값(maximum value)으로 표시한다. 따라서 식 (3.3)을 그림으로 나타내면 그림 3.2와 같이 된다.

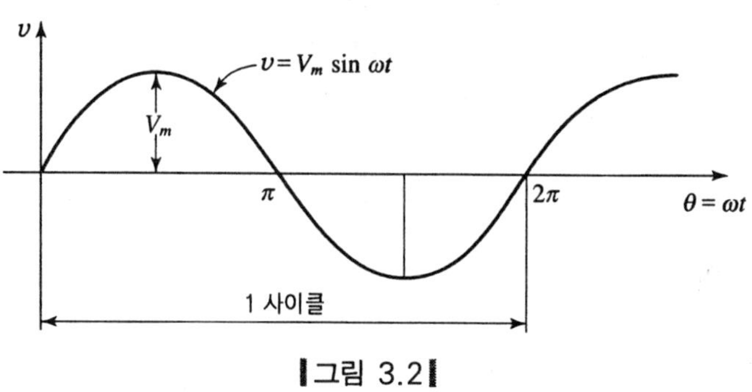

|그림 3.2|

3.2 주기와 주파수

그림 3.1의 코일이 1회전하면 그림 3.2에서 $\theta = 0 \sim 2\pi$ [rad]까지의 파형이 되고 N번 회전하면 똑같은 파형이 N이 그려진다.

따라서 정현파 교류는 일정한 시간에 한 개의 파형이 만들어지고 또 같은 모양의 파형이 일정한 시간 간격으로 반복해서 만들어진다.

정현파 교류 파형이 2π [rad] 진행하는데 소요되는 시간을 주기(period)라 하며 1초 동안에 반복되는 파형의 수를 주파수(frequency)라고 한다. 주기의 단위는 초[sec]이고 T로 표기하며 주파수의 단위는 [Hz]이고 f로 표기한다.

또한 1주기 동안에 교류가 전파하는 거리를 파장(wave length)라고 하며 λ로 표기한다.

따라서 주기 T, 파장 λ, 주파수 f, 진공 중의 빛의 속도를 $C_0 \fallingdotseq 3 \times 10^8$ [m/s]라 하면 이들 사이의 관계는 다음과 같다.

$$T = \frac{1}{f} = \frac{2\pi}{\omega} \text{ [sec]} \tag{3.4}$$

$$\lambda = \frac{C_0}{f} = \frac{3 \times 10^8}{f} \text{ [m]} \tag{3.5}$$

여기서 ω는 1초 동안의 각의 증가를 나타내며 이것을 각속도(angular velocity) 또는 각주파수(angular frequency)라고 하며 그 단위는 [rad/sec]이다. 주기 T초 동안에 진행하는 각도는 2π [rad]만큼 증가하므로 1초 동안에는 $2\pi/T$ [rad]만큼 증가한다. 따라서

$$\omega = \frac{2\pi}{T} = 2\pi f \text{ [rad/s]} \tag{3.6}$$

이다. 식 (3.6)을 식 (3.3)에 대입하면

$$\begin{aligned} V_{(T)} &= V_m \sin \omega t = V_m \sin \frac{2\pi}{T} t \\ &= V_m \sin 2\pi f t \text{ [V]} \end{aligned} \tag{3.7}$$

이 된다.

특히 상용 주파수는 60 [Hz]이므로 $\omega = 2\pi \times 60 = 377$ [rad/s]이고, $V_{(t)} =$

$V_m \sin 377t$와 같이 표시한다. 이 때, $V_{(t)}$를 순시값(instantaneous value)이라고 하고 V_m을 최대값(maximum value) 또는 진폭(amplitude)이라 한다.

3.3 위상과 위상차

전현파 전압의 순시값 $V_{(t)} = V_m \sin \omega t$는 시간이 $t=0$일 때의 크기가 0이 되지만 시작점이 0에서 어떤 위상 θ의 변위를 갖는 경우를 식 (3.8)로 표시한다.

$$\begin{aligned} v &= V_m \sin \omega t \\ v_1 &= V_{m1} \sin(\omega t + \theta_1) \\ v_2 &= V_m \sin(\omega t - \theta_2) \end{aligned} \tag{3.8}$$

각 순시 전압의 위상과 파형은 그림 3.3과 같다.

그림 3.3에서 v의 위상을 기준으로 할 때 v_1의 위상은 θ_1 [rad]만큼 앞선다(lead)라 하고 v_2의 위상은 θ_2 [rad]만큼 뒤진다(lag)라고 한다. 최대값과는 상관없이 두 개의 정현 교류의 위상이 일치하면 동상이라 하고, 두 개의 위상이 어긋나면 위상차 있다고 한다.

여기에서 위상차는 반드시 동일 주파수의 사인파에 대한 것이다.

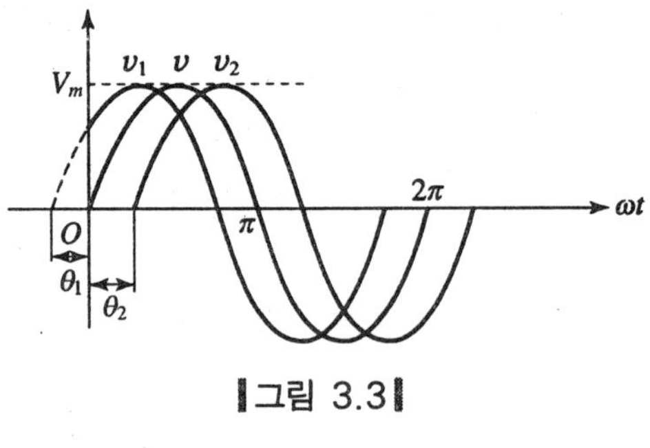

▌그림 3.3▐

3.4 평균값(average value)

정현교류는 보통 양(+)파와 음(−)파의 크기가 같은 대칭파이므로 1주기에 대하여 평균하면 0이 된다. 따라서 교류의 평균값은 양(+)의 반주기에 대한 순시값의 평균을 평균값이라 하며 기호는 V_{av} 및 I_{av}를 사용한다.

$$
\begin{aligned}
I_{av} &= \frac{2}{T}\int_0^{\frac{T}{2}} i\,dt \\
&= \frac{2}{T}\int_0^{\frac{T}{2}} (I_m \sin\omega t)dt \\
&= \frac{2}{T}\cdot\frac{I_m}{\omega}\left[-\cos\omega t\right]_0^{\frac{T}{2}} \\
&= \frac{I_m}{\pi}\left[-\cos\pi+\cos 0^\circ\right] = \frac{2}{\pi}I_m \\
&= 0.637 I_m
\end{aligned}
\tag{3.9}
$$

의 관계가 있으며 그림 3.4와 같다.

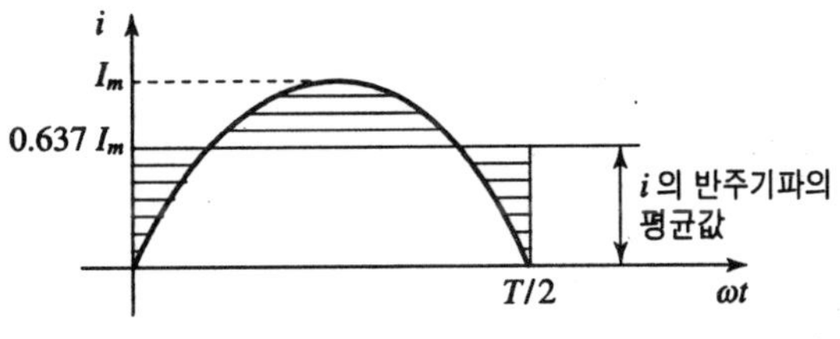

|그림 3.4|

3.5 실효값(effective value or root mean square)

정현파 교류에서 실효값의 개념은 어떤 저항 R에 순시값 전류 i [A]를 통과시켰을 때 교류의 평균 전력이, 직류 전류 I [A]를 통과시켰을 때 소비 전력과 같다면 실제로 i와 I는 같은 효과가 있으므로, 이때 I의 값을 교류 i의 실효값이라고 정의한다. 저항에 흐르는 전류가 $i_{ac} = I_m \sin\omega t$인 경우 AC전원을 공급하여 저항소자 R에서 소모된 평균 전력은 DC전원에 의해서 소모된 전력과 같다.

$$P_{ac} = (i_{ac})^2 R = (I_m \sin \omega t)^2 R = (I_m^2 \sin^2 \omega t) R$$

그러나

$$\sin^2 \omega t = \frac{1}{2}(1 - \cos 2\omega t)\text{(삼각법칙)}$$

따라서

$$P_{ac} = I_m^2 \left[\frac{1}{2}(1 - \cos 2\omega t)\right] R$$

그리고

$$P_{ac} = \frac{I_m^2 R}{2} - \frac{I_m^2 R}{2} \cos 2\omega t$$

AC전원 공급시 소모된 평균전력(Average power)은 윗식의 첫 번째 항에 해당한다. 왜냐하면, 여현파의 평균값은 원래 입력전류 파형의 주파수의 두 배에 해당할지라도 0이 된다. AC전원으로 공급된 평균전력과 DC전원에 의해서 공급된 평균전력을 갖게 놓으면 다음 식과 같이 된다.

$$P_{av(ac)} = P_{dc}$$

$$\frac{I_m^2 R}{2} = I_{dc}^2 R$$

그리고

$$I_m = \sqrt{2} I_{dc}$$

혹은

$$I_{dc} = \frac{I_m}{\sqrt{2}} = 0.707 I_m$$

이는 다른 말로 다음과 같이 표현할 수 있다.

정현파 교류 입력에 대한 전류 혹은 전압의 등가 직류값은 최대값의 $1/\sqrt{2}$ 혹은 최대값의 0.707이 된다.

예를 들면 저항에 10A의 직류 전류를 공급하는 경우와 같은 전력을 공급하기 위해서, $\sqrt{2}(10) = 14.14$A의 최대값을 갖는 정현파 교류전류를 요구한다.

시간의 함수로서 그려진 모든 유효적인 양은 다음 방정식을 사용함으로써 얻어질 수 있다.

$$I_{eff} = \sqrt{\frac{\int_0^T i^2 dt}{T}} \tag{3.10}$$

실효값은 평균전력에 대한 해석이므로 식 (3.10)은 실효값을 구하기 위해서 함수 $i(t)$는 제곱을 취해야 한다. $i(t)$를 제곱하고 난 후에 곡선의 면적을 적분해서 구할 수 있다. 제곱한 파형의 평균값을 구하기 위해서, 사이클의 길이 혹은 파형의 주기 T로 나누면 된다. 최종단계는 평균값의 제곱근을 취하는 것이다. 이러한 과정은 실효값(effective value)에 대한 또 다른 표현은 제곱근평균값(root-mean-square(rms) value)이라고 한다.

예제 3.1

그림 3.5(a)의 120 V 직류전압원에 의해서 부하에 3.6 W가 전달되고 있다. 만약 부하에 교류전압원이 같은 전력을 전달하고 있다면 그림 3.5(b), 인가된 최대전압(E_m)과 최대전류(I_m)를 결정하여라.

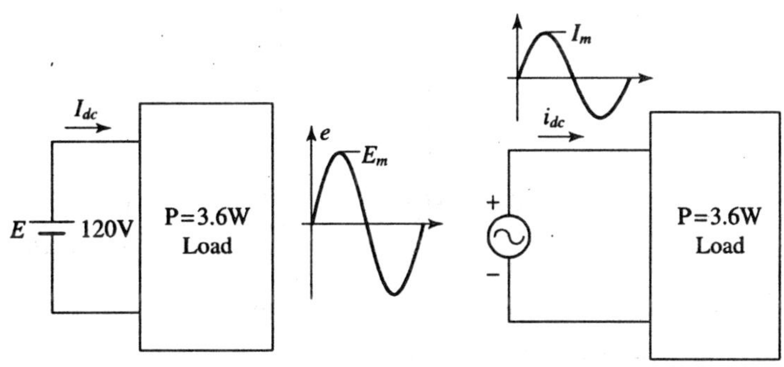

그림 3.5

풀이

$$P_{dc} = V_{dc} I_{dc}$$

그리고

$$I_{dc} = \frac{P_{dc}}{V_{dc}} = \frac{3.6\text{W}}{120\text{V}} = 30\,\text{mA}$$

$$I_m = \sqrt{2} I_{dc} = (1.414)(30\,\text{mA}) = 42.42\,\text{mA}$$

$$E_m = \sqrt{2} E_{dc} = (1.414)(120\,\text{V}) = 169.68\,\text{V}$$

예제 3.2

그림 3.6의 파형에서 실효값 혹은 rms값을 결정하여라.

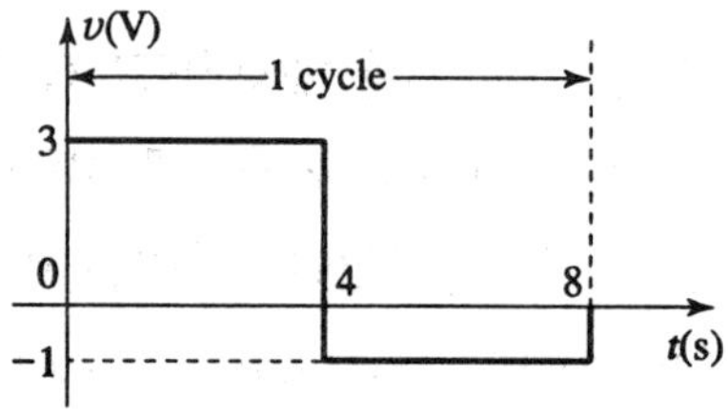

그림 3.6

풀이

v^2(그림 3.7)로부터 $V_{eff}=\sqrt{\dfrac{(9)(4)+(1)(4)}{8}}=\sqrt{\dfrac{40}{8}}=2.236\,\text{V}$

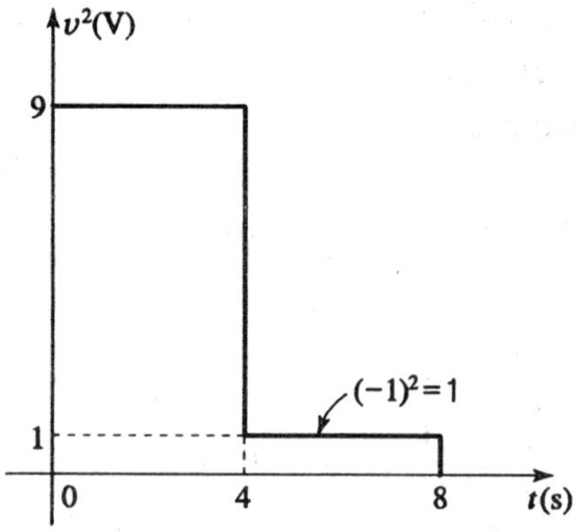

그림 3.7

3.6 파고율과 파형률(crest factor and form factor)

교류의 크기는 보통 실효값으로 나타내는데 실효값만으로는 파형까지는 알 수 없으므로 정현파 교류와 비교하기 위한 방법으로 파고율과 파형률이란 계수를 사용한다.

$$\text{파고율}=\frac{\text{최대값}}{\text{실효값}}$$

$$파형률 = \frac{실효값}{평균값}$$

정현파 파고율과 파형률을 표시하면

$$파고율 = \frac{V_m}{\frac{V_m}{\sqrt{2}}} = \sqrt{2} = 1.414$$

$$파형률 = n\frac{\frac{V_m}{\sqrt{2}}}{\frac{2V_m}{\pi}} = \frac{\pi}{2\sqrt{2}} = 1.111$$

이 되지만 비정현파 교류에서는 그 값이 다르다. 각종 파형의 파고율과 파형률을 비교하면 표 3.1과 같다. 표에서 알 수 있듯이 파고율, 파형률의 값이 1에 가까울수록 파형이 평탄해지며 1보다 클수록 파형이 뾰족해진다.

표 3.1 파형의 종류와 실효값과 파고율 및 파형률

명칭	파형	파고율	파형률	실효값
직사각형파 (구형파)	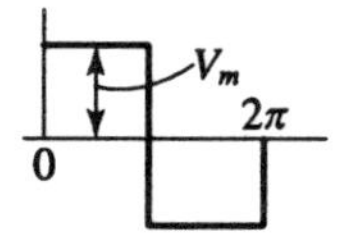	1.0	1.0	V_m
사인파	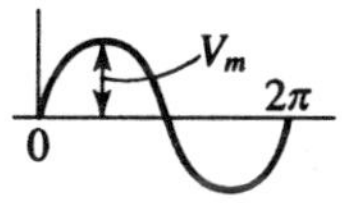	1.414	1.11	$\frac{V_m}{\sqrt{2}} = 0.707V_m$
삼각파	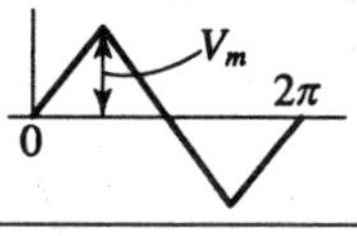	1.732	1.155	$\frac{V_m}{\sqrt{3}} = 0.577V_m$
반파 정류	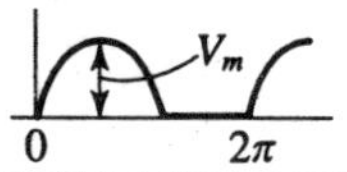	2	1.57	$\frac{V_m}{2} = 0.5V_m$

3.7 수동소자의 교류응답

옴의 법칙과 콘덴서와 코일에 대한 기본방정식을 사용하여 R, L과 C소자에 교류전압이나 전류를 인가한 경우의 응답은 다음과 같다.

(1) **저항**(Resistor)

저항은 전력선의 주파수나 수백 킬로 헤르츠의 주파수를 가지는 교류에 대해서는 거의 영향을 받지 않는다.

$V_{(t)} = V_m \sin \omega t$ 에 대해서,

$$i = \frac{V_{(t)}}{R} = \frac{V_m \sin \omega t}{R} = \frac{V_m}{R} \sin \omega t = I_m \sin \omega t$$

여기서

$$I_m = \frac{V_m}{R}$$

더욱이, i 값이 주어졌을 때,

$$v_{(t)} = iR = (I_m \sin \omega t)R = I_m R \sin \omega t = V_m \sin \omega t$$

여기서

$$V_m = I_m R$$

그림 3.8에 v 와 i 의 곡선을 도시하였다. 순저항 소자에 인가되는 전압과 그 소자를 흐르는 전류는 동상이다.

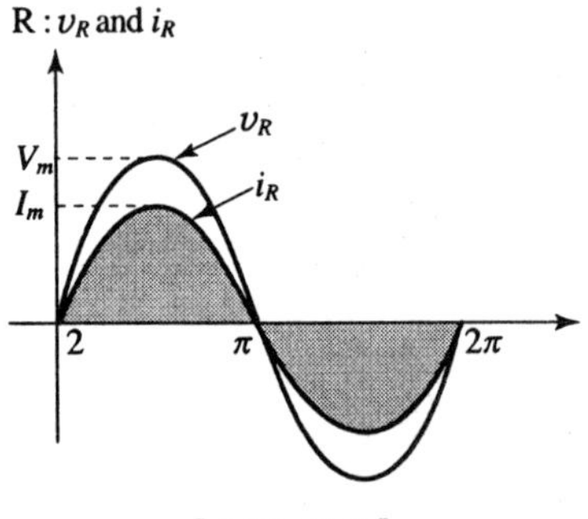

|그림 3.8|

(2) **코일**(Inductor)

코일에 인가되는 전압은 그 소자에 흐르는 전류의 변화에 따라서 정해진다. 주파수가 높을수록 코일에 흐르는 전류의 변화가 심해져서 인가되는 전압이 커지게 되는 것이다. 더욱이, 코일의 인덕턴스는 그 소자에 흐르는 전류의 변화에 따라서

코일과 쇄교하는 자속이 변화하는 크기를 나타낸다는 것을 알 수 있었다.

인덕턴스가 클수록 자속의 쇄교수가 많아지고 결국 코일에 인가되는 전압이 커진다. 그러므로 유도성 전압은 주파수와 코일의 인덕턴스에 직접 관계된다. 그림 3.9에 나타나 있듯이 ω와 L값이 증가할수록 v_L의 크기가 증가하고 v_L이 증가한다는 것은 그림 3.9에 나타난 상자의 저항이 증가한다는 것을 의미한다.

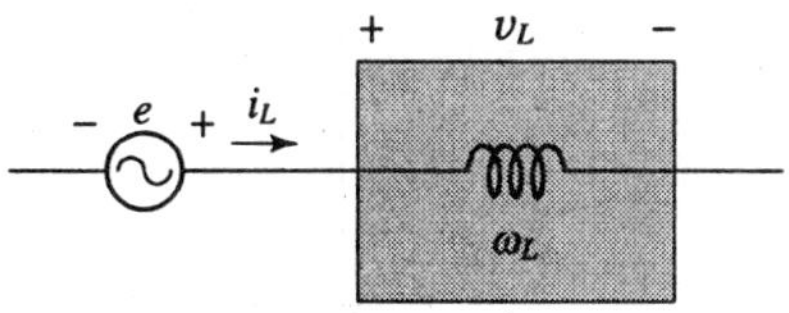

|그림 3.9|

v_L은 ω와 L이 커짐에 따라서 크기가 증가하므로 그림 3.9에 나타난 것처럼 유도성 소자의 반대성분은 그들의 곱으로 나타낼 수 있다. 그림 3.10에 나타난 코일에 대해서

$$v_L = L\frac{di_L}{dt}$$

그리고 미분하면,

$$\frac{di_L}{dt} = \frac{d}{dt}(I_m \sin \omega t) = \omega I_m \cos \omega t$$

그러므로,

$$v_L = L\frac{di_L}{dt} - L(\omega I_m \cos \omega t) = \omega L I_m \cos \omega t$$

혹은

$$v_L = V_m \sin(\omega t + 90^\circ)$$

여기서

$$V_m = \omega L I_m$$

v_L의 극값은 앞에서 예측했듯이 ω와 L에 직접적인 연관성이 있다. 그림 3.11에 나타난 v_L과 i_L값의 도시로부터 다음의 결론을 얻을 수 있다.

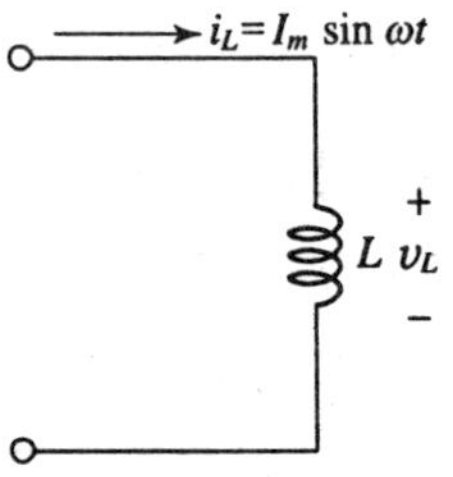

그림 3.10

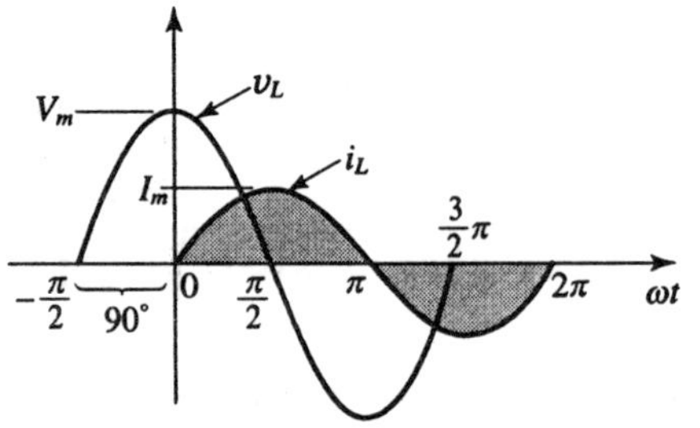

그림 3.11

코일의 v_L은 i_L에 90° 앞서거나 i_L이 v_L보다 90° 뒤진다. 만일

$$i_L = I_m \sin(\omega t \pm \theta)$$

이면

$$v_L = \omega L I_m \sin(\omega t \pm \theta + 90°)$$

ωL을 코일의 리액턴스(Reactance, Reaction에 기인함)라고 부르고 기호로는 X_L로 나타내며 옴단위로 측정한다. 따라서 직류입력의 경우 리액턴스는 0이 된다.

$$X_L = \omega L (\text{ohms}, \ \Omega)$$

유도성 리액턴스는 전류의 흐름을 방해하며 전원과 코일에 나타나는 자계 사이에 에너지를 교환한다. 다른 말로, 저항(에너지를 열의 형태로 소비하는)과 달리 리액턴스는 전기에너지를 소비하지 않는다.

(3) 콘덴서(Capacitor)

코일에 대해 관찰한 결과, 코일에 유도되는 전압이 코일에 흐르는 전류의 변화를 억제한다는 것을 알 수 있었다. 용량성 회로망에서 콘덴서에 인가되는 전압은 충전상태나 방전상태일 때, 콘덴서의 극판이 전하를 가지거나 방출할 수 있는 비율로 나타낼 수 있다. 다른 말로 콘덴서의 극판에 전하를 축적하거나 방출할 때 시간이 필요하다는 사실로 보아 콘덴서에 나타나는 전압이 급격히 변화할 때는 저항을 받는 것을 알 수 있으며, $V=Q/C$이다.

용량(Capacitance)은 콘덴서가 극판에 전하를 축적하고 방출하는 비율을 나타낸 것이므로

콘덴서 전압의 급격한 변화에 대해서, 용량이 클수록 용량성 전류의 크기가 커진다.

더욱이, 콘덴서 전압과 전류의 기본적인 관계식[$i=C(dv/dt)$]은 다음과 같은 사실을 나타낸다.

일정한 용량에 대해서 콘덴서 전압의 변화가 클수록 용량성 전류의 크기가 커진다.

확실히, 주파수 크기의 증가는 콘덴서 전압의 증가 비율과 콘덴서 전류의 크기와 관계한다. 그러므로 콘덴서 전류는 주파수(혹은, 보다 전문적으로 각속도)와 콘덴서의 용량과 관계한다. 두 물리량의 증가는 콘덴서 전류를 증가시킨다. 그러나 그림 3.12에 나타난 기본적인 구조는 저항기의 저항과 코일의 ωL에 비유되는 콘덴서의 저항(opposition)성분을 구하는데 사용된다.

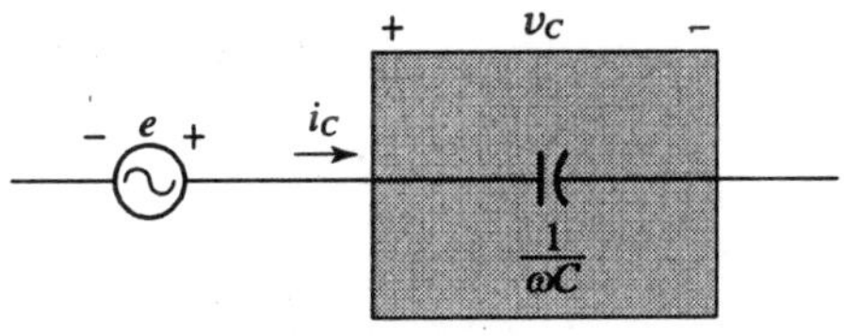

|그림 3.12|

전류의 증가가 저항의 감소와 관계 있기 때문에 i_c는 ω와 C에 비례하고, 콘덴서의 저항(opposition)은 그림 3.12와 같이 ωC의 역수나 $1/\omega C$에 직접적인 관련이 있다. 다른 말로, 각속도(혹은 주파수)와 용량이 클수록 전류 i_c에 대한 저항이나 그림 3.12에 나타난 전류 i_c를 제한하는 역전압(v_c)이 작아진다.

그림 3.13의 콘덴서에 대해서

$$i_C=C\frac{dv_C}{dt}$$

그리고

$$\frac{dv_C}{dt} = \frac{d}{dt}(V_m \sin \omega t) = \omega V_m \cos \omega t$$

그러므로

$$i_C = C\frac{dv_C}{dt} = C(\omega V_m \cos \omega t) = \omega C V_m \cos \omega t$$

혹은

$$i_C = I_m \sin(\omega t + 90^\circ)$$

여기서

$$I_m = \omega C V_m$$

i_C의 첨두값(peak value)은 이미 추측했던대로 ω와 C에 직접 관련이 있다. 그림 3.14에 나타낸 v_c와 i_c의 도시는 다음과 같은 사실을 나타내고 있다.

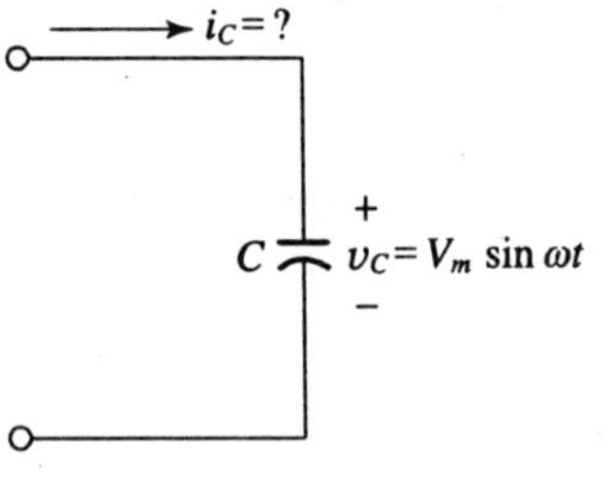

|그림 3.13|

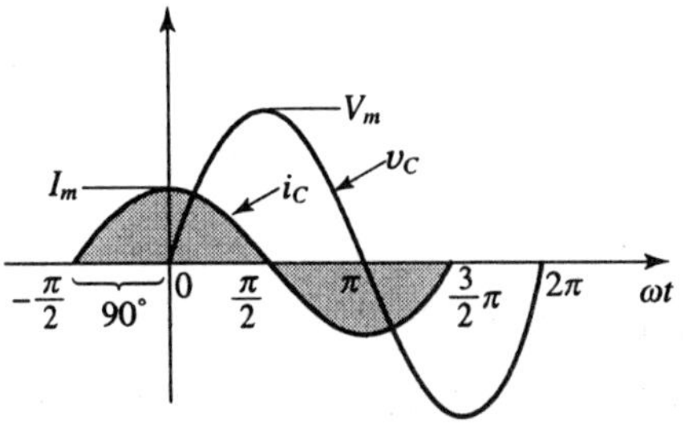

|그림 3.14|

콘덴서에서는 i_c가 v_c보다 90° 앞서거나 v_c가 i_c보다 90° 뒤진다.

만일

$$v_c = V_m \sin(\omega t \pm \theta)$$

이라면

$$i_c = \omega C V_m(\omega t \pm \theta + 90°)$$

$1/\omega C$ 값을 콘덴서의 리액턴스(reactance)라고 하고, 기호 X_c로 표시하고 옴 단위로 측정한다. 따라서 주파수가 증가하면 용량성 리액턴스는 감소한다. 즉

$$X_c = \frac{1}{\omega} C \ (\Omega)$$

용량성 리액턴스는 전하의 흐름을 방해하는 요소이며, 전원과 콘덴서의 전계 사이의 에너지 교환을 이루는 요소이다. 코일과 마찬가지로 콘덴서는 에너지를 어떤 형태로든 소비하지 않는다(누설저항의 영향을 무시한다).

여기서 고려하는 회로에서는 유도성 회로에서는 전류가 주어지고 용량성 회로에서는 전압이 주어진다. 이것은 미지의 양을 구할 때 적분을 사용하는 것을 막기 위해서이다. 유도성 회로에서,

$$v_L = L\frac{di_L}{dt}$$

그러나

$$i_L = \frac{1}{L}\int v_L dt$$

용량성 회로에서,

$$i_C = C\frac{dv_C}{dt}$$

그러나

$$v_C = \frac{1}{C}\int i_C dt$$

한 회로가 용량성인지 유도성인지의 판별은 입력전압과 출력전류간의 위상 관계를 보면 쉽게 알 수 있다.

전류가 전압보다 앞서면 회로는 용량성이고, 그리고 만일 전류가 전압보다 뒤지는 회로는 유도성이다.

코일과 콘덴서의 리액턴스에 대한 식을 알고 있기 때문에 구하고자 하는 예제에서 미분이나 적분을 사용할 필요가 없다. 간단히 옴의 법칙을 적용하면 $I_m =$

E_m/X_L(혹은 X_C), 그리고 각 소자의 전류와 전압과의 위상관계를 계산하면 된다.

예제 3.3

0.1 H의 코일에 흐르는 전류가 주어져 있다. 코일에 인가되는 전압을 나타내는 식을 구하여라. v와 i곡선을 그려라.

$i = 10\sin 377t$

풀이

$$X_L = \omega L = (377\,\text{rad/s})(0.1\text{H}) = 37.7\Omega$$

$$V_m = I_m X_L = (10\,\text{A})(37.7\Omega) = 377\,\text{V}$$

이미 알고 있듯이 코일의 전압이 전류보다 90° 앞서기 때문에

$$v = 377\sin(377t + 90°)$$

그림 3.15에 곡선이 나타나 있다.

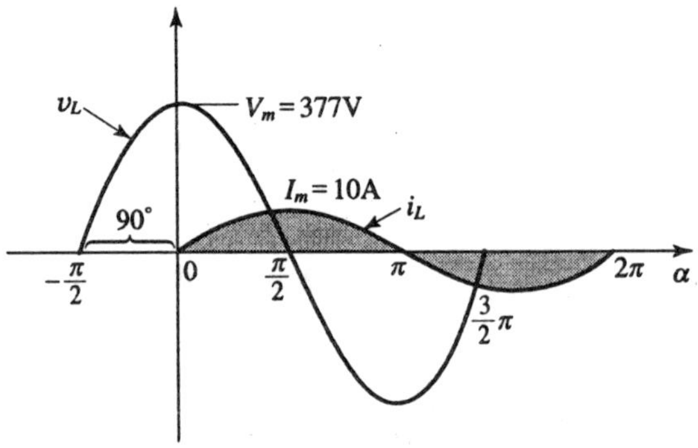

▌그림 3.15▌

예제 3.4

0.5H의 코일에 인가된 전압을 알고 있을 때, 코일에 흐르는 전류는 얼마인가?

$v = 100\sin 20t$

풀이

$$X_L = \omega L = (20\,\text{rad/s})(0.5\text{H}) = 10\Omega$$

$$I_m = \frac{V_m}{X_L} = \frac{100\,\text{V}}{10\Omega} = 10\,\text{A}$$

그리고 i가 v에 대해서 90°뒤지기 때문에

$$i = 10\sin(20t - 90°)$$

예제 3.5

1 μF의 콘덴서에 인가되는 전압을 알고 있을 때, 전류에 대한 교류표현(sinusoidal expression)을 구하고, v와 i를 그려라.

$v = 30\sin 400t$

풀이

$$X_C = \frac{1}{\omega C} = \frac{1}{(400\,\text{rad/s})(1\times10^{-6}\text{F})} = \frac{10^6\,\Omega}{400} = 2,500\,\Omega$$

$$I_m = \frac{V_m}{X_C} = \frac{30\,\text{V}}{2,500\,\Omega} = 0.0120\,\text{A} = 12\,\text{mA}$$

콘덴서에서 i가 v에 90° 앞선다는 것을 알고 있다. 그러므로

$$i = 12\times10^{-3}\sin(400t + 90°)$$

그림 3.16에 곡선이 나타나 있다.

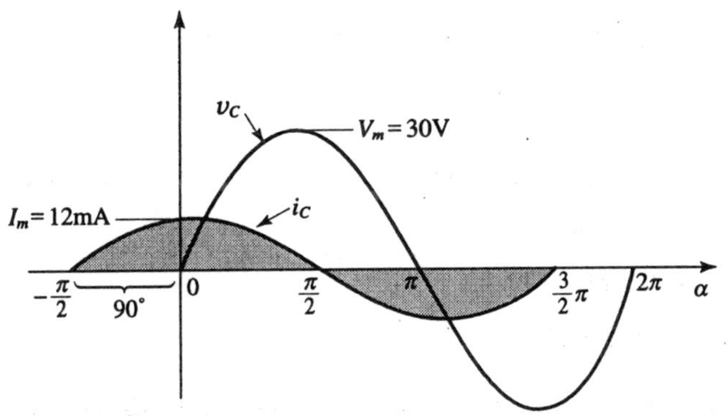

그림 3.16

◆ 연습문제

3-1 그림 3.17에 보인 파형의 주파수를 구하여라.

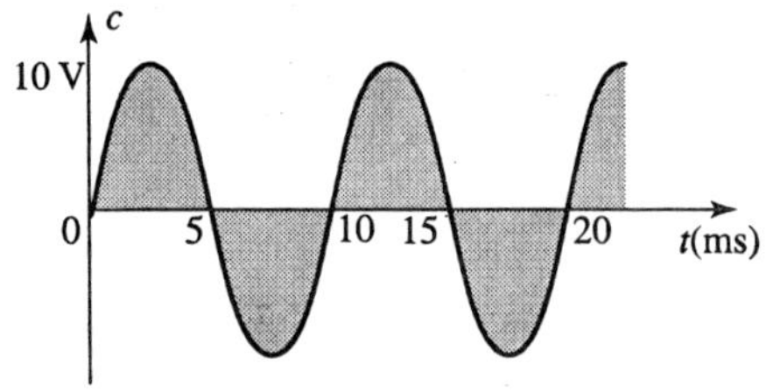

|그림 3.17|

3-2 $\omega = 200\,\mathrm{rad/s}$인 파가 주어졌다면, 정현파형이 90°의 각도를 통과할 때, 시간이 얼마나 걸리는가를 결정하여라.

3-3 60 Hz의 정현파형이 5 ms의 시간동안 통과할 때, 각은 얼마인지 결정하여라.

3-4 $e = 5\sin\alpha$인 파형에 대해서, $\alpha = 40°$, $\alpha = 0.8\pi$인 경우에 e를 결정하여라.

3-5 a. 정현함수의 크기 $v = 10\sin 377t$가 4 V인 각을 결정하여라.

b. 크기가 얻어지는 시간을 결정하여라.

3-6 다음과 같은 절대상수를 이용하여 $e = 10\sin 314t$를 도시하여라.

a. 각도(α)를 도(°)로

b. 각도(α)를 라디안으로

c. 시간(t)를 초로

3-7 $i = 6 \times 10^{-3}\sin 1{,}000t$라 할 때, $t = 2\,\mathrm{ms}$에서 i를 결정하여라.

3-8 다음과 같은 정현파형 사이에 위상관계는 어떤 관계가 있는가?

a. $v = 10\sin(\omega t + 30°)$

$i = 5\sin(\omega t + 70°)$

b. $i = 15\sin(\omega t + 60°)$

$v = 10\sin(\omega t - 20°)$

c. $i = 2\cos(\omega t + 10°)$

$v = 3\sin(\omega t - 10°)$

d. $i = -\sin(\omega t + 30^\circ)$

$v = 2\sin(\omega t + 10^\circ)$

e. $i = -2\cos(\omega t - 60^\circ)$

$v = 3\sin(\omega t - 150^\circ)$

3-9 그림 3.18의 파형에서 평균값을 결정하여라.

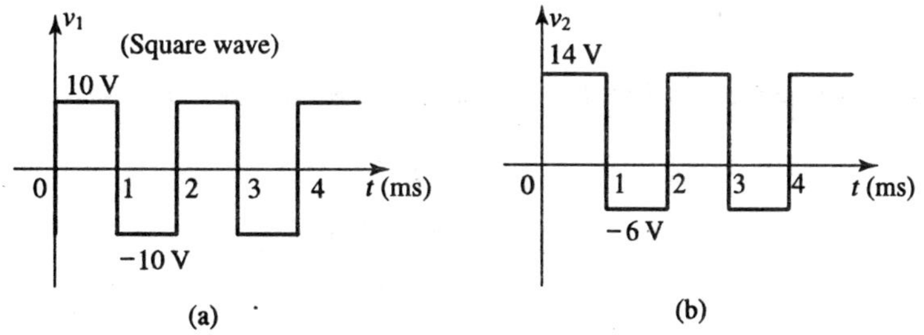

|그림 3.18|

3-10 다음 파형의 한 주기간의 평균값을 결정하여라.

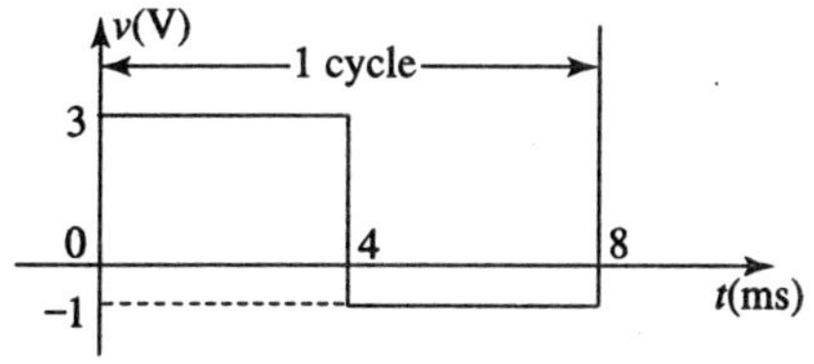

|그림 3.19|

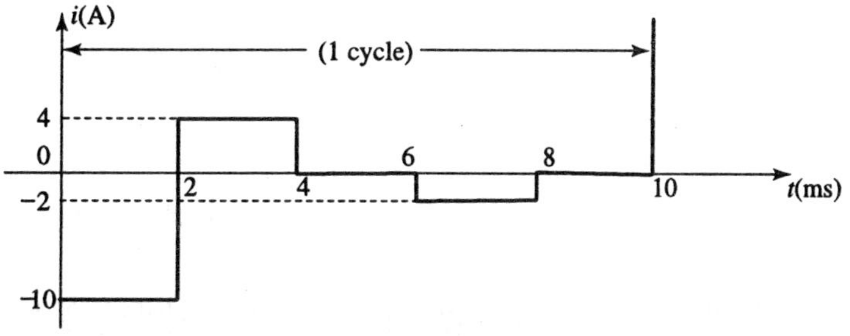

|그림 3.20|

3-11 그림 3.21에서 실효전압을 계산하여라.

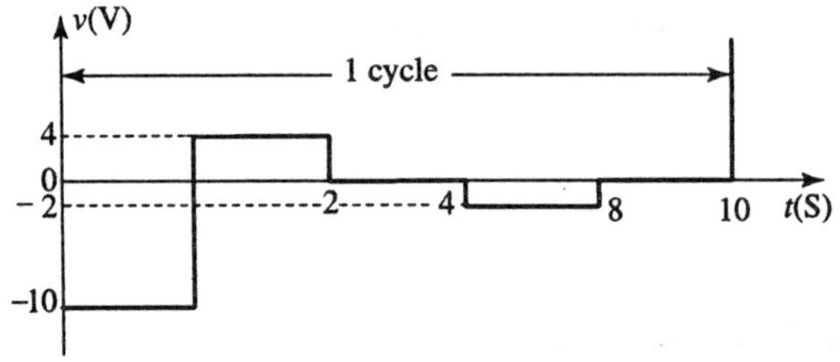

┃그림 3.21┃

3-12 그림 3.22의 구형파에서 평균값 및 실효값을 결정하여라.

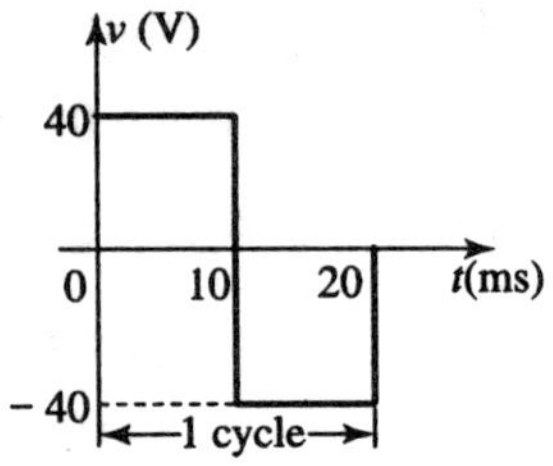

┃그림 3.22┃

제 4 장
복소수와 페이저

4.1 복소수(Complex Numbers)

교류회로를 해석하는 데는 Kirchhoff의 법칙의 적용으로 인해서 많은 정현파의 가감을 해야 하는데 정현파를 순시치로써 표시하고 삼각함수의 공식을 이용하여 그 가감을 행한다는 것은 좀 복잡한 회로에서는 실로 용이하지 않다.

그런데 정현파를 복소수로써 표현하면 정현파의 가감이 복소수의 가감으로 될 뿐 아니라, 교류회로를 직류회로와 마찬가지로 보통의 대표적 방법으로 취급할 수 있게 되어 매우 간단해진다. 그러므로 금후 우리는 주로 복소수를 써서 교류회로를 해석한다.

복소수는 분리된 두 개의 축을 가지는 평판에 존재하는 한 점을 표시한다. 이 점은 원점으로부터 이점까지의 거리를 가지는 벡터로 정할 수 있다. 수평축을 실수축(real axis)이라고 하고, 수직축을 허수축(imaginary axis)이라고 한다. 그림 4.1에 두 축이 표시되어 있다. 다음에 자세히 설명될 이유에 의해서 실수축을 저항축이라고 하고, 허수축을 리액턴스 축이라고도 한다.

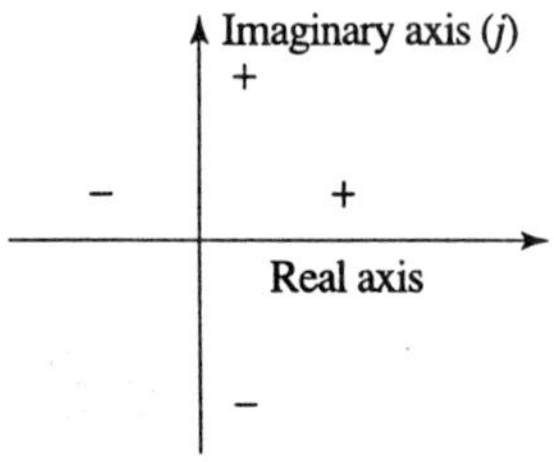

|그림 4.1|

복소수 평면상에서 수평축, 혹은 실수축 중에서 허수축의 오른쪽에 나타나는 수는 모든 양수이고, 반대로 왼편에 나타나는 수는 음수이다. 모든 양의 허수는 실수축의 윗부분에 나타나고, 음의 허수는 실수축의 아래쪽에 나타난다. j라는 표시는(혹은 때때로 i라는 표시는) 허수 성분을 표시하기 위해서 쓰여진다.

2차방정식 $x^2-2x+5=0$의 근을 구하면 근의 공식에 의하여 $x=1\pm\sqrt{-4}$와 같이 되겠으나 어떠한 실수도 자승하여 부가 될 수 없으므로 $\sqrt{-4}$는 확실히 실수가 아니다. 여기서 수의 개념을 확장할 필요가 생긴다. 그래서 자승하여 -1이 되는 새로운 수를 생각하여 이것을 허수단위라 부르며, j로써 표시한다. 즉,

$$j^2=-1 \text{ 또는 } j=\sqrt{-1}$$

그러면 상기 방정식의 근은 $x=1+j2$와 같이 표시할 수 있다.

일반적으로 jb(b는 실수)를 허수(imaginary number)라고 하고 $a+jb$(a, b는 다 실수)를 복소수(complex number)라고 한다. 복소수를 하나의 문자로 표시하려면 A와 같은 굵은 문자를 사용한다. 즉

$$A=a+jb$$

여기서 a를 복소수 A의 실수부(real part), b(jb가 아님)를 허수부(imaginary part)라고 한다.

4.2 복소수 연산

두 복소수 $a+jb$와 $c+jd$는 $a=c$, $b=d$인 경우에 한하여 서로 같다고 정한다. 따라서 $a=0$, $b=0$인 경우에 한하여 $a+bj=0$

가법 : $(a+jb)+(c+jd)=(a+c)+j(b+d)$

감법 : $(a+jb)-(c+jd)=(a+c)-j(b+d)$

승법 : $(a+jb)(c+jd)=ac+jad+jbc+j^2bd=(ac-bd)+j(ad+bd)$

제법 : $\dfrac{a+jb}{c+jd}=\dfrac{(a+jb)(c-jd)}{(c+jd)(c-jd)}=\dfrac{(ac+bd)+j(bc-ad)}{c^2+d^2}$

$$=\frac{ac+bd}{c^2+d^2}+\frac{j(bc-ad)}{c^2+d^2} \tag{4.1}$$

이상 여러 식에서 $b=0$, $d=0$라 놓으면 복소수의 연산은 실수의 연산을 그 특별한 경우로써 포함하고 있음을 알 수 있다. 그리고 복소수의 사칙연산에서는 j도 실수를 나타내는 문자처럼 취급하여서 계산하고 j^2을 항상 -1로써 대치하면 된다.

예제 4.1

두 복소수 $4+j3$, $-2+j1$을 가, 감, 승, 제하여라.

풀이

$$(4+j3)+(-2+j1)=(4-2)+j(3+1)=2+j4$$

$$(4+j3)-(-2+j1)=(4-2)+j(3-1)=6+j2$$

$$(4+j3)(-2+j1)=-8+j4-j6+j^23=-11-j2$$

$$\frac{4+j3}{-2+j1}=\frac{(4+j3)(-2-j1)}{(-2+j1)(-2-j1)}=\frac{-8-j4-j6+j^23}{(-2)^2-(j1)^2}$$

$$=\frac{-5-j10}{5}=-1-j2$$

(1) 공액 복소수

두 복소수 $a+jb$와 $a-jb$는 서로 공액(conjugate)이라고 한다. 복소수 A의 공액 복소수를 A^*로 표시한다. 즉 $A=a+jb$일 때 $A^*=a-jb$이며

$$A+A^*=2a,\quad A-A^*=j2b$$

$$AA^*=(a+jb)(a-jb)=a^2+b^2$$

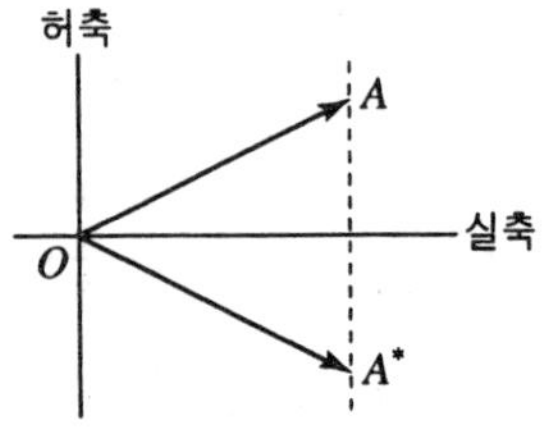

▌그림 4.2▌

어떤 복소수와 그 공액 복소수와의 곱이 항상 실수가 된다는 사실은 식 (4.1)에서와 같이 두 복소수 분수의 분모를 유리화 하는 데 쓰인다. 서로 공액인 두 복소수는 복소평면 위에서 실축에 대하여 대칭인 두 점으로 대표된다.

(2) j와 복소수와 곱

복소수 $A=a+jb$와 허수단위 j와의 곱을 생각하면

$$jA=j(a+jb)=-b+ja$$

가 된다. 그림 4.3(a)에는 A와 jA를 복소평면 위에 표시했다. 여기서 사선을 그은 두 삼각형은 합동이므로 jA는 A를 반시계방향으로 90° 회전시킨 것임을 알 수 있다.

즉 복소수 A에 j를 곱하면 복소평면 위에서 A를 대표하는 점을 또는 원점에서 A에 이르는 화살표 선분을 반시계 방향으로 90° 회전시키는 결과를 가져온다.

이런 의미에서 j를 회전연산자(rotational operator)라고 부르기도 한다. 그림 4.3(b)는 A에 j를 여러 번 곱하는 효과를 나타낸 것이다. 또 A에 $-j$를 곱한다든지 A를 j로 나누면 A를 시계방향으로 90° 회전시키는 효과를 가져온다. 그림 4.3(c)는 특히 A가 4와 같은 실수일 때 j의 작용을 나타낸 것이다.

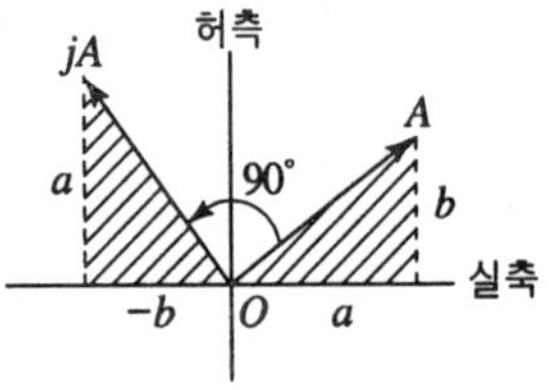

(a)

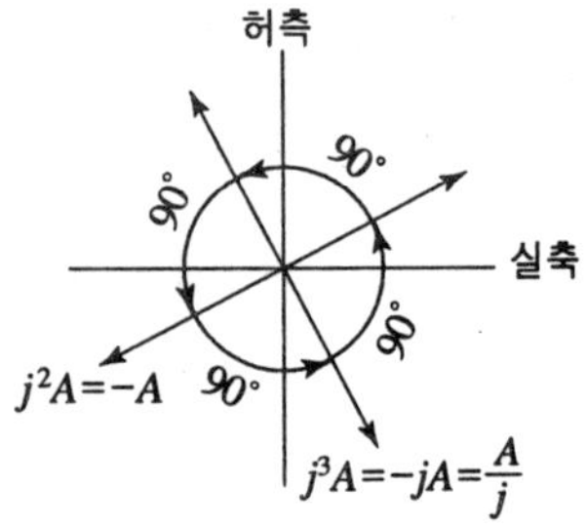

(b)

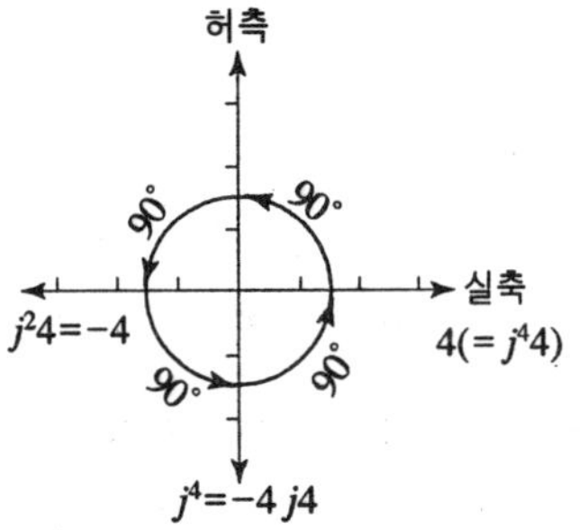

(c)

▌그림 4.3▌ j와 복소수와의 곱

4.3 직각좌표 형식(Rectangular Form)

복소수를 나타내는 방법은 두 가지가 있다. 직각좌표계와 극좌표계이다. 각 표시방법은 평면위의 한 점으로 표시하는 방법이나 원점으로부터 그 점까지의 반지름 벡터로 나타내는 방법이다.

직각좌표계를 나타내는 형식은 다음과 같다.

$$C = A + jB$$

이것은 그림 4.4에 나타낸 것과 같다.

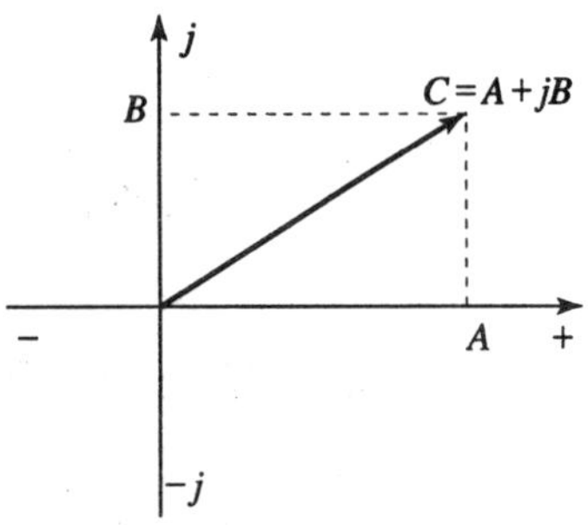

▌그림 4.4▌

4.4 극좌표형식

이때까지는 복소수를 그 실수부와 허수부로써, 즉 기하학적으로 직각좌표로써 표시하였다. 그러나 이것을 극좌표로써 표시할 수도 있다. 그림 4.5에서 원점으로부터 점 A까지의 거리를 A, 동경 OA가 수평축과 이루는 각을 θ라 하면 A, θ는 점 A의 극좌표이며 이것을 각각 복소수 A의 크기(magnitude) 및 각(angle)이라고 한다. 복소수를 그 크기와 각으로써 표시하고자 할 때에는

$$A = A\underline{/\theta}$$

와 같이 쓴다. 이것은 크기가 A이고 각이 θ인 복소수를 나타내는 하나의 기호에 불과하며 결코 A에 각 θ를 곱한다는 뜻이 아니다. A를 복소수 A의 절대치(absolute value)라고도 하며, 따라서 $|A|$와 같이 표시할 때도 있다. 그림 4.5에서 알 수 있는 바와 같이 복소수 A의 크기, 각(극좌표)과 실수부, 허수부(직각좌표) 사이에는 다음 관계가 있다.

$$A = \sqrt{a^2 + b^2}, \quad \theta = \tan^{-1}\frac{b}{a} \tag{4.2}$$

반대로

$$a = A\cos\theta, \quad b = A\sin\theta \tag{4.3}$$

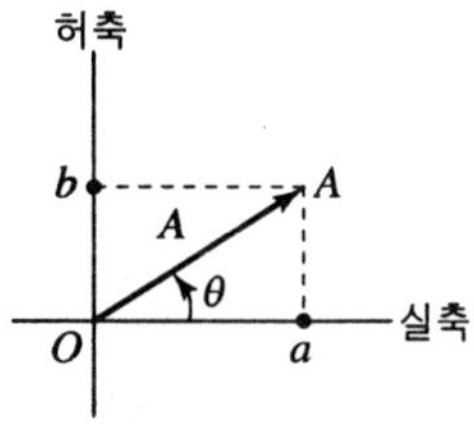

|그림 4.5| 직각좌표형식과 극좌표형식

이상으로서 복소수를 다음 세 가지 형식으로 표현할 수 있다.

$$A = a + jb = A(\cos\theta + j\sin\theta) = A\underline{/\theta} \tag{4.4}$$

여기서 $a + jb$를 직각좌표형식(rectangular form), $A(\cos\theta + j\sin\theta)$를 삼각함수형식(trigonometric form), $A\underline{/\theta}$를 극좌표형식(polar form)이라고 부른다.

복소수의 승제는 극좌표형식에 의해서 매우 간단하게 이루어진다.

$$(A\underline{/\alpha})(B\underline{/\beta}) = AB\underline{/\alpha+\beta} \tag{4.5}$$

두 복소수의 곱의 크기는 각 복소수의 크기의 곱과 같고 곱의 각은 각 복소수의 각의 합과 같다. A에 B를 곱한다는 것은 기하학적으로 복소평면상에서 A를 대표하는 화살표 선분을 B배하여 반시계방향으로 각 β만큼 회전시킴을 의미한다[그림 4.6(a)].

또한 $$\frac{A/\alpha}{B/\beta} = \frac{A}{B}\underline{/\alpha-\beta}$$

라 쓸 수 있다. 두 복소수의 크기는 각 복소수의 크기의 A/B와 같고 각은 각 복소수의 각의 차와 같다. 또 A를 B로 나눈다는 것은 기하학적으로 A를 대표하는 화살표 선분을 $\frac{1}{B}$하여 시계방향으로 각 β만큼 회전시킴을 의미한다[그림 4.6(b)].

(a) 복소수 곱 (b) 복소수 나눗셈

┃그림 4.6┃ 두 복소수의 곱과 나눗셈

4.5 지수함수형식

복소수를 표현하는 매우 유용한 또 하나의 형식은 지수함수형식(exponential form)이다. 크기가 A이고 각이 θ인 복소수는 오일러의 정리(Euler's theorem)를 이용하면

$$e^{\pm j\theta} = \cos\theta \pm j\sin\theta$$

$$A\angle\theta = A(\cos\theta + j\sin\theta) = Ae^{j\theta}$$

와 같이 표시할 수 있음을 안다. $Ae^{j\theta}$를 복소수의 지수함수형식이라고 부른다. 특히 $e^{j\theta}$는 $A=1$인 경우이므로 크기가 1이고 각이 θ인 복소수를 나타낸다(그림 4.7). 그러므로

$$|e^{j\theta}|=|\cos\theta+j\sin\theta|=1 \tag{4.6}$$

복소지수함수에 대해서도 지수법칙이 성립하므로

$$(Ae^{j\alpha})(Be^{j\beta})=ABe^{j(\alpha+\beta)}$$

$$\frac{Ae^{j\alpha}}{Be^{j\beta}}=\frac{A}{B}e^{j(\alpha-\beta)}$$

이와 같이 지수함수형식에 의한 복소수의 연산은 확고한 수학적 근거를 갖는 간단하고도 명확한 방법이다.

특히 $(Ae^{j\alpha})e^{j\beta}=Ae^{j(\alpha+\beta)}$이므로 복소수 A에 $e^{j\beta}$를 곱한다는 것은 기하학적으로 복소평면상에서 A를 대표하는 화살표선분을 반시계방향으로 각 β만큼 회전시킴을 의미하고(그림 4.8) 또 $Be^{j\beta}$를 곱한다는 것은 B배 한 다음 회전시킴을 의미한다.

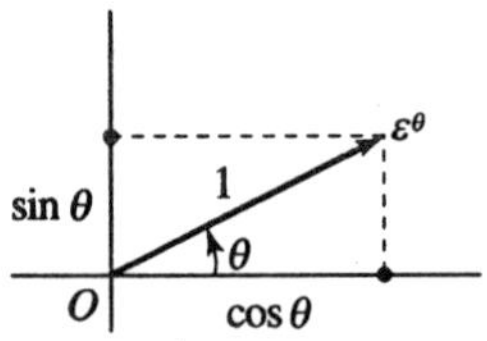

▌그림 4.7▌ Euler의 정리

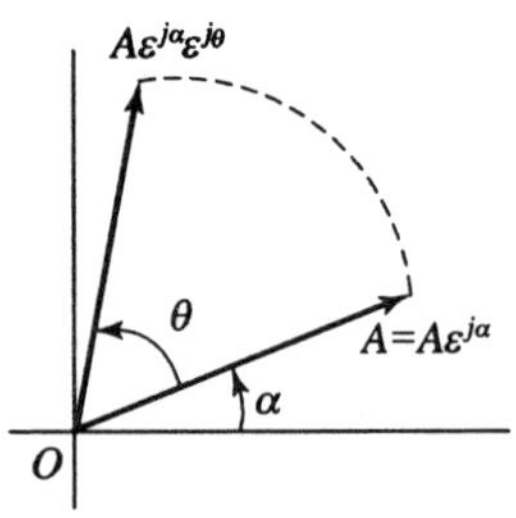

▌그림 4.8▌ A와 $Ae^{j\theta}$

| 요 약 |

이상 복소수에 관해서 상당히 자세히 기술하였지만 회로해석에서 이만한 예비지식은 필수적이다. 요약하면 다음과 같다.

1. 복소수는 다음 여러 가지 형식으로 표현할 수 있다.

$$A = a + jb = A(\cos\theta + j\sin\theta) = A\underline{/\theta} = Ae^{j\theta}$$

(직각좌표형식) (삼각함수형식) (극좌표형식) (지수함수형식)

여기서 $\theta = \tan^{-1}\dfrac{b}{a}$, $A = \sqrt{a^2 + b^2}$

특히 각 형식의 상호변환을 신속 정확하게 하는 데 숙달해야 한다.

2. 두 복소수의 가법

(i) $(a + jb) \pm (c + jd) = (a \pm c) + j(b \pm d)$

(ii) 기하학적으로는 평면벡터의 가감법이 그대로 적용된다.

3. 두 복소수의 곱

(i) 직각좌표형식으로서는 $(a + jb)(c + jd) = (ac - bd) + j(ad + bc)$

(ii) 극좌표형식으로서는 $(A\underline{/\alpha})(B\underline{/\beta}) = AB\underline{/\alpha + \beta}$

(iii) 지수함수형식으로서는 $(Ae^{j\alpha})(Be^{j\beta}) = ABe^{j(\alpha+\beta)}$

4. 두 복소수의 나눗셈

(i) 직각좌표형식으로서는

$$\frac{a + jb}{c + jd} = \frac{(a + jb)(c - jd)}{(c + jd)(c - jd)} = \frac{(ac + bd) + j(bc - ad)}{c^2 + d^2}$$

(ii) 극좌표형식으로서는 $\dfrac{A/\alpha}{B/\beta} = \dfrac{A}{B}\underline{/\alpha - \beta}$

(iii) 지수함수형식으로서는 $\dfrac{Ae^{j\alpha}}{Be^{j\beta}} = \dfrac{A}{B}e^{j(\alpha-\beta)}$

5. 복소수 $a + jb$ 또는 $A\underline{/\theta}$를 복소평면상에 표현하려면

(i) 직교축을 그려서 직각좌표가 $(a,\ b)$인 점으로써

(ii) 길이가 A, 수평축과의 각이 θ인 화살표선분으로써 표현할 수 있다. 반대로 복소평면상의 한 점의 위치 또는 화살표 선분은 하나의 복소수로써 표현할 수 있다.

6. 어떤 복소수 A에 $e^{j\theta}$를 곱하면 회전된다. 특히 $e^{j\frac{\pi}{2}}$ 또는 $\pm j$를 곱하면 90°만큼 반시계방향 또는 시계방향으로 회전된다.

4.6 정현파의 복소수 표시(Phasor)

정현파를 그 순시치로써 $i=\sqrt{2}I\sin(\omega t+\alpha)$와 같이 또는 이것을 그래프로 그려서 표현하였으나 새로운 방법에서는 정현파의 실효치와 위상만을 고려하여 복소수 $I=I\angle\alpha$로써 또는 기하학적으로 하나의 화살표선분으로 대표하는 것이다.

전자를 정현파의 순간치표시라 하고, 후자를 정현파의 페이저표시 또는 복소수 표시라고 한다. 교류회로의 해석은 전류, 전압은 이와 같이 복소수로써 표시함으로써 매우 간단하게 되며 이것은 차차 밝혀질 것이다.

그에 앞서 양표시법의 상호변환에 익숙할 필요가 있다. 다시 말하면 표 4.1에 있어서 좌측에서 우측으로, 또 우측에서 좌측으로 넘어가는 데 익숙해야 한다.

특히 주의할 것은 좌측은 시시각각으로 변하는 정현파의 순시치를 그대로 표시한 것인데 반하여 우측의 복소수표시는 정현파의 크기와 위상만 나타내며 기하학적 페이저도 $t=0$에서 정지하고 있다는 것이다.

표 4.1 정현파의 순시치 표시와 복소수표시

$v=V_m\sin(\omega t+\alpha)$	$V=\frac{V_m}{\sqrt{2}}\angle\alpha$
$v=\sqrt{2}V\sin(\omega t+\alpha)$	$V=V\angle\alpha$
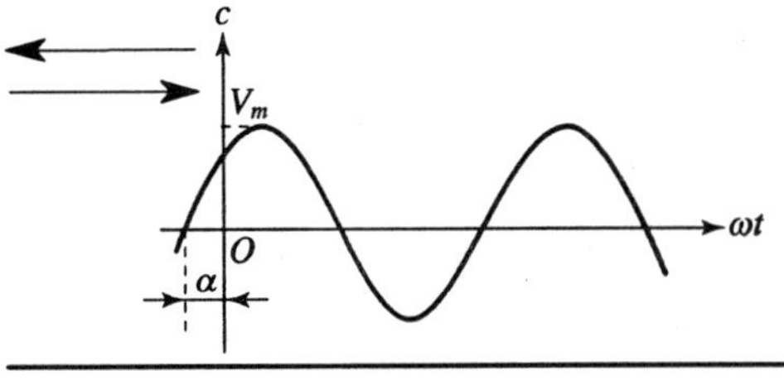	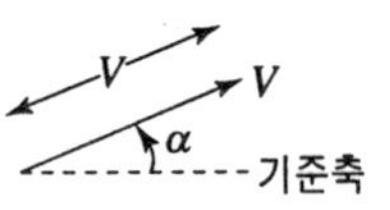

이 절에서는 회로해석의 또 하나의 기본이 되는 회로소자의 전압-전류관계를 페이저로 표시하여 본다. R, L, C 각 소자에

$$i = \sqrt{2} I \sin(\omega t + \alpha)$$

로 표시되는 정현전류가 흐를 때 전류의 방향으로 생기는 전압강하는 각각

$$v_R = Ri = \sqrt{2} RI \sin(\omega t + \alpha)$$

$$v_L = L\frac{di}{dt} = \sqrt{2}\omega LI \sin(\omega t + \alpha + 90^\circ)$$

$$v_C = \frac{1}{C}\int idt = \sqrt{2}\frac{1}{\omega C} I \sin(\omega t + \alpha - 90^\circ)$$

와 같이 된다. 이 전류, 전압들을 페이저로써 표시하면

$$I = I\underline{/\alpha}$$

$$V_R = RI\underline{/\alpha} = RI \tag{4.7}$$

$$V_L = \omega LI\underline{/\alpha + 90^\circ} = j\omega LI \tag{4.8}$$

$$V_C = \frac{1}{\omega C} I\underline{/\alpha + 90^\circ} = -j\frac{1}{\omega C} I \tag{4.9}$$

복소수로써 표시된 이와 같은 소자 양단의 전압-전류관계식은 우리가 이미 알고 있는 전압, 전류의 실효치의 비와 위상관계를 동시에 표현하고 있음을 알 수 있다. 즉 식 (4.7)은 $V_R = RI$ 또 전류, 전압이 동상임을 말하고, 식 (4.8)은 $V_L = \omega LI$ 이고 전압이 전류보다 90° 앞섬을 말하고, 또 식 (4.9)는

$$V_C = \frac{1}{\omega C} I$$

이고 전압이 전류보다 90° 늦음을 말한다.

표 4.2는 순시치와 페이저에 의한 수동소자의 전압-전류관계식을 대조시켜서 일괄한 것이며 페이저도도 아울러 그렸다. 이 페이저도는 I를 기준으로 하여 그린 것이며 이 표에서 보는 바와 같이 소자의 전압-전류관계식은 순시치로 표시할 때에는 미분 또는 적분이 포함되지만 페이저로 표시할 때에는 모두 $V = (\text{계수}) \times I$와 같은 대수적 형식을 갖는다. 페이저를 도입함으로써 얻어지는 또 하나의 잇점은 여기에 있다. 어쨌든 페이저를 이용하면 순시치에 의한 회로해석에서처럼 미 · 적분이나 삼각함수의 계산이 불필요하고 모든 계산이 복소수의 대수적 연산(가 · 감 · 승 · 제)만으로써 이루어질 수 있으므로 퍽 용이하게 되는 것이다.

표 4.2 수동소자의 전압-전류관계

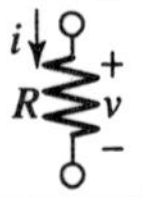 $v=Ri$ 또는 $i=Gv$	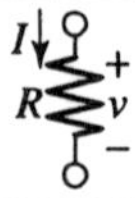 $V=RI$ 또는 $I=GV$	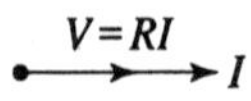
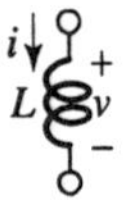 $v=L\frac{di}{dt}$ 또는 $i=\frac{1}{L}\int v\,dt$	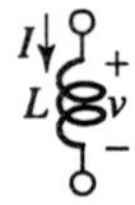 $V=j\omega LI$ 또는 $I=\frac{V}{j\omega L}$	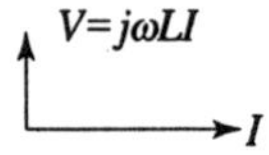
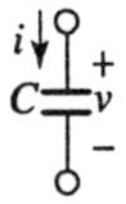 $v=\frac{1}{C}\int i\,dt$ 또는 $i=C\frac{dv}{dt}$	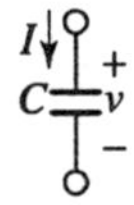 $V=\frac{1}{j\omega C}I$ 또는 $I=j\omega CV$	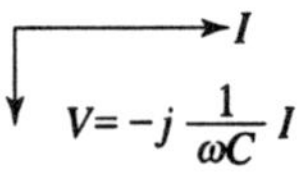
순시치표시	복소수표시	

마지막으로 이 표에서 관찰할 수 있는 또 하나의 사실은 좌측의 순시치표시식에서 v, i 대신 V, I라 놓고 정수 R, L, C는 그대로 두고 미분기호 $\frac{d}{dt}$ 대신에 $j\omega$, 적분기호 $\int(\cdots)dt$ 대신에 $\frac{1}{j\omega}$이라 놓으면 우측의 복소수표시식이 얻어진다는 것이다. 어떤 정현파에 정의 실수를 곱하면 위상이 그대로 유지되나 정현파를 미분하면 크기가 ω배가 되고 위상이 $90°$ 앞서는 정현파가 얻어지고 또 적분하면 크기가 $\frac{1}{\omega}$배가 되고 위상이 $90°$ 늦은 정현파가 얻어진다.

표 4.3은 이상 말한 것을 일괄한 것이며, 여기에는 $R-L-C$ 직렬회로의 전압 평형식을 변환하는 예도 포함되어 있다.

표 4.3 순시치 표시식으로부터 복소수 표시식에의 변환규칙

순시치 표시	복소수 표시
$v,\ i$	$V,\ I$
$R,\ L,\ C$	$R,\ L,\ C$
$\frac{d}{dt}$	$j\omega$
$\int(\cdots)\,dt$	$\frac{1}{j\omega}$
$v=Ri+L\frac{di}{dt}+\frac{1}{C}\int i\,dt$	$V=RI+j\omega LI+\frac{1}{j\omega C}I$

예제 4.2

다음을 직각좌표계에서 극좌표계로 변환하여라.

$C=3+j4$

풀이

$$C = \sqrt{(3)^2 + (4)^2} = \sqrt{25} = 5$$

$$\theta = \tan^{-1}\left(\frac{4}{3}\right) = 53.13^\circ$$

그리고

$$C = 5\angle 53.13^\circ$$

예제 4.3

다음을 극좌표계에서 직각좌표계로 변환하여라.

$C = 10\angle 45^\circ$

풀이

$$A = 10\cos 45^\circ = (10)(0.707) = 7.07$$

$$B = 10\sin 45^\circ = (10)(0.707) = 7.07$$

그리고

$$C = 7.07 + j7.07$$

예제 4.4

다음을 직각좌표에서 극좌표계로 변환하여라.

$C = -6 + j3$

풀이

$$C = \sqrt{(6)^2 + (3)^2} = \sqrt{45} = 6.71$$

$$\beta = \tan^{-1}\left(\frac{3}{6}\right) = 26.57^\circ$$

$$\theta = 180 - 26.57^\circ = 153.43^\circ$$

그리고

$$C = 6.71\angle 153.43^\circ$$

예제 4.5

다음을 극좌표계에서 직각좌표계로 변환하여라.

$C = 10\angle 230^\circ$

풀이

$$A = C\cos\beta = 10\cos(230° - 180°) = 10\cos 50°$$
$$= (10)(0.64d28) = 6.428$$
$$B = C\sin\beta = 10\sin 50° = (10)(0.7660) = 7.660$$

그리고

$$C = -6.428 - j7.660$$

예제 4.6

다음 각 정현파를 대표하는 페이저를 쓰고 또 같은 복소평면상에 페이저를 그려라.

(a) $v_1 = 50\sin\omega t$　　(b) $i_2 = 5\sin(\omega t - 30°)$

(c) $i_2 = \sqrt{2}10\cos\left(\omega t + \frac{\pi}{8}\right)$　　(d) $v_4 = -141.4\sin\left(\omega t + \frac{\pi}{3}\right)$

(e) 실효치가 80 V이고 위상이 180°인 전압

풀이

(a) $V_1 = \frac{50}{\sqrt{2}}\big/ 0$

(b) $I_2 = \frac{5}{\sqrt{2}}\big/ -30°$

(c) $I_3 = 10\big/ \frac{\pi}{8} + \frac{\pi}{2} = 10\big/ \frac{5}{8}\pi$

(d) $v_4 = 141.4\sin\left(\omega t + \frac{\pi}{3} + \pi\right)$이므로

$$V_4 = 100\big/ \frac{\pi}{3} + \pi = -100\big/ \frac{\pi}{3}$$

즉, 이 경우 −의 부호는 그대로 두고 생각해도 된다.

(e) $V_S = 80/180° = -80/0°$

그림 4.9는 이상의 각 전류, 전압의 페이저도이다. 특히 전류페이저와 전압페이저의 척도가 같지 않음을 주목하라.

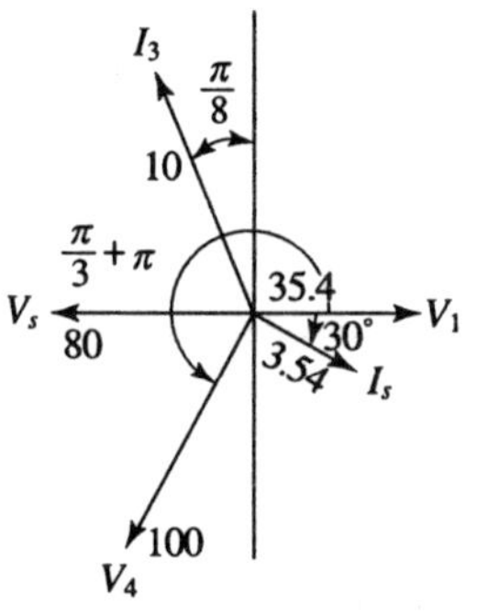

그림 4.9

예제 4.7

다음 각 복소수는 정현파를 대표하는 페이저들이다. 각 페이저의 물리적 의미를 말하고 대응하는 정현파의 순시치표시를 sine함수로 표시하여라.

(a) $3\angle -\frac{\pi}{3}$ (전류) (b) $7-j4$ (전류)

(c) $\frac{5}{\sqrt{2}}e^{j53.1°}$ (전압) (d) $-10e^{j\frac{2}{3}\pi}$ (전압)

풀이

(a) 실효치가 3A이고 위상이 $-\frac{\pi}{3}$rad인 정현전류 ; $i=\sqrt{2}3\sin\left(\omega t-\frac{\pi}{3}\right)$

(b) $7-j4=\sqrt{7^2+4^2}\angle\tan^{-1}\frac{-4}{7}=8.06\angle-29.7°$이므로 실효치가 8.06A이고, 위상이 $-29.7°$인 정현전류 ; $i=\sqrt{2}8.06\sin(\omega t-29.7°)$

(c) 최대치가 5V이고 위상이 53.1°인 정현전압 ; $v=5\sin(\omega t+53.1°)$

(d) $-10e^{j\frac{3}{2}\pi}=10e^{j\frac{3}{2}\pi}e^{j\pi}=10e^{j\frac{\pi}{2}}e^{j2\pi}=10e^{j\frac{\pi}{2}}$이므로 실효치가 10V이고 위상이 $\frac{\pi}{2}$인 정현전압 ; $v=\sqrt{2}10\sin\left(\omega t+\frac{\pi}{2}\right)$

또는 $v=\sqrt{2}10\sin\left(\omega t+\frac{3}{2}\pi+\pi\right)=-\sqrt{2}10\sin\left(\omega t+\frac{3}{2}\pi\right)$이므로 이런 경우 $-$의 부호는 그대로 두고 생각해도 됨을 알 수 있다.

◆ 연습문제

4-1 다음 직각좌표계에서 극좌표계로 변환하여라.

$C=3+j4$

4-2 다음을 극좌표계에서 직각좌표계로 변환하여라.

$C=10\angle 45°$

4-3 다음을 직각좌표계에서 극좌표계로 변환하여라.

$C=-6+j3$

4-4 다음을 극좌표계에서 직각좌표계로 변환하여라.

$C=10\angle 230°$

4-5 a. 다음과 같은 복소수에서 $C_1 \cdot C_2$를 구하여라.

$C_1=2+j3$그리고 $C_2=5+j10$

b. 다음과 같은 복소수에서 $C_1 \cdot C_2$를 구하여라.

$C_1=-2-j3$ 그리고 $C_2=+4-j6$

4-6 a. $C_1 \cdot C_2$를 구하여라.

$C_1=5\angle 20°$ 그리고 $C_2=10\angle 30°$

b. $C_1 \cdot C_2$를 구하여라.

$C_1=2\angle -40°$ 그리고 $C_2=7\angle +120°$

4-7 a. C_1과 C_2가 다음과 같은 때 C_1/C_2를 구하여라.

$C_1=1+j4$ 그리고 $C_2=4+j5$

b. C_1과 C_2가 다음과 같은 때 C_1/C_2를 구하여라.

$C_1=-4-j8$ 그리고 $C_2=+6-j1$

4-8 a. C_1과 C_2가 다음과 같은 때 C_1/C_2를 구하여라.

$C_1=15\angle 10°$ 그리고 $C_2=2\angle 7°$

b. C_1과 C_2가 다음과 같은 때 C_1/C_2를 구하여라.

$C_1 = 8\angle 120°$ 그리고 $C_2 = 16\angle -50°$

4-9 시간영역에서 페이저 영역으로 전환시켜라.

a. $\sqrt{2}(50)\sin\omega t$

b. $69.6\sin(\omega t + 72°)$

c. $45\cos\omega t$

4-10 주파수가 60 Hz일 때, 다음의 페이저를 정현파로 나타내어라.

a. $I = 10\angle 30°$

b. $V = 115\angle -70°$

제 5 장
교류회로

이 장에서는 직렬 및 병렬 교류회로를 해석하는 빠르고 직접적인 방법으로 페이저(Phasor)가 사용된다. 미지의 양을 해석하기 위하여, 직류회로에 적용되었던 방법을 교류회로에 손쉽게 적용하기 위한 전류분배법칙, 전압분배법칙 등에 대하여 알아본다.

그림 5.1은 저항, 유도성 리액턴스 그리고 용량성 리액턴스를 나타내고 있다. 어떠한 회로망에서도 저항은 양의 실수축에, 유도성 리액턴스는 양의 허수축에 존재하고 용량성 리액턴스는 음의 허수축에 존재한다.

교류회로에서는 이러한 요소들의 조합을 임피던스(impedance)라 부르며, 이것을 통해 회로에 전류의 흐름을 방해하는 요소가 얼마나 많은지를 알아낸다. 그림 5.1은 임피던스의 벡터도이다. 임피던스의 기호는 z 이다.

$$Z = R = R\angle 0^\circ = R + j0$$

$$Z = X_L$$
$$= X_L\angle 90^\circ = 0 + jX_L$$

$$Z = X_C$$
$$= X_C \angle -90° = 0 - jX_C$$

직각좌표로 표현하면 $X_L = wL$

$$X_C = \frac{1}{wc}$$

이 되고 임피던스

$$Z = \frac{V}{I}$$

이므로 어떠한 배열(직렬, 병렬, 직 · 병렬 등)에서도 총임피던스의 각은 인가전압이 전류원을 기준으로 한 위상을 나타낸다. 유도성 회로망에서 θ_r는 양의 값을 또한 용량성 회로망에서는 음의 값을 갖는다.

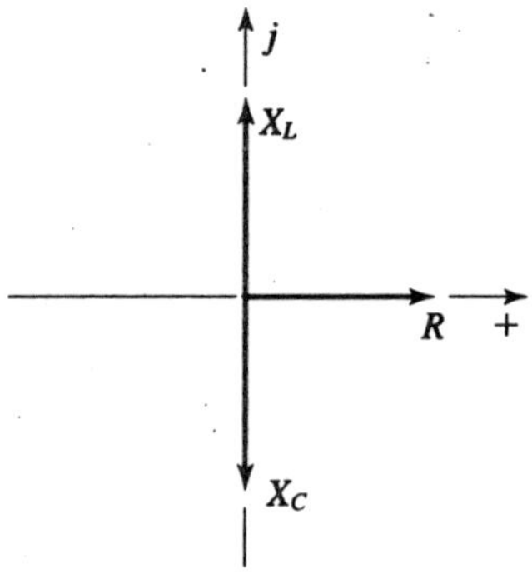

▎그림 5.1▎ 임피던스 백터도

5.1 직렬회로

직렬로 연결된 모든 교류회로는 직류회로와 같은 특성을 가지고 있다. 다시 말해서 직렬로 연결된 소자를 흐르는 전류의 값은 동일하며, 회로의 총임피던스는 개별소자의 임피던스를 모두 합한 것과 같다.

$$Z_T = Z_1 + Z_2 + Z_3 + \cdots + Z_N \tag{5.1}$$

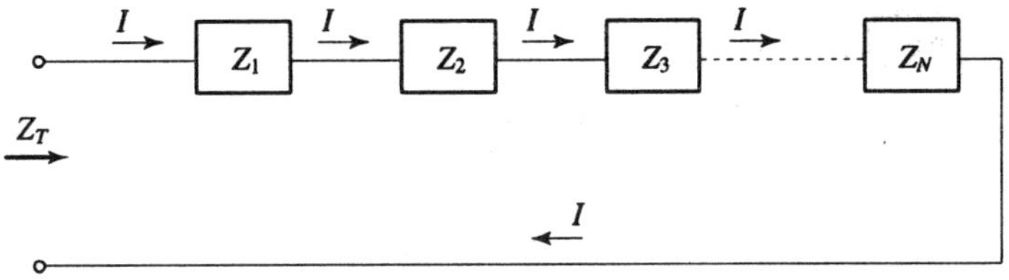

|그림 5.2|

예제 5.1

그림 5.3의 임피던스 도를 그리고, 총임피던스를 구하여라.

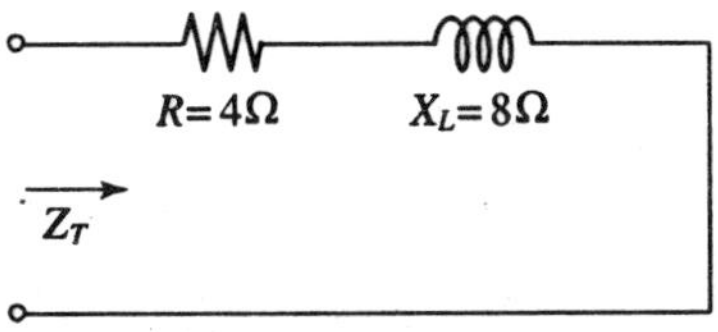

|그림 5.3|

풀이 그림 5.4에서 보여주는 것과 같이 벡터 합인 Z_T의 길이와 각 θ_T를 구함으로써 나타낼 수 있다.

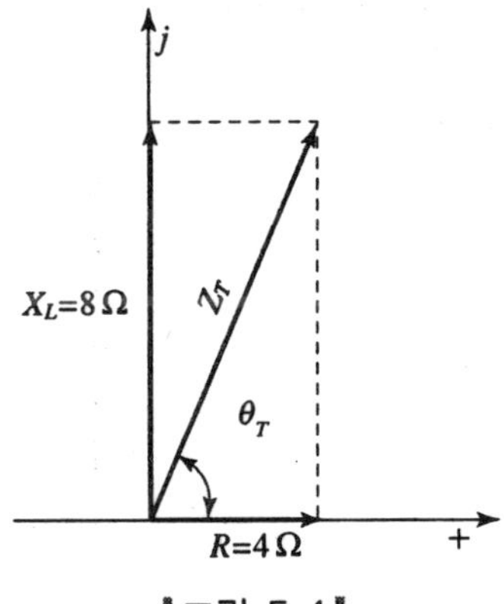

|그림 5.4|

$$
\begin{aligned}
Z_T &= Z_1 + Z_2 \\
&= R\angle 0^\circ + X_L\angle 90^\circ \\
&= R + jX_L = 4 + j8
\end{aligned}
$$

$$Z_T = 8.944 \angle 63.43^\circ (\Omega)$$

예제 5.2

그림 5.5에 나타난 직렬회로의 입력 임피던스를 구하고, 임피던스 도를 그려라.

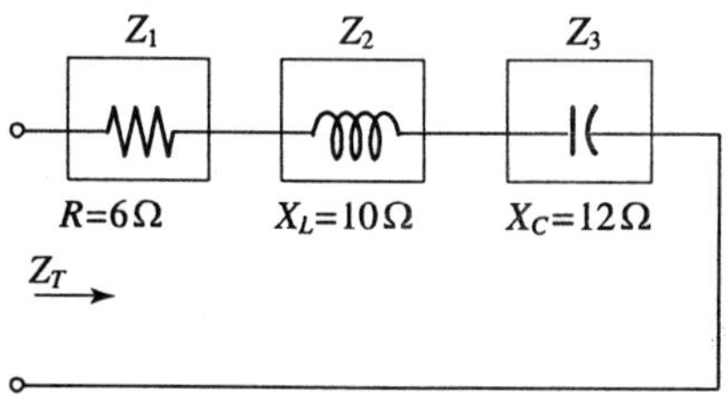

┃그림 5.5┃

풀이

$$
\begin{aligned}
Z_T &= Z_1 + Z_2 + Z_3 \\
&= R\angle 0° + X_L\angle 90° + X_C\angle -90° \\
&= R + jX_L - jX_C \\
&= R + j(X_L - X_C) = 6 + j(10-12) = 6 - j2
\end{aligned}
$$

$$Z_T = 6.325\angle -18.43°(\Omega)$$

임피던스 도를 그림 5.6에 나타내었다. 이 예제에서는 유도성 리액턴스와 용량성 리액턴스가 직선상 서로 반대방향이다. 그림 5.5의 회로에서 유도성 리액턴스와 용량성 리액턴스의 크기가 같다면, 입력 임피던스는 순수한 저항성분만을 가지게 된다.

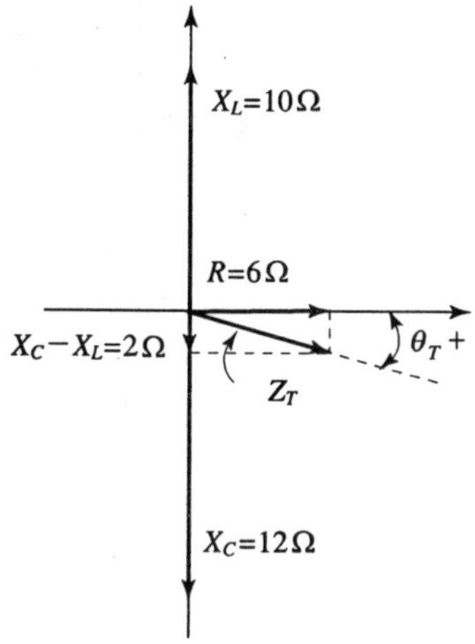

┃그림 5.6┃

5.1.1 $R-L$ 직렬회로(그림 5.7)

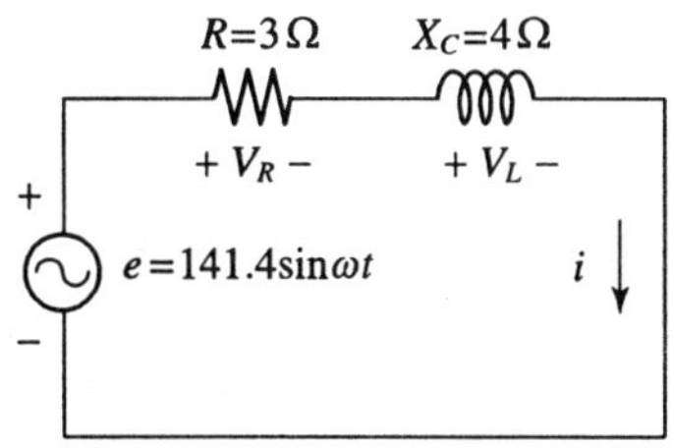

|그림 5.7|

(1) **페이저 표시**(Phaser notation)

$$e = 141.4\sin\omega t \Rightarrow E = 100\ \mathrm{V}\angle 0°$$

(2) Z_T **그림 5.8을 참조하여**

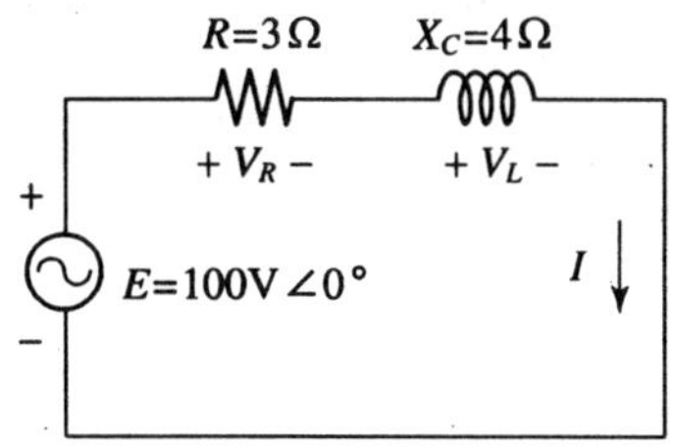

|그림 5.8|

$$Z_T = Z_1 + Z_2 = 3\angle 0° + 4\angle 90° = 3 + j4$$

그리고

$$Z_T = 5\angle 53.13°(\Omega)$$

(3) **임피던스 도**(Impedance diagram)

그림 5.9에 나타내었다.

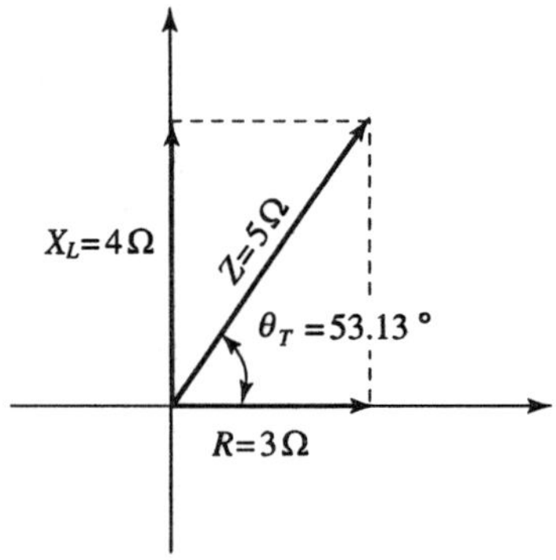

▌그림 5.9▌

(4) I :

$$I = \frac{E}{Z_T} = \frac{100\angle 0°}{5\angle 53.13°} = 20\angle -53.13° \text{ (A)}$$

(5) V_R, V_L : **키르히호프의 전압법칙**(Kirchhoff's voltage law)

$$\sum V = E - V_R - V_L = 0$$

혹은

$$E = V_R + V_L$$

직각좌표형으로 나타내면 다음과 같다.

$$V_R = 60\angle -53.13° = 36 - j48 \text{ (V)}$$

$$V_L = 80\angle +36.87° = 64 + j48 \text{ (V)}$$

그러므로

$$E = V_R + V_L = (36 - j48) + (64 + j48) = 100 + j0 \text{ (V)}$$

같이 된다.

(6) **페이저 도**(Phasor diagram)

그림 5.10에서 페이저 도를 나타내고 있다. I는 저항에 인가되는 전압과 동상을 이루고 있으면서, 코일에 인가되는 전압보다는 90°만큼 뒤지고 있다.

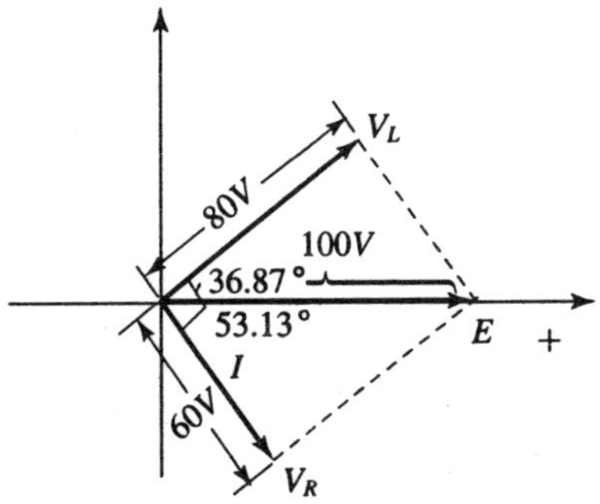

▌그림 5.10▌

(7) **전력**(Power)

회로에 전달되는 총전력을 와트로 계산하면

$$\begin{aligned} P_T &= EI\cos\theta_r \\ &= (100\,\text{V})(20\text{A})\cos 53.13° = (2{,}000\,\text{W})(0.6) \\ &= 1{,}200\,(\text{W}) \end{aligned}$$

이 된다. 여기서 E와 I는 실효값이고, θ_T는 E와 I 사이의 위상각이다.

또는,

$$\begin{aligned} P_T &= I^2R \\ &= (20\,\text{A})^2(3\,\Omega) = (400)(3) \\ &= 1{,}200\,(\text{W}) \end{aligned}$$

여기서 I는 실효값이다. 혹은

$$\begin{aligned} P_T &= P_R + P_L = V_R I\cos\theta_R + V_L I\cos\theta_L \\ &= (60\text{V})(20\,\text{A})\cos 0° + (80\text{V})(20\text{A})\cos 90° \\ &= 1{,}200 + 0 \\ &= 1{,}200\,(\text{W}) \end{aligned}$$

여기서 I는 실효값이다. 혹은

$$\begin{aligned} P_T &= P_R + P_L = V_R I\cos\theta_R + V_L I\cos\theta_L \\ &= (60\text{V})(20\,\text{A})\cos 0° + (80\text{V})(20\text{A})\cos 90° \\ &= 1{,}200 + 0 \end{aligned}$$

$$= 1,200\,(\mathrm{W})$$

여기서 θ_R은 V_R과 I 사이의 각, 그리고 θ_L은 V_L과 I 사이의 각이다.

(8) **역률**(Power factor)

회로의 역률 F_P는 $\cos 53.13° = 0.6$이며, 지상(lagging)이다. 여기서 $53.13°$는 E와 I 사이의 위상각이다.

전력이 기본식 $P = EI\cos\theta$는 다음과 같이 다시 쓸 수 있다.

$$\cos\theta = \frac{P}{EI}$$

여기서 E와 I는 입력측의 값이고, P는 회로에 전달되는 전력이다.

직렬 교류회로의 기본식으로부터 다음과 같은 식을 얻을 수 있다.

$$\cos\theta = \frac{P}{EI} = \frac{I^2R}{EI} = \frac{IR}{E} = \frac{R}{E/I} = \frac{R}{Z_T}$$

결과는 다음과 같다.

$$F_p = \cos\theta_T = \frac{R}{Z_T} \tag{5.2}$$

그림 5.9에서는 식 (5.2)와 같이 θ가 임피던스 각도 θ_T이며, 좀더 자세히 말하자면 θ_T는 직렬 교류회로에서의 입력전압과 입력전류 간의 위상각이다.

역률을 계산하기 위해서는 입력 임피던스에서 저항이 차지하는 비율을 계산하기만 하면 된다.

예를 들면 다음과 같다.

$$F_p = \cos\theta = \frac{R}{Z_T} = \frac{3}{5} = 0.6\,(\text{lagging})$$

5.1.2 $R-C$ 직렬회로(그림 5.11)

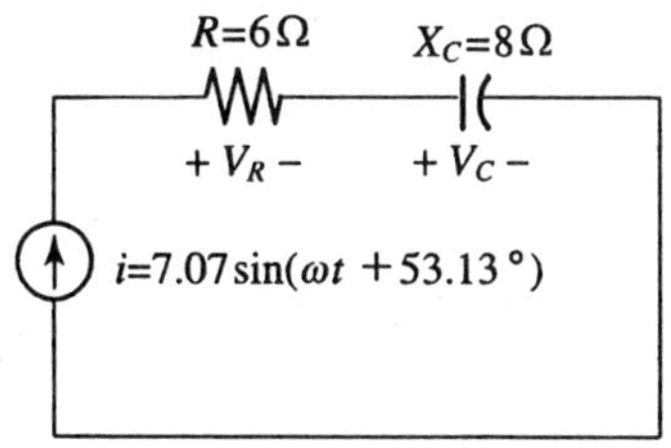

▌그림 5.11▌

(1) **페이저 표시**(Phasor notation)

$$i = 7.07\sin(\omega t + 53.13°) \Rightarrow I = 5\angle 53.13°\ (\mathrm{A})$$

그림 5.12를 참조하여라.

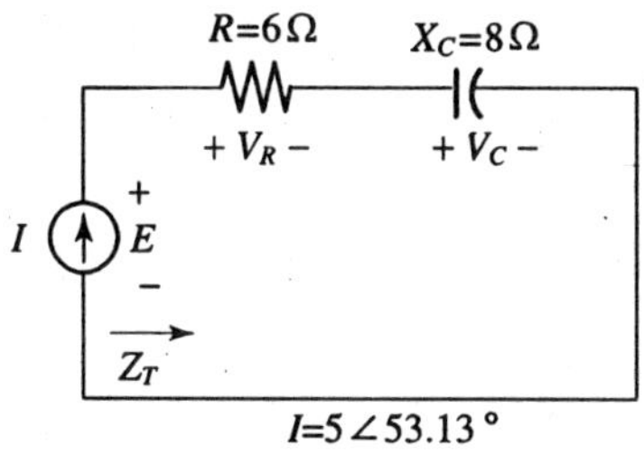

▌그림 5.12▌

(2) Z_T :

$$Z_T = Z_1 + Z_2 = 6\angle 0° + 8\angle -90° = 6 - j8$$

그리고

$$Z_T = 10\angle -53.13°\ (\Omega)$$

(3) **임피던스 도**(Impedance diagram)

그림 5.13에 나타내었다.

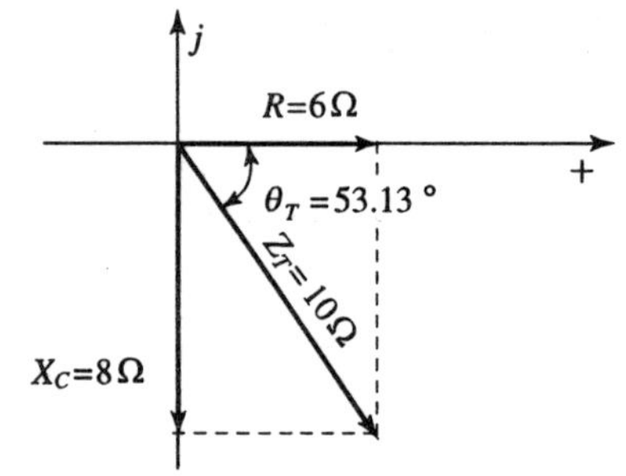

|그림 5.13|

(4) E :

$$E = IZ_T = (5\angle 53.13°)(10\angle -53.13°) = 50\angle 0°\ (\text{V})$$

(5) V_R, V_C :

$$V_R = IR = (5\angle 53.13°)(6\angle 0°) = 30\angle 53.13°\ (\text{V})$$

$$V_C = IX_C = (5\angle 53.13°)(8\angle -90°)40\angle -36.87°\ (\text{V})$$

키르히호프의 전압법칙(Kirchhoff's voltage law)

$$\sum V = E - V_R - V_C = 0$$

혹은

윗식은 $R-L$직렬회로에서와 마찬가지로 벡터 대수에 의해서 증명될 수 있다.

(6) **페이저 도**(Phaser diagram)

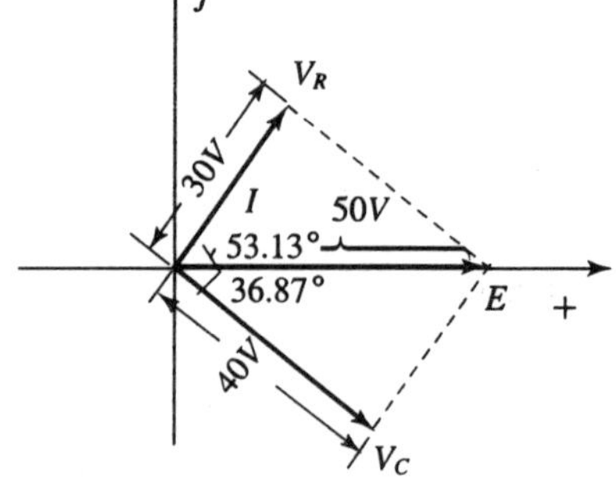

|그림 5.14|

그림 5.14에서 전류 I는 저항에 인가되는 전압과 동상을 이루고 있으면서, 콘덴서에 인가되는 전압보다는 90°만큼 앞서고 있다.

(7) **시간영역**(Time domain)

시간영역에서는

$$e = \sqrt{2}(50)\sin\omega t = 70.70\sin\omega t$$
$$v_R = \sqrt{2}(30)\sin(\omega t + 53.13°) = 42.42\sin(\omega t + 53.13°)$$
$$v_C = \sqrt{2}(40)\sin(\omega t - 36.87°) = 56.56\sin(\omega t - 36.87°)$$

그림 5.15에서 전압과 전류를 도시하고 있다. i와 v_R이 동상을 이루고, i보다 v_C가 뒤진다는 것을 명심하여라.

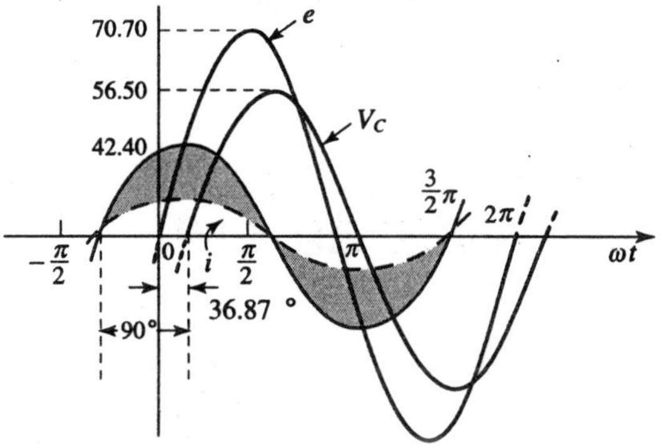

❙그림 5.15❙

(8) **전력**(Power)

회로에 인가된 총전력을 와트로 나타내면

$$P_T = EI\cos\theta_T = (50\,\text{V})(5\,\text{A})\cos 53.13°$$
$$= (250)(0.6) = 150\,(\text{W})$$

혹은

$$P_T = I^2R = (5A)^2(6\,\Omega)$$
$$= 150\,(\text{W})$$

또는 결국 다음과 같이 구할 수도 있다.

$$\begin{aligned} P_T = P_R = P_C &= V_R I \cos\theta_R + V_C I \cos\theta_C \\ &= (30\text{V})(5\text{A})\cos 0° + (40\text{V})(5\text{A})\cos 90° \\ &= 150\text{W} + 0 \\ &= 150\ (\text{W}) \end{aligned}$$

(9) **역률**(Power factor)

회로의 역률은 다음과 같다.

$$F_P = \cos\theta = \cos 53.13° = 0.6 \text{ leading}$$

식 (5.2)에서

$$\begin{aligned} F_P = \cos\theta &= \frac{R}{Z} = \frac{6}{10} \\ &= 0.6 \text{ leading} \end{aligned}$$

위와 같은 결과를 얻는다.

5.1.3 $R-L-C$ 직렬회로(그림 5.16)

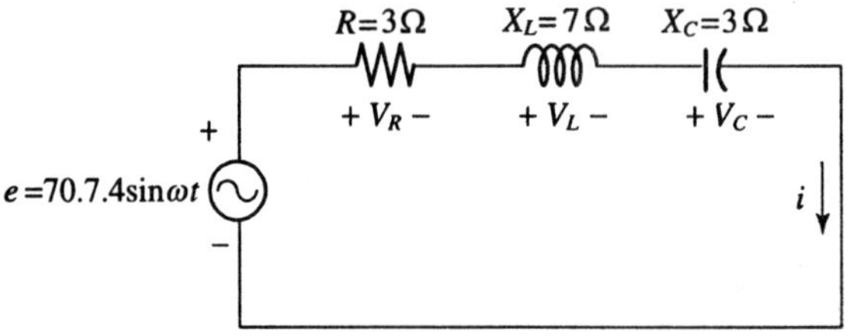

|그림 5.16|

(1) **페이저 표시**(Phasor notation)

그림 5.17과 같다.

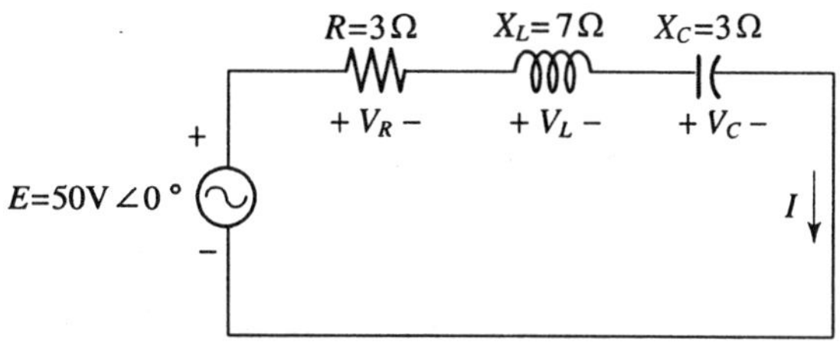

┃그림 5.17┃

(2) Z_T :

$$Z_T = Z_1 + Z_2 + Z_3 = R\angle 0° + X_L\angle 90° + X_C\angle -90°$$
$$= 3\Omega + j7\Omega - j3\Omega = 3\Omega + j4\Omega$$

그리고

$$Z_T = 5\Omega\angle 53.13°$$

(3) **임피던스 도**(Impedance diagram)

그림 5.18에 나타내었다.

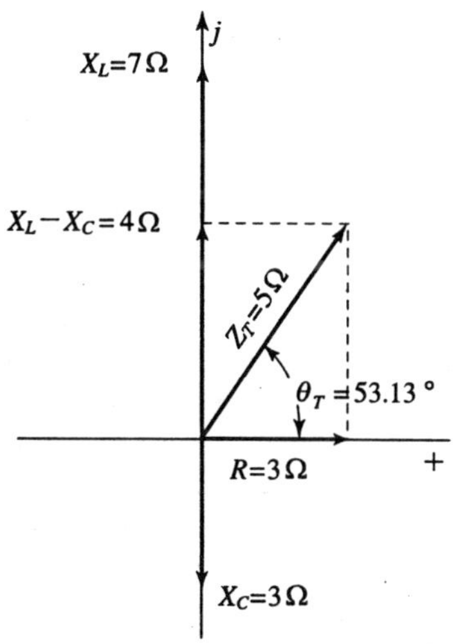

┃그림 5.18┃

(4) I :

$$I = \frac{E}{Z_T} = \frac{50\text{V}\angle 0°}{5\Omega\angle 53.13°} = 10\angle -53.13°\ (\text{A})$$

V_R, V_L, V_C :

$$V_R = IR = (10A\angle -53.13^\circ)(3\Omega\angle 0^\circ) = 30\angle -53.13^\circ \ (V)$$
$$V_L = IX_L = (10A\angle -53.13^\circ)(7\Omega\angle 90^\circ) = 70\angle 36.87^\circ \ (V)$$
$$V_C = IX_C = (10A\angle -53.13^\circ)(3\Omega\angle -90^\circ) = 30\angle -143.13^\circ \ (V)$$

키르히호프의 법칙(Kirchhoff's voltage law)

$$\sum V = E - V_R - V_L - V_C = 0$$

혹은

$$E = V_R + V_L + V_C$$

윗식 역시 벡터 대수에 의해서 해석될 수 있다.

(5) **페이저 도**(Phaser diagram)

그림 5.19에서 전류 I는 저항에 인가되는 전압과 동상을 이루고있으면서, 코일에 인가되는 전압보다는 90° 뒤지고 콘덴서에 인가되는 전압보다는 90°만큼 앞서고 있다.

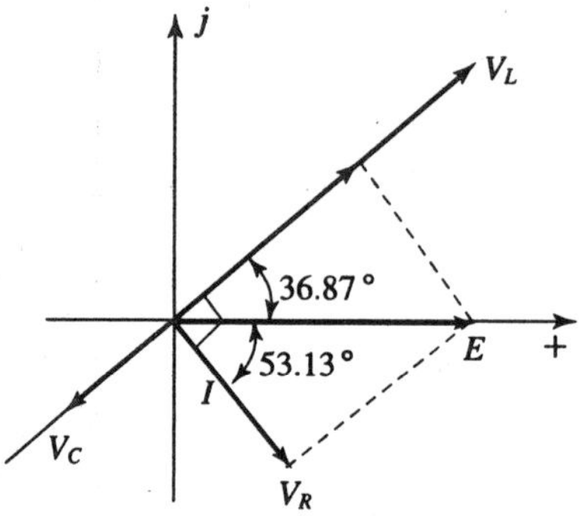

|그림 5.19|

(6) **시간영역**(Time domain)

$$i = \sqrt{2}(10)\sin(\omega t - 53.13^\circ) = 14.14\sin(\omega t - 53.13^\circ)$$
$$v_R = \sqrt{2}(300\sin(\omega t - 53.13^\circ) = 42.42\sin(\omega t - 53.13^\circ)$$
$$v_L = \sqrt{2}(70)\sin(\omega t + 36.87^\circ) = 98.98\sin(\omega t + 36.87^\circ)$$

$$v_C=\sqrt{2}(30)\sin(\omega t-143.13^\circ)=42.42\sin(\omega t-143.13^\circ)$$

그림 5.20에 전압과 전류를 도시하고 있다.

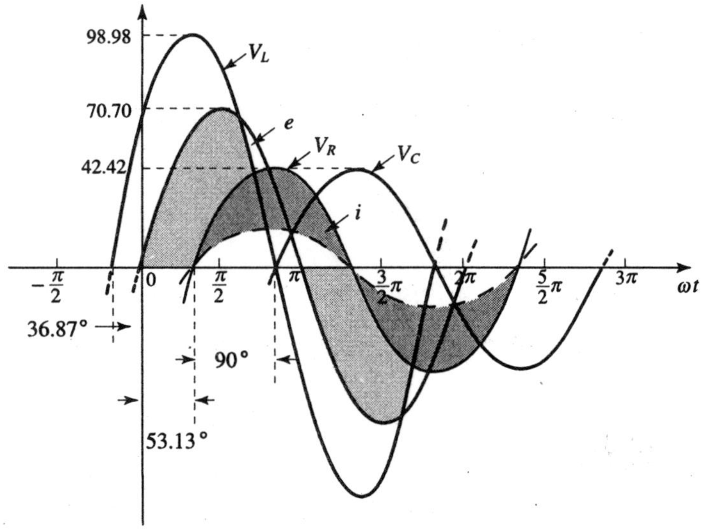

▌그림 5.20▌

(7) **전력**(Power)

회로에 인가된 총전력을 와트로 나타내면

$$P_T=EI\cos\theta_T=(50V)(10A)\cos 53.13^\circ=(500)(0.6)=300\,(W)$$

또는

$$\begin{aligned}P_T &= P_R+P_L+P_C\\ &= V_R I\cos\theta_R+V_L I\cos\theta_L+V_C I\cos\theta_C\\ &= (30V)(10A)\cos 0^\circ+(70V)(10A)\cos 90^\circ+(30V)(10A)\cos 90^\circ\\ &= (30V)(10A)+0+0=300\,(W)\end{aligned}$$

(8) **역률**(Power factor)

회로의 역률은 다음과 같다.

$$F_P=\cos\theta=\cos 53.13^\circ=0.6 \text{ lagging}$$

식 (15.8)에서 다음과 같은 결과를 얻는다.

$$F_P = \cos\theta = \frac{R}{Z_T} = \frac{3\Omega}{5\Omega} = 0.6 \text{ lagging}$$

(9) **전압분배법칙**(Voltage Divider Rule)

교류에서의 전압분배법칙의 기본적인 형태는 직류에서와 같다.

$$V_x = \frac{Z_x E}{Z_T}$$

여기서 V_x는 총 임피던스 Z_x를 갖는 직렬로 배열한 요소들에 인가된 전압이다. E는 직렬회로 양단에 걸리는 전압이고, Z_T은 직렬회로의 총 임피던스이다.

예제 5.3

전압분배법칙을 사용하여, 그림 5.21에 나타난 각 소자들에 인가되는 전압을 각각 구하여라.

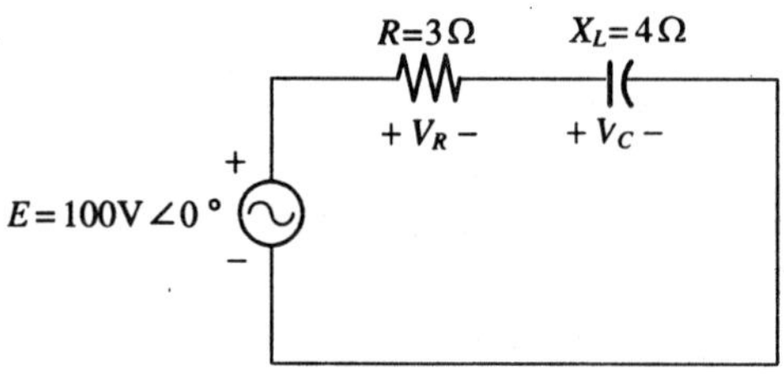

그림 5.21

풀이

$$V_C = \frac{X_C E}{X_C + R} = \frac{(4\Omega\angle-90^\circ)(100\,V\angle0^\circ)}{4\Omega\angle90^\circ + 3\Omega\angle0^\circ} = \frac{400\angle-90^\circ}{3-j4}$$

$$= \frac{400\angle-90^\circ}{5\angle-53.13^\circ} = 80\angle-36.87^\circ\ (\mathrm{V})$$

$$V_R = \frac{RE}{X_C + R} = \frac{(3\Omega\angle0^\circ)(100\,V\angle0^\circ)}{5\Omega\angle-53.13^\circ} = \frac{300\angle0^\circ}{5\angle-53.13^\circ}$$

$$= 60\angle53.13^\circ\ (\mathrm{V})$$

예제 5.4

예제 5.4 전압분배법칙에 따라 그림 5.22의 V_R, V_L, V_C와 V_1을 구하여라.

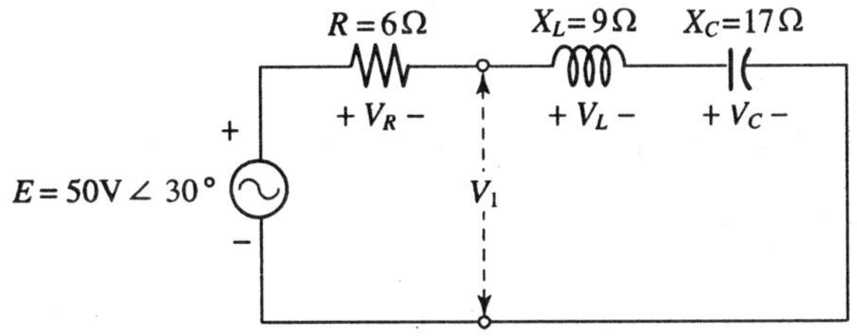

▌그림 5.22▌

풀이

$$V_R=\frac{RE}{R+X_L+X_C}=\frac{(6\Omega\angle 0^\circ)(50\,\text{V}\angle 30^\circ)}{6\Omega\angle 0^\circ+9\Omega\angle 90^\circ+17\Omega\angle -90^\circ}$$

$$=\frac{300\angle 30^\circ}{6+j9-j17}=\frac{300\angle 30^\circ}{6-j8}$$

$$=\frac{300\angle 30^\circ}{10\angle -53.13^\circ}=30\angle 83.13^\circ\ (\text{V})$$

$$V_L=\frac{X_LE}{Z_T}=\frac{(9\Omega\angle 90^\circ)(50\,\text{V}\angle 30^\circ)}{10\Omega\angle -53.13^\circ}=\frac{450\angle 120^\circ}{10\angle -53.13^\circ}$$

$$=45\angle 173.13^\circ\ (\text{V})$$

$$V_C=\frac{X_CE}{Z_T}=\frac{(17\Omega\angle -90^\circ)(50\,\text{V}\angle 30^\circ)}{10\Omega\angle -53^\circ}=\frac{850\angle -60^\circ}{10\angle -53^\circ}=85\angle -7^\circ\ (\text{V})$$

$$V_1=\frac{(X_L+X_C)E}{Z_T}=\frac{(9\Omega\angle 90^\circ+17\Omega\angle -90^\circ)(50\,\text{V}\angle 30^\circ)}{10\Omega\angle -53.13^\circ}$$

$$=\frac{(8\angle -90^\circ)(50\angle 30^\circ)}{10\angle -53.13^\circ}$$

$$=\frac{400\angle -60^\circ}{10\angle -53.13^\circ}=40\angle -6.87^\circ\ (\text{V})$$

5.2 병렬회로

병렬교류회로에 대한 해석은 직류회로와 유사하다. 직류회로에서 컨덕턴스(Conductance : G)는 $1/R$로 정의된다. 병렬회로의 총 컨덕턴스는 각 가지의 컨덕턴스의 합으로 구할 수 있다. 총저항 R_T는 간단히 $1/G_T$로 정의된다. 교류회로에서는 어드미턴스(Y)를 $1/Z$로 정의하였다. 어드미턴스의 단위는 SI 단위계로 지멘스(siemens)이며 S로 나타낸다.

어드미턴스는 교류회로에서 얼마나 전류가 잘 흐르게 할 수 있는가를 규정하는 양이다. 그러므로 어드미턴스가 클수록 같은 인가전압에서 더 큰 전류의 흐름이 발생한다. 회로에서의 총 어드미턴스는 병렬 어드미턴스의 합으로 알 수 있다. 회로의 총 임피던스 Z_T는 $1/Y_T$이다. 말하자면 그림 5.23의 회로에서

$$Y_T = Y_1 + Y_2 + Y_3 + \cdots + Y_N \tag{5.4}$$

혹은 $Z = 1/Y$이므로

$$\frac{1}{Z_T} = \frac{1}{Z_1} + \frac{1}{Z_2} + \frac{1}{Z_3} + \cdots + \frac{1}{Z_N} \tag{5.5}$$

두 임피던스가 병렬로 이루어져 있으므로,

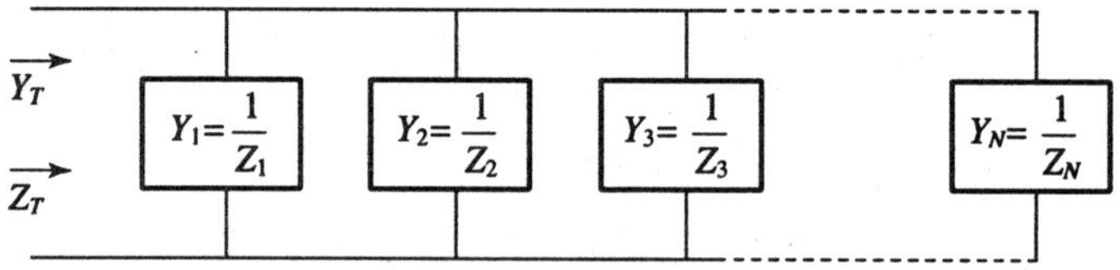

그림 5.23

$$\frac{1}{Z_T} = \frac{1}{Z_1} + \frac{1}{Z_2}$$

두 개의 병렬저항의 총저항을 구하는 데 사용되었던 방법을 적용해 보면 다음과 같이 된다.

$$Z_T = \frac{Z_1 Z_2}{Z_1 + Z_2} \tag{5.6}$$

이 절의 서론에서 말하였듯이 컨덕턴스는 저항의 역수이다. 그리고

$$Y = \frac{1}{R} = \frac{1}{R\angle 0°} = G\angle 0°$$

그러므로

$$G = G\angle 0°$$

리액턴스의 역수($1/X$)를 서셉턴스라고 부르며, 소자가 얼마나 전류를 잘 통과시키는지를 나타낸다. 서셉턴스 역시 지멘스 단위를 사용하며, 대문자 B로 나타낸다.

코일의 경우에는 다음과 같이 나타낸다.

$$Y = \frac{1}{X_L} = \frac{1}{X_L\angle 90^\circ} = \frac{1}{\omega L\angle 90^\circ} = \frac{1}{\omega L}\angle -90^\circ$$

정의하면,

$$B_L = \frac{1}{X_L} \quad \text{(siemens, } S\text{)}$$

다음과 같이 된다.

$$B_L = B_L\angle -90^\circ$$

인덕턴스의 경우 주파수나 인덕턴스의 크기가 증가하면 서셉턴스나 어드미턴스는 감소한다.

콘덴서의 경우,

$$Y = \frac{1}{X_C} = \frac{1}{X_C\angle -90^\circ} = \frac{1}{1/\omega C\angle -90^\circ} = \omega C\angle 90^\circ$$

정의하면

$$B_C = \frac{1}{X_C} \quad \text{(S)}$$

다음과 같이 된다.

$$B_C = B_C\angle 90^\circ$$

그러므로 콘덴서의 경우에 주파수나 커패시턴스가 증가하면, 서셉턴스가 증가하게 된다.

요약하면, 병렬회로에 있어서

| 요 약 |

저 항 $\quad Y = \frac{1}{R} = G = G\angle 0^\circ = G + j0$

인덕턴스 $\quad Y = \dfrac{1}{X_L} = B_L \angle -90^\circ = 0 - jB_L$

커패시턴스 $\quad Y = \dfrac{1}{X_C} = B_C \angle 90^\circ = 0 + jB_C$

교류병렬회로에서 어드미턴스 도는 그림 5.24와 같이 세 가지의 어드미턴스를 나타낼 때 쓰인다.

그림 5.24에서 컨덕턴스(저항과 같이)는 양의 실측에 위치한다. 반면에 코일과 콘덴서의 서셉턴스는 허수축에 반대방향으로 나타나 있다.

어떠한 배열(직렬, 병렬, 직병렬, 기타)에서도 총어드미턴스의 위상각은 인가전압을 기준으로 한 전류원의 위상각으로 나타낸다. 유도성회로에서는 역율각 θ_T가 지상각이고 용량성회로에서는 θ_T가 진상각이다.

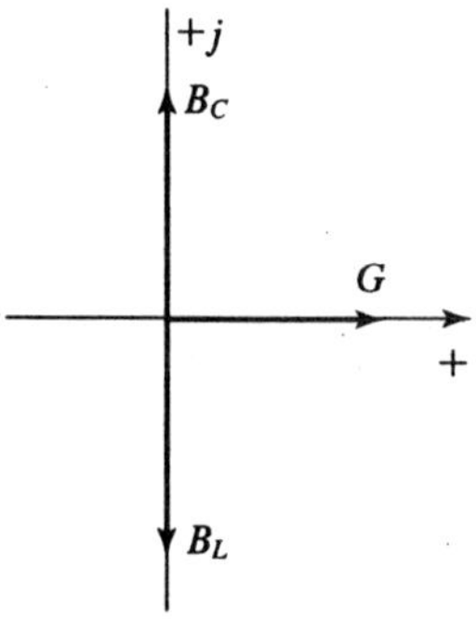

그림 5.24

예제 5.5

그림 5.25의 회로망에서

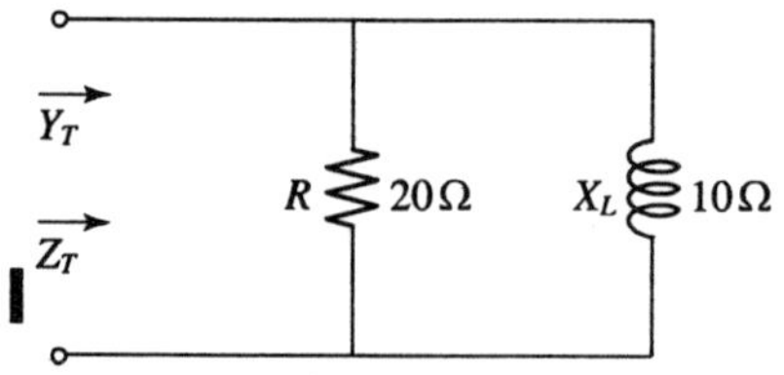

그림 5.25

a. 각 병렬가지에서의 어드미턴스를 구하여라.

b. 입력 어드미턴스를 구하여라.

c. 입력 임피던스를 구하여라.

d. 어드미턴스 도를 그려라.

풀이

a. $Y_1 = G = G\angle 0° = \dfrac{1}{R}\angle 0° = \dfrac{1}{20}\angle 0°\,(\mathrm{S})$

$= 0.05S\angle 0° = 0.05S + j0$

$Y_2 = B_L = B_L\angle -90° = \dfrac{1}{X_L}\angle -90° = \dfrac{1}{10}\angle -90°\,(\mathrm{S})$

$= 0.1S\angle -90° = 0 - j0.1(\mathrm{S})$

b. $Y_T = Y_1 + Y_2 = (0.05 + j0) + (0 - j0.1)$

$= 0.05 - j0.1 = G - jB_L(\mathrm{S})$

c. $Z_T = \dfrac{1}{Y_T} = \dfrac{1}{0.05 - j0.1} = \dfrac{1}{0.112\angle -63.43°}$

$= 8.93\angle 63.43°\,(\Omega)$

혹은 식 (15.17)처럼

$$Z_T = \frac{Z_1 Z_2}{Z_1 + Z_2} = \frac{(20\angle 0°)(10\angle 90°)}{20 + j10}$$

$$= \frac{200\angle 90°}{22.36\angle 26.57°} = 8.93\angle 63.43°\,(\Omega)$$

d. 어드미턴스 도를 그림 5.26에 나타내었다.

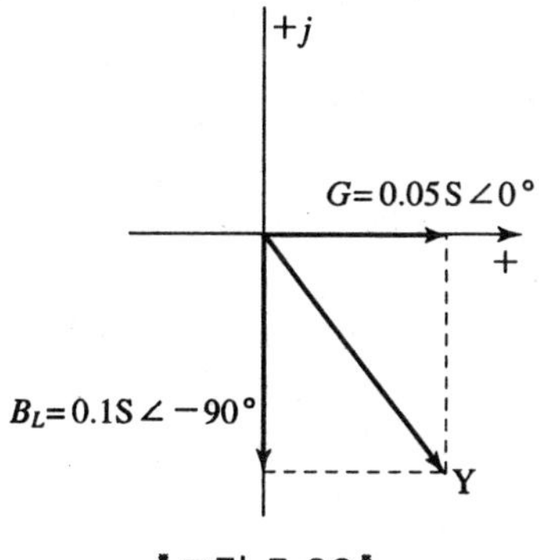

그림 5.26

예제 5.6

예제 5.5를 그림 5.27에 나타난 회로에 대해 반복하여라.

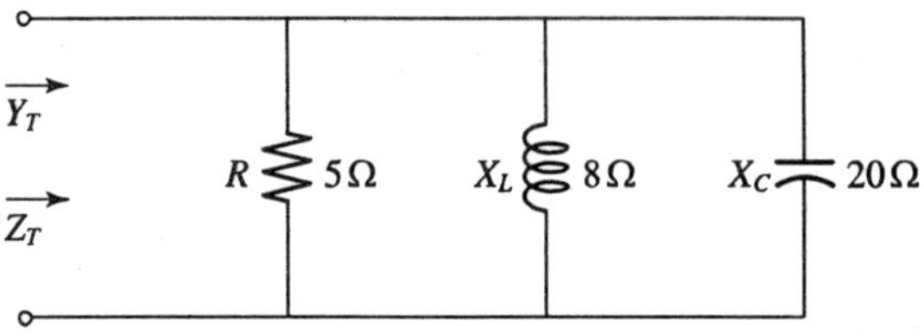

|그림 5.27|

풀이

a. $Y_1 = G = G\angle 0° = \dfrac{1}{R}\angle 0° = \dfrac{1}{5\Omega}\angle 0°$

$= 0.2\angle 0° = 0.2 + j0(\mathrm{S})$

$Y_2 = B_L = B_L\angle -90° = \dfrac{1}{X_L}\angle -90° = \dfrac{1}{8}\angle -90°$

$= 0.125\angle -90° = 0 - j0.125(\mathrm{S})$

$Y_3 = B_c = B_c\angle 90° = \dfrac{1}{X_c}\angle 90° = \dfrac{1}{20}\angle 90°$

$= 0.050\angle +90° = 0 + j0.050(\mathrm{S})$

b. $Y_T = Y_1 + Y_2 + Y_3$

$= (0.2 + j0) + (0 - j\,0.125) + (0 + j\,0.050)$

$= 0.2 - j0.075 = 0.2136\angle -20.56°(\mathrm{S})$

c. $Z_T = \dfrac{1}{0.2136\angle -20.56°} = 4.68\angle 20.56°(\Omega)$

또는

$$Z_T = \frac{Z_1 Z_2 Z_3}{Z_1 Z_2 + Z_2 Z_3 + Z_1 Z_3}$$

$$= \frac{(5\Omega\angle 0°)(8\angle 90°)(20\angle -90°)}{(5\angle 0°)(8\angle 90°) + (8\angle 90°)(20\angle -90°) + (5\angle 0°)(20\angle -90°)}$$

$$= \frac{800\angle 0°}{40\angle 90° + 160\angle 0° + 100\angle -90°}$$

$$= \frac{800}{160 + j40 - j100} = \frac{800}{160 - j60}$$

$$= \frac{800}{170.88\angle -20.56°}$$

$$= 4.68\angle 20.56°(\Omega)$$

d. 어드미턴스 도를 그림 5.28에 나타내었다.

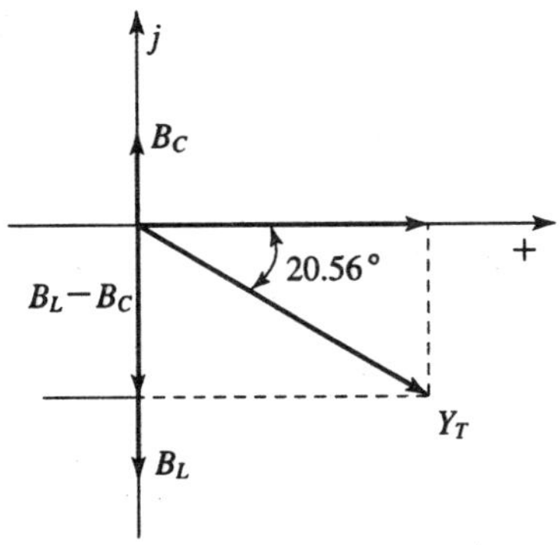

▌그림 5.28▌

5.2.1 $R-L$ 병렬회로(그림 5.29)

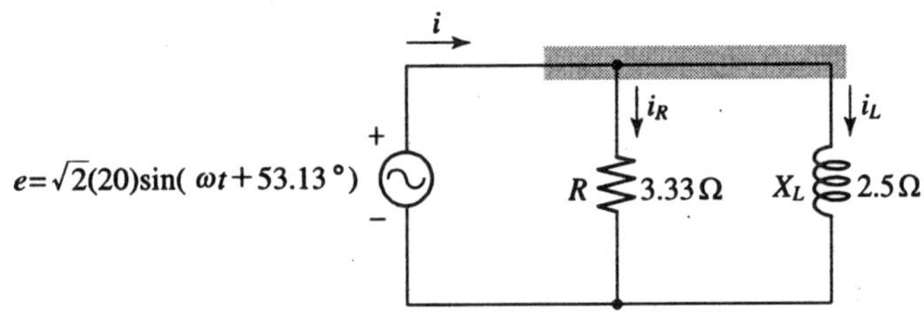

▌그림 5.29▌

(1) **페이저 표시**(Phasor notation)

그림 5.30에 나타난 것과 같이

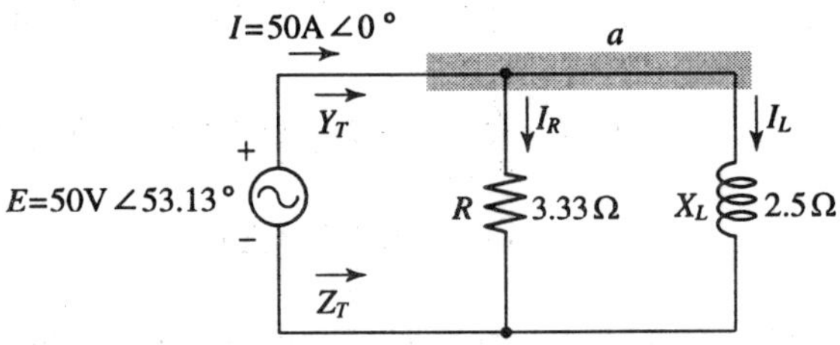

▌그림 5.30▌

(2) Y_T, Z_T :

$$Y_T = Y_1 + Y_2 = G + B_L = \frac{1}{3.33}\angle 0° + \frac{1}{2.5\angle -90°}$$

$$= 0.3\angle 0° + 0.4\angle -90° = 0.3 - j0.4$$

$$= 0.5S\angle -53.13°(S)$$

$$Z_T = \frac{1}{Y_T} = \frac{1}{0.5\angle -53.13°} = 2\angle 53.13°(\Omega)$$

(3) **어드미턴스 도**(Admittance diagram)

그림 5.31과 같다.

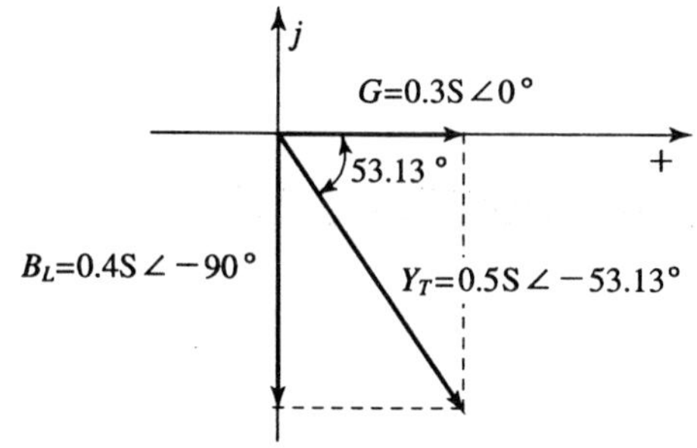

|그림 5.31|

(4) I :

$$I = \frac{E}{Z_T} = EY_T = (20V\angle 53.13°)(0.5S\angle -53.13°) = 10\angle 0°\ (A)$$

(5) I_R, I_L :

$$I_R = \frac{E}{R} = EG = (20V\angle 53.13°)(0.3S\angle 0°) = 6\angle 53.13°\ (A)$$

$$I_L = \frac{E}{X_L} = EB_L = (20V\angle 53.13°)(0.4S\angle -90°)$$

$$= 8\angle -36.87°\ (A)$$

키르히호프의 전류법칙(Kirchhoff's current law) 마디 a 에서

$$I - I_R - I_L = 0$$

혹은

$$I = I_R + I_L$$

$$10\angle 0° = 6\angle 53.13° + 8\angle -36.87°$$

$$10\angle 0^\circ = (3.60 + j4.80) + (6.40 - j4.80) = 10 + j0$$

(6) **페이저 도**(Phasor diagram)

그림 5.32의 페이저 도는 인가전압 E가 전류 I_R과 동상을 이루고 I_L 보다는 90° 앞선다는 것을 보여주고 있다.

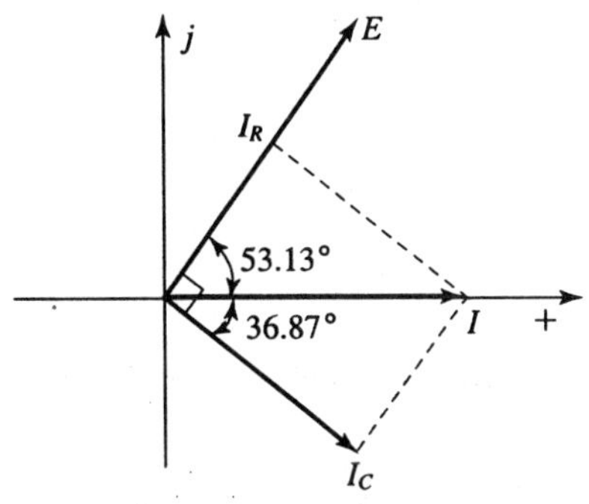

그림 5.32

(7) **전력**(Power)

회로에 인가된 총전력을 와트(Watts) 단위로 나타내면

$$\begin{aligned} P_T &= EI\cos\theta_T \\ &= (20\,\text{V})(10\,\text{A})\cos 53.13^\circ = (200\,\text{W})(0.6) \\ &= 120\ (\text{W}) \end{aligned}$$

혹은

$$P_T = I^2R = \frac{V_R^2}{R} = V_R^2G = (20\,\text{V})^2(0.3\text{S}) = 120\ (\text{W})$$

혹은, 결국 다음과 같이 구할 수도 있다.

$$\begin{aligned} P_T &= P_R + P_L = EI_R\cos\theta_R + EI_L\cos\theta_L \\ &= (20\,\text{V})(6\text{A})\cos 0^\circ + (20\,\text{V})(8\text{A})\cos 90^\circ = 120\text{W} + 0 \\ &= 120\ (\text{W}) \end{aligned}$$

(8) **역률**(Power factor)

회로의 역률은 다음과 같다.

$$F_p = \cos\theta_T = \cos 53.13° = 0.6 \text{ (lagging)}$$

혹은 직렬교류회로에 적용되었던 방법과 유사한 방법으로

$$\cos\theta_T = \frac{P}{EI} = \frac{E^2/R}{EI} = \frac{EG}{I} = \frac{G}{I/V} = \frac{G}{Y_T}$$

그리고

$$F_p = \cos\theta_T = \frac{G}{Y_T}$$

(9) **임피던스 고찰**(Impedance approach)

입력전류 I는 다음 방법으로 처음에 구한 총임피던스에 의해 정의할 수 있다.

$$Z_T = \frac{Z_1 Z_2}{Z_1 + Z_2} = \frac{(3.33\angle 0°)(2.5\angle 90°)}{3.33\angle 0° + 2.5\angle 90°}$$

$$= \frac{8.325\angle 90°}{4.164\angle 36.87°} = 2\angle 53.13°(\Omega)$$

그리고, 옴의 법칙을 적용하면 다음을 얻을 수 있다.

$$I = \frac{E}{Z_r} = \frac{20\text{V}\angle 53.13°}{2\Omega\angle 53.13°} = 10\angle 0° \text{ (A)}$$

5.2.2 $R-C$ 병렬회로(그림 5.33)

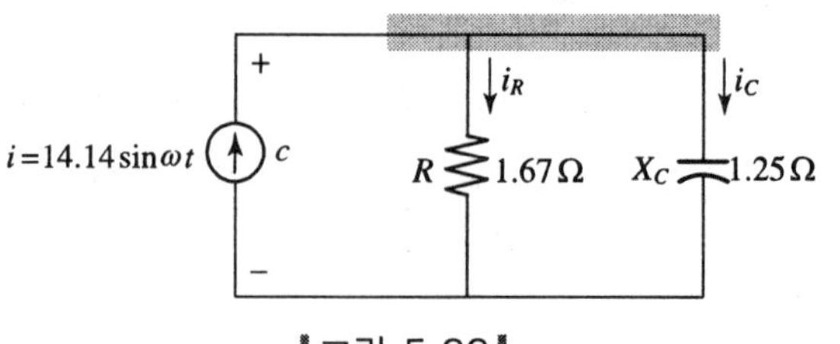

▌그림 5.33▌

(1) **페이저 표시**(Phasor notation)

그림 5.34에 나타낸 바와 같다.

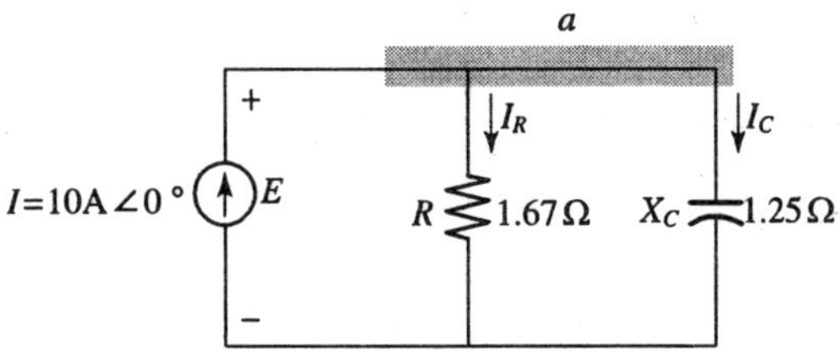

▌그림 5.34▌

(2) Y_T, Z_T :

$$Y_T = Y_1 + Y_2 = G + B_C = \frac{1}{1.67}\angle 0° + \frac{1}{1.25}\angle 90°$$

$$= 0.6\angle 0° + 0.8\angle 90° = 0.6 + j0.8 = 1.0\angle 53.13°\,(\text{S})$$

$$Z_T = \frac{1}{Y_T} = \frac{1}{1.0\angle 53.13°} = 1\angle -53.13°\,(\Omega)$$

(3) **어드미턴스 도**(Admittance diagram)

그림 5.35와 같다.

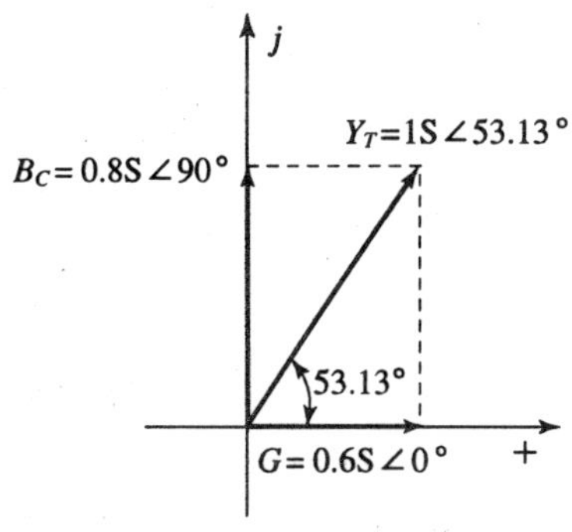

▌그림 5.35▌

(4) E :

$$E = IZ_T = \frac{I}{Y_T} = \frac{10\angle 0°}{1\angle 53.13°} = 10\angle -53.13°\ (\text{V})$$

(5) I_R, I_C :

$$I_R = EG = (10\angle -53.13^\circ)(0.6\angle 0^\circ) = 6\angle -53.13^\circ \text{ (A)}$$

$$I_R = EB_C = (10\text{V}\angle -53.13^\circ)(0.8\angle 90^\circ) = 8\angle -36.87^\circ \text{ (A)}$$

키르히호프의 전류법칙(Kirchhoff's current law)

마디 a 에서

$$I - I_R - I_C = 0$$

혹은

$$I = I_R + I_C$$

(6) **페이저 도**(Phasor diagram)

그림 5.36의 페이저 도는 인가전압 E 가 전류 I_R 과 동상을 이루고 I_c 보다 90° 뒤진다는 것을 보여주고 있다.

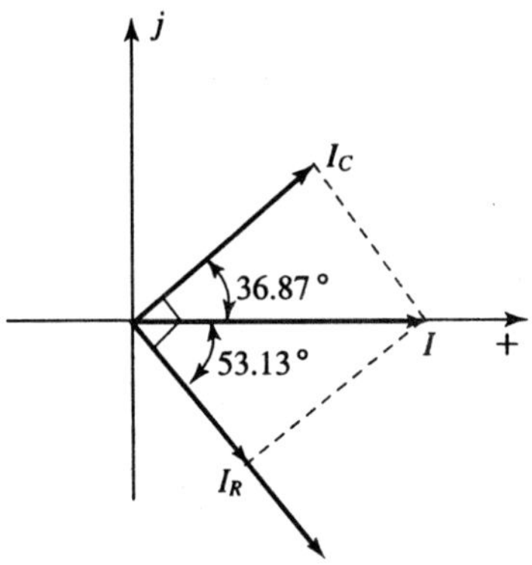

▌그림 5.36▌

(7) **시간 영역**(Time domain)

$$e = \sqrt{2}(10)\sin(\omega t - 53.13^\circ) = 14.14\sin(\omega t - 53.13^\circ)$$

$$i_R = \sqrt{2}(6)\sin(\omega t - 53.13^\circ) = 8.48\sin(\omega t - 53.13^\circ)$$

$$i_C = \sqrt{2}(8)\sin(\omega t - 36.87^\circ) = 11.31\sin(\omega t + 36.87^\circ)$$

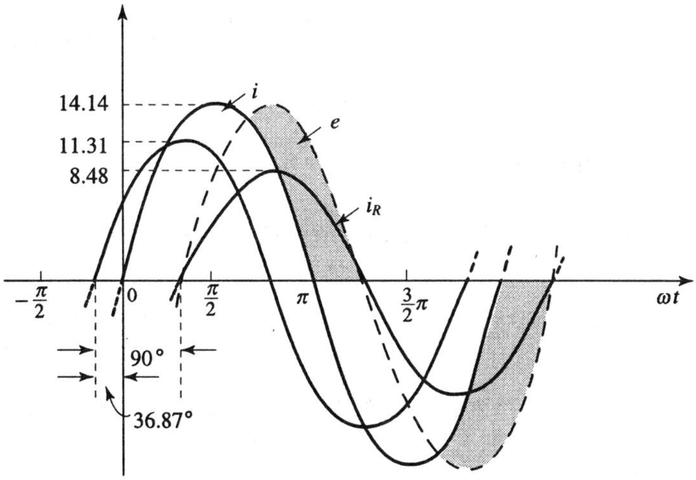

▌그림 5.37▌

그림 5.37에 전영역에서의 전압과 전류의 곡선이 나타나 있다. e와 i_R은 동상이고, e는 i_c보다 90° 뒤진다.

(8) **전력**(Power)

$$P_T = EI\cos\theta = (10\,\text{V})(10\,\text{A})\cos 53.13^\circ = (10)^2(0.6) = 60\,(\text{W})$$

혹은

$$P_T = E^2G = (10\,\text{V})^2(0.6\text{S}) = 60\,(\text{W})$$

혹은, 결국 다음과 같이 구할 수도 있다.

$$P_T = P_R + P_C = EI_R\cos\theta_R + EI_C\cos\theta_C = (10\,\text{V})(6\text{A})\cos 0^\circ + (10\,\text{V})(8\text{A})\cos 90^\circ = 60\,(\text{W})$$

(9) **역률**(Power factor)

회로의 역률은

$$F_P = \cos 53.13^\circ = 0.6 \ (\text{leading})$$

식 (5.7)을 이용하여

$$F_p = \cos\theta_T = \frac{G}{Y_T} = \frac{0.6}{1.0} = 0.6 \text{ (leading)}$$

(10) **임피던스 고찰**(Impedance approach)

전압 E는 총임피던스를 구함으로써 다음과 같이 나타낼 수 있다.

$$Z_T = \frac{Z_1 Z_2}{Z_1 + Z_2} = \frac{(1.67\angle 0°)(1.25\angle -90°)}{1.67\angle 0° + 1.25\angle -90°}$$

$$= \frac{2.09\angle -90°}{2.09\angle -36.81°} = 1\angle -53.19°\,(\Omega)$$

그리고, 옴의 법칙을 적용하면 다음과 같이 된다.

$$E = IZ_T = (10\text{ A}\angle 0°)(1\Omega\angle -53.19°) = 10\angle -53.19°\text{ (V)}$$

5.2.3 *R*-*L*-*C* 병렬회로(그림 5.38)

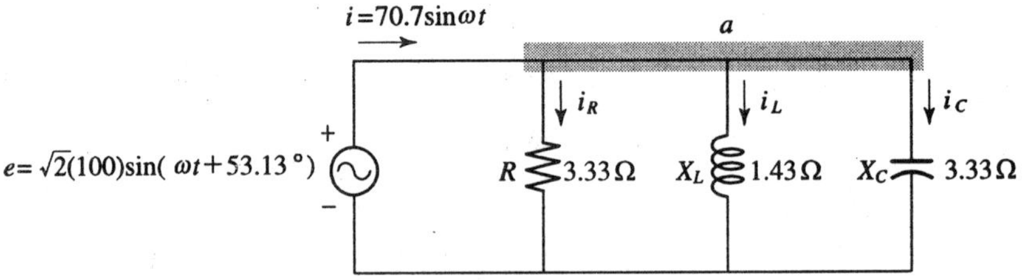

▌그림 5.38▌

(1) **페이저 표시**(Phasor notation)

그림 5.39에 나타낸 바와 같다.

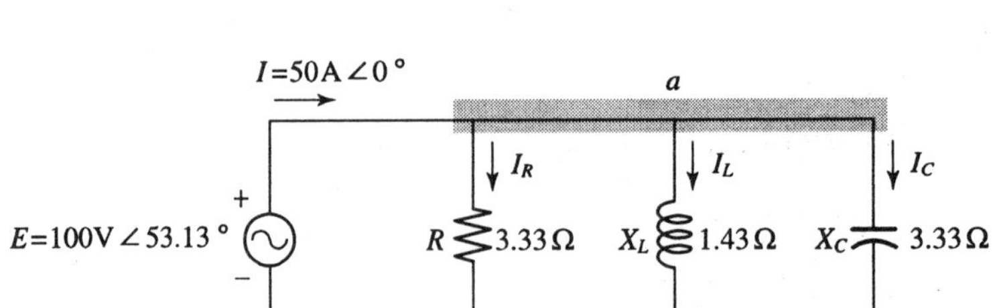

▌그림 5.39▌

(2) Y_T, Z_T :

$$\begin{aligned} Y_T &= Y_1 + Y_2 + Y_3 = G + B_L + B_C \\ &= \frac{1}{3.33}\angle 0° + \frac{1}{1.43}\angle -90° + \frac{1}{3.33}\angle 90° \\ &= 0.3\angle 0° + 0.7\angle -90° + 0.3\angle 90° \\ &= 0.3 - j0.7 + j0.3 \\ &= 0.3 - j0.4 = 0.5\angle -53.13° (\text{S}) \end{aligned}$$

$$Z_T = \frac{1}{Y_T} = \frac{1}{0.5\angle -53.13°} = 2\angle 53.13° (\Omega)$$

(3) **어드미턴스 도**(Admittance diagram)

그림 5.40과 같다.

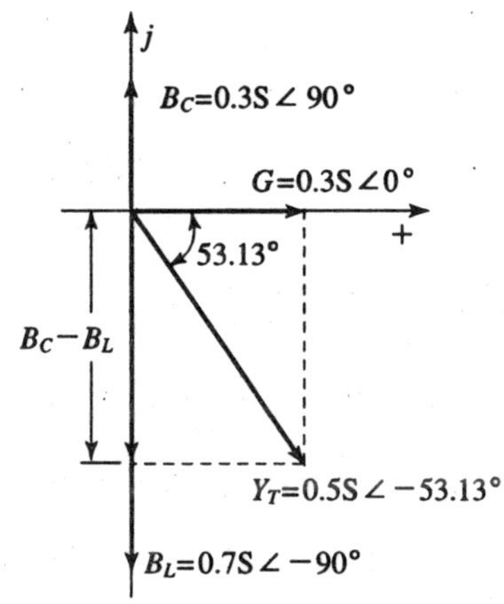

|그림 5.40|

(4) I :

$$I = \frac{E}{Z_T} = EY_T = (100\text{V}\angle 53.13°)(0.5\text{S}\angle -53.13°) = 50\angle 0° \text{ (A)}$$

(5) I_R, I_L, I_C :

$$I_R = EG = (100\text{V}\angle 53.13°)(0.3\text{S}\angle 0°) = 30\angle 53.13° \text{ (A)}$$

$$I_R = EB_L = (100\text{V}\angle 53.13°)(0.7\text{S}\angle -90°) = 70\angle -36.87° \text{ (A)}$$

$$I_C = EB_C = (100\text{V}\angle 53.13°)(0.3\text{S}\angle +90°) = 30\angle 143.13°\ (\text{A})$$

(6) **페이저 도**(Phasor diagram)

그림 5.41의 페이저 도는 인가전압 E가 전류 I_B과 동상을 이루고 I_L 보다는 90°만큼 앞서고 I_C 보다는 90°만큼 앞서고 I_C 보다는 90°만큼 뒤진다는 것을 보여주고 있다.

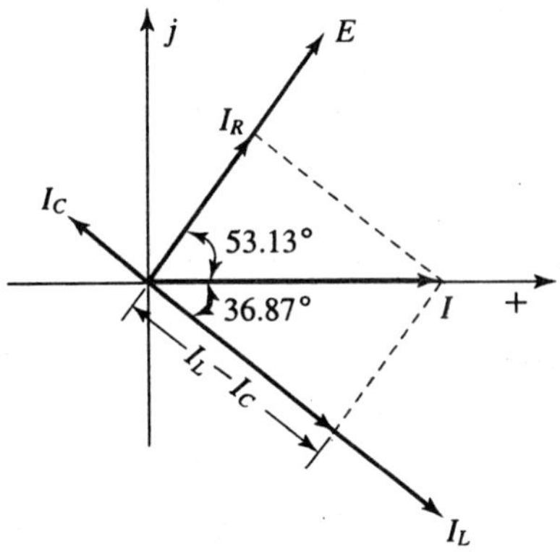

┃그림 5.41┃

(7) **시간 영역**(Time domain)

$$i = \sqrt{2}(50)\sin\omega t = 70.70\sin\omega t$$

$$i_R = \sqrt{2}(30)\sin(\omega t + 53.13°) = 42.42\sin(\omega t + 53.13°)$$

$$i_L = \sqrt{2}(70)\sin(\omega t - 36.87°) = 98.98\sin(\omega t - 36.87°)$$

$$i_C = \sqrt{2}(30)\sin(\omega t + 143.13°) = 42.42\sin(\omega t + 143.13°)$$

그림 5.42에 전영역에서의 전압과 전류의 곡선이 나타나 있다.

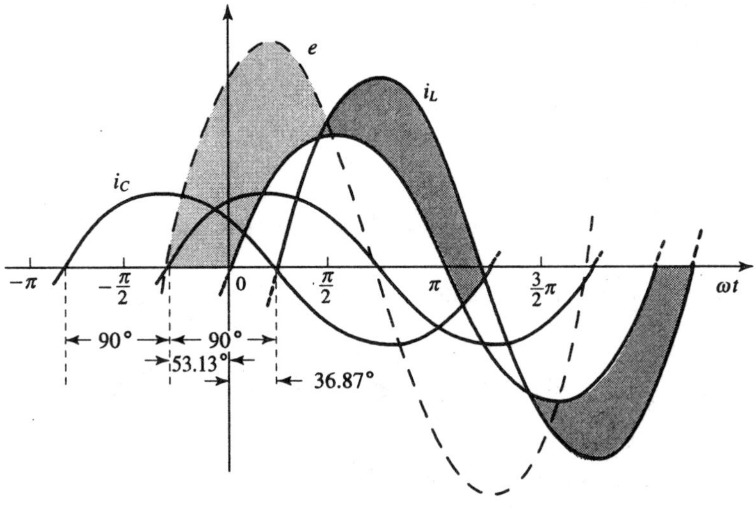

|그림 5.42|

(8) **전력**(Power)

회로망에 공급된 전력을 와트단위로 나타내면 다음과 같다.

$$P_T = EI\cos\theta = (100\,\text{V})(50\,\text{A})\cos 53.13° = (5000)(0.6)$$
$$= 3,000\,(\text{W})$$

혹은

$$P_T = E^2G = (100\,\text{V})^2(0.3\text{S}) = 3,000\,(\text{W})$$

혹은, 결국 다음과 같이 구할 수도 있다.

$$\begin{aligned} P_T &= P_R + P_L + P_C \\ &= EI_R\cos\theta_R + EI_L\cos\theta_L + EI_C\cos\theta_C \\ &= (100\,\text{V})(30\,\text{A})\cos 0° + (100\,\text{V})(70\,\text{A})\cos 90° \\ &\quad + (100\,\text{V})(30\text{A})\cos 90° \\ &= 3,000\,\text{W} + 0 + 0 \\ &= 3,000\,(\text{W}) \end{aligned}$$

(9) **역률**(Power factor)

$$F_P = \cos\theta_T = \cos 53.13° = 0.6 \text{ lagging}$$

식 (5.7)을 이용하면

$$F_P = \cos\theta_T = \frac{G}{Y_T} = \frac{0.3}{0.5} = 0.6 \text{ lagging}$$

(10) **임피던스 고찰**(Impedance approach)

입력전류 I는 총임피던스를 구함으로써 다음과 같이 나타낼 수 있다.

$$Z_T = \frac{Z_1 Z_2 Z_3}{Z_1 Z_2 + Z_2 Z_3 + Z_1 Z_3} = 2\Omega \angle 53.13^\circ$$

그리고, 옴의 법칙을 적용하면

$$I = \frac{E}{Z_T} = \frac{100\text{V} \angle 53.13^\circ}{2\Omega \angle 53.13^\circ} = 50 \angle 0^\circ \text{ (A)}$$

(11) **전류분배법칙**(Current Divider Rule)

교류회로의 전류분배법칙의 형태는 직류회로와 같다. 말하자면 그림 5.43에서 보듯이 임피던스가 Z_1과 Z_2인 두 병렬가지의 경우, 다음과 같이 된다.

$$I_1 = \frac{Z_2 I_T}{Z_1 + Z_2} \quad \text{또는} \quad I_2 = \frac{Z_1 I_T}{Z_1 + Z_2}$$

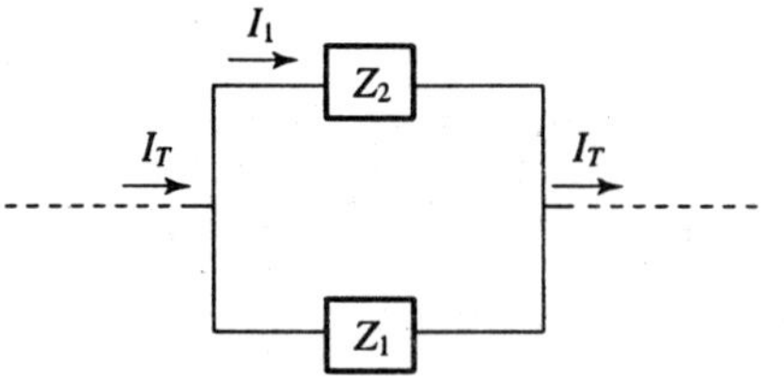

그림 5.43

예제 5.7

전류분배법칙을 이용하여, 그림 5.44의 각 임피던스에 흐르는 전류를 구하여라.

풀이

$$I_R = \frac{X_L I_T}{R + X_L} = \frac{(4\angle 90^\circ)(20\angle 0^\circ)}{3\angle 0^\circ + 4\angle 90^\circ} = \frac{80\angle 90^\circ}{5\angle 53.13^\circ}$$

$$= 16\angle 36.87° \text{ (A)}$$

$$I_L = \frac{RI_T}{R+X_L} = \frac{(3\angle 0°)(20\angle 0°)}{5\angle 53.13°} = \frac{60\angle 0°}{5\angle 53.13°}$$

$$= 12\angle -53.13° \text{ (A)}$$

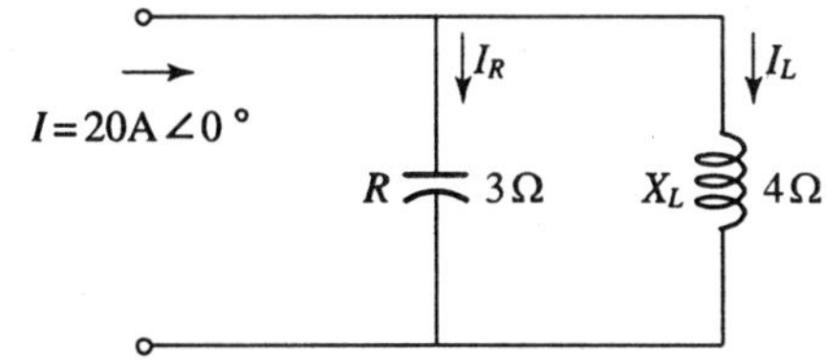

|그림 5.44|

예제 5.8

전류분배법칙을 이용하여, 5.45의 각 병렬가지를 흐르는 전류를 구하여라.

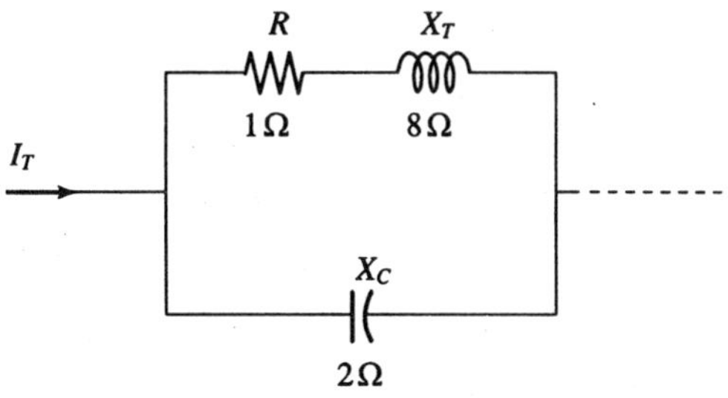

|그림 5.45|

풀이

$$I_{R-L} = \frac{X_L I_T}{X_C + Z_{R-L}} = \frac{(2\angle -90°)(5\angle 30°)}{-j2+1+j8} = \frac{10\angle -60°}{1+j6}$$

$$= \frac{10\angle -60°}{6.083\angle 80.54°} \cong 1.644\angle -140.54° \text{ (A)}$$

$$I_C = \frac{Z_{R-L} I_T}{Z_{R-L} + X_C} = \frac{(1+j8)(5\angle 30°)}{6.08\angle 80.54°}$$

$$= \frac{(8.06\angle 82.87°)(5\angle 30°)}{6.08\angle 80.54°} = \frac{40.30\angle 112.87°}{6.083\angle 80.54°}$$

$$= 6.625\angle 32.33° \text{ (A)}$$

5.2.4 등가회로(Equivalent Circuits)

둘 이상의 소자가 직렬로 연결되었을 때, 총임피던스는 그 소자들의 수보다 적은 수의 서로 다른 값을 갖는 소자로 나타내거나 주파수가 정해진 일정한 값으로 나타낼 수 있다. 이것은 그림 5.46에서와 같이 병렬회로에서도 성립한다.

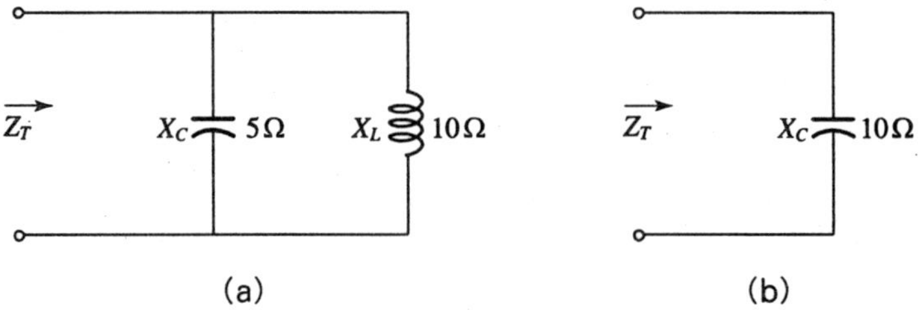

|그림 5.46|

$$Z_T = \frac{X_C X_L}{X_C + X_L} = \frac{(5\angle -90^\circ)(10\angle 90^\circ)}{5\angle -90^\circ + 10\angle 90^\circ} = \frac{50\angle 0^\circ}{5\angle 90^\circ}$$

$$= 10\angle -90^\circ\,(\Omega)$$

주파수가 정해져 있을 때, 총임피던스 값은 그림 5.46(b)에서와 같이 10Ω의 리액턴스를 갖는 콘덴서로 나타낼 수 있다. 이러한 등가회로는 그 회로의 주파수가 정해져 있을 때만 가능하다. 주파수가 변화할 때는 각 소자의 리액턴스 값도 변화하여 전체 등가회로도 변할 것이다.

그림 5.47(a)의 직사각형안에 있는 병렬회로의 임피던스를 나타내보자. 이 경우에,

$$Z_T = \frac{X_L R}{X_L + R} = \frac{(4\angle 90^\circ)(3\angle 0^\circ)}{4\angle 90^\circ + 3\angle 0^\circ}$$

$$= \frac{12\angle 90^\circ}{5\angle 53.13^\circ} = 2.40\angle 36.87^\circ$$

$$= 1.920 + j1.440\,(\Omega)$$

이 회로의 임피던스는 그림 5.47(b)에 나타난 것과 같이 직렬로 이루어진 1.92Ω의 저항과 1.44Ω의 유도성 리액턴스로 변한다.

같은 입력전압 E에서는 그림 5.46과 그림 5.47에서 똑같은 전류 I를 흘리게 된다. 하나의 저항과 하나의 리액티브 소자로 이루어진 병렬회로는 하나의 저항

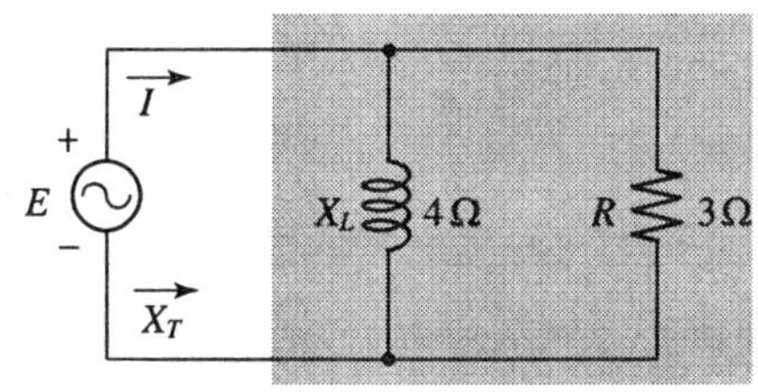

(a)

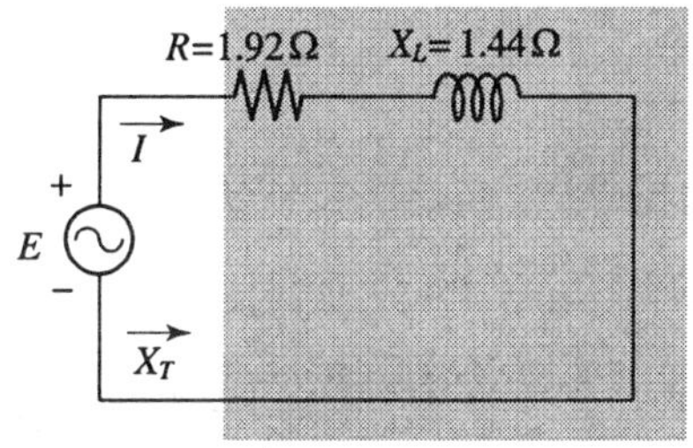

(b)

┃그림 5.47┃

과 하나의 리액티브 소자로 이루어진 직렬회로와 같은 입력 임피던스를 가지게 된다.

두 회로에서 각 소자의 임피던스는 각각 다르다. 그러나 리액티브 소자의 형태는 같게 된다. 이 말은 $R-L$, $R-C$ 병렬회로는 $R-L$, $R-C$ 직렬회로로 바뀔 수 있다는 것이다.

직렬회로를 병렬회로로 전환하는 것도 마찬가지이다. 그림 5.47의 두 등가회로에 같은 전압이 인가되는 경우에는 항상 같은 임피던스와 같은 입력전류가 얻어진다.

직렬회로와 병렬회로 간에 등가를 이루기 위해서는 저항과 리액턴스가 병렬을 이루고 있을 때, 그림의 사각형안에 있는 병렬회로와 같은 임피던스를 갖는 직렬회로를 구성하면 된다.

그림 5.48(a)에서

$$Y_P = \frac{1}{R_P} + \frac{1}{\pm jX_P}$$

그리고

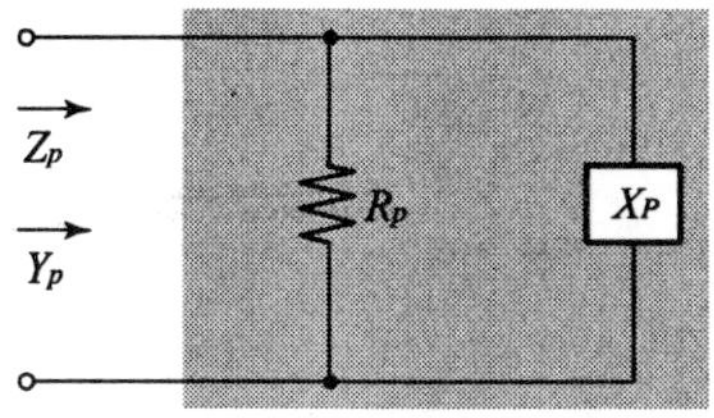

(a)

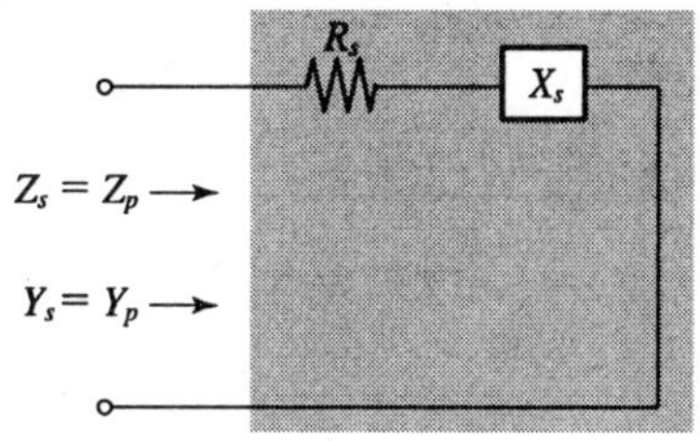

(b)

┃그림 5.48┃

$$Z_P = \frac{1}{Y_P} = \frac{1}{(1/R_P \mp j(1/X_P))}$$

$$= \frac{1/R_P}{(1/R_P)^2 + (1/X_P)^2} \pm \frac{1/X_P}{(1/R_P)^2 + (1/X_P)^2}$$

분자와 분모에 각각 $R_P^2 X_P^2$ 을 곱해주면, 다음과 같이 된다.

$$Z_P = \frac{R_P X_P^2}{X_P^2 + R_P^2} \pm j\frac{R_P^2 X_P}{X_P^2 + R_P^2}$$

$$= R_s \pm jX_s$$

그리고

$$R_s = \frac{R_P X_P^2}{X_P^2 + R_P^2}$$

또한

$$X_s = \frac{R_P^2 X_P}{X_P^2 + R_P^2}$$

그림 5.47의 회로망에서

$$R_s = \frac{R_P X_P^2}{X_P^2 + R_P^2} = \frac{(3)(4)^2}{(4)^2 + (3)^2} = \frac{48\Omega}{25} = 1.920(\Omega)$$

그리고

$$X_s = \frac{R_P^2 X_P}{X_P^2 + R_P^2} = \frac{(3)^2(4)}{(4)^2 + (3)^2} = \frac{36}{25} = 1.440(\Omega)$$

이 결과는 앞에서 나타난 것과 같다.

직렬회로로 이루어진 저항과 리액턴스를 병렬회로로 바꾸려면 회로의 총 어드미턴스를 구하기만 하면된다. 그림 5.48(b)에서,

$$Z_s = R_s \pm jX_s$$

$$Y_s = \frac{1}{Z_s} = \frac{1}{R_s \pm jX_s} = \frac{R_s}{R_s^2 + X_s^2} \mp j\frac{X}{R_s^2 + X_s^2}$$

$$= G_P \mp jB_P = \frac{1}{R_P} \mp j\frac{1}{X_P} \text{ (그림 5.48(a))}$$

혹은

$$R_P = \frac{R_s^2 + X_s^2}{R_s} \tag{5.10}$$

또한

$$X_P = \frac{R_s^2 + X_s^2}{X_s} \tag{5.11}$$

위의 예에서

$$R_P = \frac{R_s^2 + X_s^2}{R_s} = \frac{(1.92)^2 (1.44)^2}{1.92} = \frac{5.76}{1.92} = 3.0(\Omega)$$

그리고

$$X_P = \frac{R_s^2 + X_s^2}{X_s} = \frac{5.76}{1.44} = 4.0(\Omega)$$

그림 5.47(a)와 같이 된다.

그리고 그림 5.47(a)에서 $R_P = 8\,\text{k}\Omega$, $X_P = 5\,\text{k}\Omega$이라면

$$R_s = \frac{R_P X_P^2}{X_P^2 + R_P^2} = \frac{(8)(5)^2}{(5)^2 + (8)^2} = \frac{200}{89} = 2.247\,(\text{k}\Omega)$$

또한

$$X_s = \frac{R_P X_P^2}{X_P^2 + R_P^2} = \frac{(8)^2(5)}{(5)^2 + (8)^2} = \frac{320}{89}$$

$$= 3.596\,(\text{k}\Omega)\ \text{(inductive)}$$

그림 5.49에 등가직렬회로를 나타내고 있다.

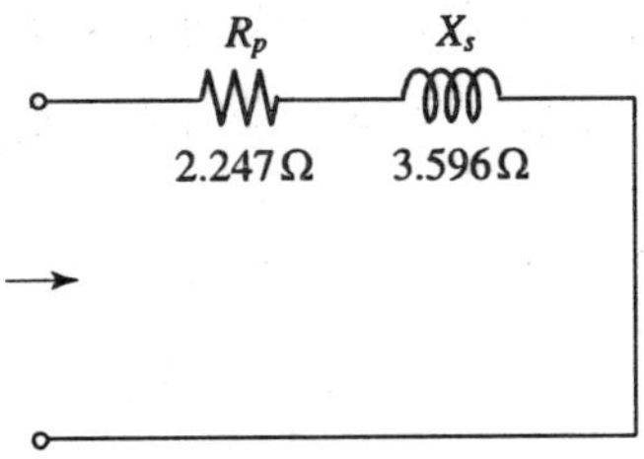

그림 5.49

5.3 공진(Resonance)

전기적 공진회로는 인덕턴스와 커패시턴스를 둘 다 가져야 한다. 주파수 f_r이 가해짐으로써 공진이 발생할 때 리액티브 소자에 의해서 흡수된 에너지는 시스템 내에서 다른 리액티브 소자에 의해서 공급된 에너지의 양과 같다. 다시 말하면, 에너지는 한 리액티브 소자에서 다른 리액티브 소자로 맥동한다. 그러므로, 한 이상적인 시스템이 공진의 상태에 도달한 후에는 자체적으로 맥동하기 때문에 부가적인 무효전력을 요구하지는 않는다. 실제 회로에서는 리액티브 소자들내에 진동을 제동하는 약간의 저항이 있다.

다시 말하면 한 리액티브 소자로부터 빠져나온 에너지는 다른 것에 의해 흡수된 에너지와 정확히 동일하지는 않을 것이다. 공진조건하에서 피상전력은 저항소자에 의해 소비된 평균전력과 같다.

5.3.1 직렬 공진

그림 5.50과 같은 직렬 회로에 임의의 입력 주파수에 대한 이 회로망의 총 임피던스는 다음과 같이 정해진다.

$$Z_T = R + jX_L - jX_C = R + j(X_L - X_C)$$

이 회로의 공진조건은 다음과 같은 조건에서 일어난다.

$$X_L = X_C$$

총임피던스 식에서 리액티브 성분을 없앴을 때 공진현상이(5-12) 발생할 것이다. 그러므로 공진일 때는 단순하게 다음과 같이 된다.

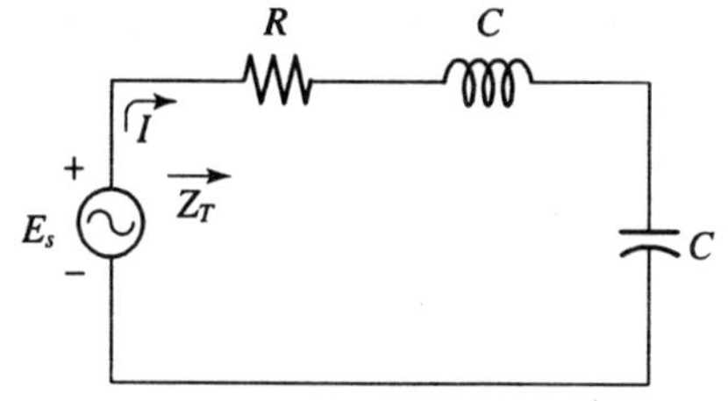

▌그림 5.50▌

$$Z_T = R$$

공진주파수는 식 (5.12)에 의해

$$\omega L = \frac{1}{\omega C} \quad \text{그리고} \quad \omega^2 = \frac{1}{LC}$$

$$\omega_s = \frac{1}{\sqrt{LC}} \tag{5.13}$$

혹은

$$f_s = \frac{1}{2\pi\sqrt{LC}} \quad \begin{array}{l} f = \text{hertz(HZ)} \\ L = \text{henries(L)} \\ C = \text{farads(F)} \end{array} \tag{5.14}$$

공진일 때 회로를 흐르는 전류는 다음과 같다.

$$I = \frac{E\angle 0^\circ}{R\angle 0^\circ} = \frac{E}{R}\angle 0^\circ$$

여기서 Z_T가 최소값이기 때문에 전압 E를 가한 그림 5.50의 회로에 최대전류가 흐르는 것에 주목하라. 공진일 때 입력전압과 전류가 동상이 된다.

공진일 때의 콘덴서와 코일에 흐르는 전류가 같기 때문에 각 소자에 인가되는 전압의 크기는 같고, 위상은 180°가 차이 난다.

$$\left.\begin{array}{l} V_L = IX_L = (I\angle 0^\circ)(X_L\angle 90^\circ) = IX_L\angle 90^\circ \\ V_C = IX_C = (I\angle 0^\circ)(X_C\angle -90^\circ) = IX_L\angle -90^\circ \end{array}\right\} \text{180도 차이}$$

그리고, $X_L = X_C$이기 때문에 다음 식이 성립한다.

$$V_{L_s} = V_{C_s} \tag{5.15}$$

전압과 전류의 페이저도인 그림 5.51은 공진일 때 저항양단의 전압이 입력전압임을 분명히 보여주고 있다.

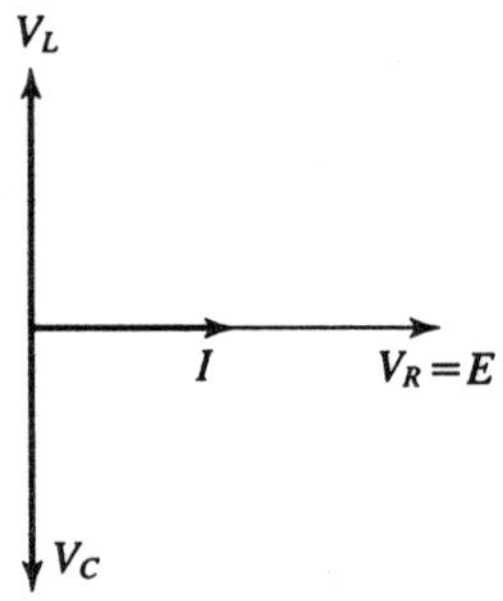

┃그림 5.51┃ 직렬공진시의 페이저도

공진일 때 저항기의 평균전력은 I^2R 이고, 콘덴서와 코일의 무효전력은 상대적으로 I^2X_C, I^2X_L 이다. 공진일 때(그림 5.52)의 전력삼각형은 $Q_L=Q_C$ 이기 때문에 총피상전력이 저항에 의해서 소비된 평균전력과 같음을 보여준다.

공진일 때 회로의 역률은

$$F_P=\cos\theta=\frac{P}{S}=1$$

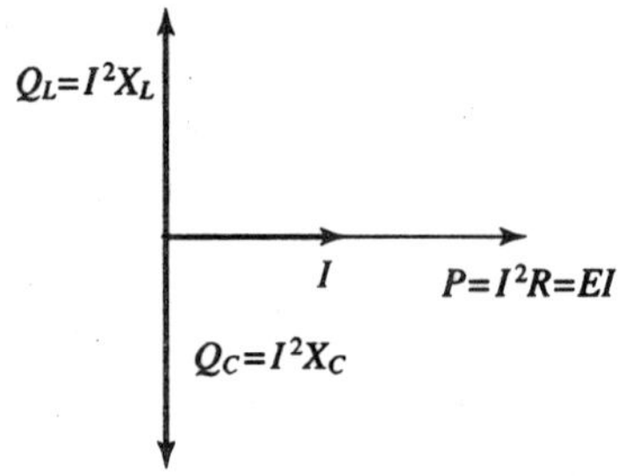

┃그림 5.52┃ 직렬공진시의 전력

(1) **선택계수**(The Quality Factor : Q)

직렬공진회로의 선택계수(quality factor : Q)는 공진에서 저항의 평균전력에 대한 코일이나 콘덴서의 무효전력비로써 정의된다.

$$Q_s=\frac{I^2X_L}{I^2R} \tag{5.16}$$

선택계수는 또한 소비된 전력과 비교하여 저장된 전력(한 리액티브 소자에서 또 다른 리액티브 소자로 이동하는 전력)을 표시한다.

같은 무효전력에 대해서 손실의 수준이 낮으면 낮을수록 Q_s 계수는 더 커질 것이고, 공진의 범위는 더 좁아지고, 강해질 것이다.

그리고

$$Q_s = \frac{X_L}{R} = \frac{\omega_s L}{R} \tag{5.17}$$

만일 저항 R이 단지 코일의 저항 R_l이라면 코일의 Q에 대해서 다음과 같이 언급할 수 있다. 여기에서

$$Q_{\text{coil}} = Q_l = \frac{X_L}{R_l} \quad (R=R_l) \tag{5.18}$$

만일, 식 (5.17)에 ω_s를 대입하면

$$\omega_s = 2\pi f_s$$

그리고

$$f_s = \frac{1}{2\pi\sqrt{LC}}$$

그래서

$$Q_s = \frac{\omega_s L}{R} = \frac{2\pi f_s L}{R} = \frac{2\pi}{R}\left(\frac{1}{2\pi\sqrt{LC}}\right)L$$

$$= \frac{L}{R}\left(\frac{1}{\sqrt{LC}}\right) = \left(\frac{\sqrt{L}}{\sqrt{L}}\right)\frac{L}{R\sqrt{LC}}$$

그리고

$$Q_s = \frac{1}{R}\sqrt{\frac{L}{C}} \tag{5.19}$$

그림 5.50의 회로에 전압분배법칙을 적용하면 다음과 같다.

$$V_L = \frac{X_L E}{Z_T} = \frac{X_L E}{R} \text{(공진일 때)}$$

그리고

$$V_{L_s} = Q_s E \tag{5.20}$$

혹은

$$V_C = \frac{X_C E}{Z_T} = \frac{X_C E}{R}$$

그리고

$$V_{C_s} = Q_s E \tag{5.21}$$

대부분 Q_s가 1보다 크기 때문에 직렬공진회로의 콘덴서나 코일에 걸리는 전압은 대개 입력전압보다 크다.

예를 들어, 공진상태일 때 그림 5.53의 회로에서,

$$Q_s = \frac{X_L}{R} = \frac{480}{6} = 80$$

그리고

$$V_L = V_C = Q_s E = (80)(10\,\mathrm{V}) = 800\ (\mathrm{V})$$

이것은 상당한 크기의 전위이다.

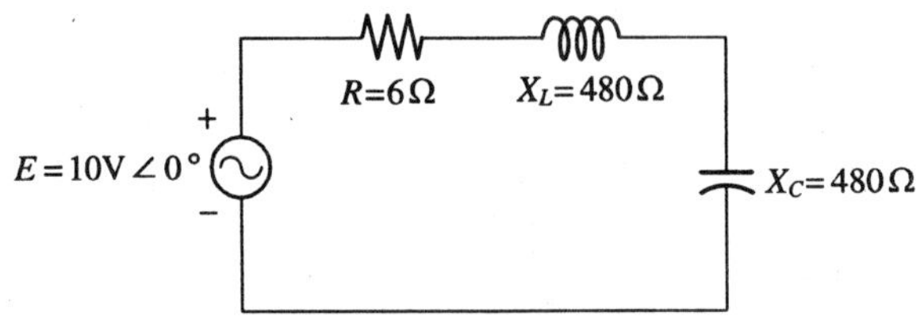

그림 5.53

(2) **선택성**(Selectivity)

만약 고정된 인가전압 E에 대해서 전류 $I = E/Z_T$ 대 주파수의 크기를 도시하면 0에서 E/R의 최대값까지 상승한 후에 극값으로 상승할 때보다 느린 비율로 0을 향하여 하강하는 그림 5.54에 나타난 곡선을 얻을 수 있다. 전류는 최대값

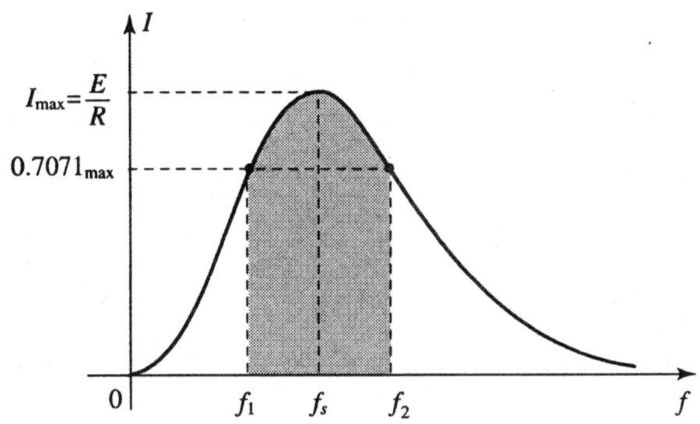

그림 5.54

에 가깝고 임피던스는 최소이다. 최대전류의 0.707에 해당하는 이들 주파수들을 대역주파수(band frequencies), 차단주파수(cutoff frequencies)나 반전력주파수(half-power frequencies)라 부른다. 그것들은 그림 5.54와 같이 f_1과 f_2라 부른다. 그 둘 사이의 주파수 범위는 공진회로의 대역폭(band-width : BW)으로 간주된다.

반전력주파수(half-power frequencies)일 때의 전력은 공진주파수에서 구한 값의 1/2이다. 이것은 다음과 같이 나타낼 수 있다.

$$P_{\mathrm{HPF}} = \frac{1}{2} P_{\mathrm{max}} \tag{5.22}$$

위의 조건은 다음과 같은 식에서 유도된다.

$$P_{\mathrm{max}} = I_{\mathrm{max}}^2 R$$

그리고

$$P_{HPF} = I^2 R = (0.707 I_{\mathrm{max}})^2 R = 0.5 I_{\mathrm{max}}^2 R = \frac{1}{2} P_{\mathrm{max}}$$

공진회로를 주파수의 대역을 선택하는데 사용하였으므로 그림 5.54의 곡선을 선택곡선(selectivety curve)이라 부른다. 그림 5.55에 나타난 것처럼 곡선의 형태는 직렬 $R-L-C$ 회로의 각 소자에 종속된다. 만약, 저항이 고정된 인덕턴스와 커패시턴스와 함께 더 작게 만들어진다면 대역폭은 감소하고 선택성은 증가한다. 만약 L/C의 비율이 고정저항과 함께 증가한다면 대약폭은 다시 선택성의 증가와 더불어 감소한다.

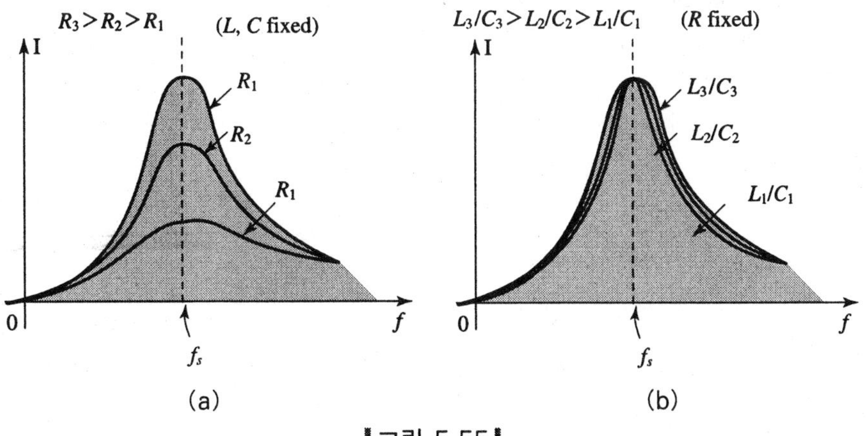

▎그림 5.55▎

Q_s에 대해서 만약 R이 같은 X_L에 비하여 더 크다면 식 $Q_s = \omega_s L/R$에 의해 정해진 것처럼 Q_s는 더 작게 된다.

그러므로 Q_s가 작을 경우에는 커다란 대역폭과 작은 선택성을 가지지만 Q_s가 클 경우에는 그 반대이다.

대역폭(BW)은 다음과 같다.

$$\mathrm{BW} = \frac{f_s}{Q_s} \tag{5.23}$$

이것은 매우 편리한 형태이다. 왜냐하면 회로의 Q_s와 대역폭에 관계이기 때문이다.

앞부분에서 언급한 것처럼 식 (5.23)은 Q_s가 커지면 커질수록 대역폭은 점점 더 작아지고 그 반대도 사실임을 증명해준다. 다른 형태로 쓰면 식 (5.23)은 다음과 같이 된다.

$$\frac{f_2 - f_1}{f_s} = \frac{1}{Q_s} \tag{5.24}$$

$(f_2 - f_1)/f_s$의 비는 때때로 분수대역(fractional bandwidth)(공진 주파수와 비교하여 대역폭을 나타내는)이라 불린다. 그것은 또한 공진 주파수와 대역주파수의 기하학적 의미에 관계가 있는 적절한 식을 통해 보여질 수도 있다.

$$f_s = \sqrt{f_1 f_2}$$

예제 5.9

그림 5.56에 나타난 공진회로에 대해서 i, v_R, v_L, v_C를 페이저형으로 구하여라. 회로의 Q_s는 얼마인가? 공진주파수가 5,000 Hz일 때의 대역폭을 구하여라. 반전력주파수에서 회로에 의해서 소비된 전력은 얼마인가?

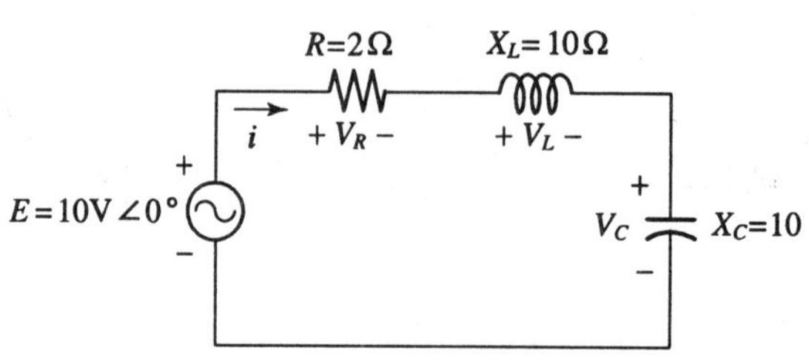

▌그림 5.56▌

풀이

$$Z_{T_s} = R = 2\Omega$$

$$I = \frac{E}{Z_{T_s}} = \frac{10\angle 0°}{2\angle 0°} = 5\angle 0°$$

$$V_R = E = 10\angle 0°$$

$$V_L = IX_L = (5\angle 0°)(10\angle 90°) = 50\angle 90°$$

$$V_C = IX_C = (5\angle 0°)(10\angle -90°) = 50\angle -90°$$

$$Q_s = \frac{X_L}{R} = \frac{10}{2} = 5$$

$$\text{BW} = f_2 - f_1 = \frac{f_s}{Q_s} = \frac{5,000\,\text{Hz}}{5} = 1,000\,\text{Hz}$$

$$P_{\text{HPF}} = \frac{1}{2}P_{\max} = \frac{1}{2}I_{\max}^2 R = \left(\frac{1}{2}\right)(5\,\text{A})^2(2\Omega) = 25\,\text{W}$$

예제 5.10

직렬공진회로의 대역폭은 400Hz이다. 만약 공진주파수가 4,000Hz라면 Q_s의 값은 얼마인가? $R=10\Omega$에서 공진이 일어나는 X_L의 값은 얼마인가? 회로의 인덕턴스 L과 커패시턴스 C를 구하여라.

풀이

$$\text{BW} = \frac{f_s}{Q_s} \text{이므로} \quad Q_s = \frac{f_s}{\text{BW}} = \frac{4,000\,\text{Hz}}{400\,\text{Hz}} = 10$$

$$Q_s = \frac{X_L}{R} \text{이므로} \quad X_L = Q_s R = (10)(10\Omega) = 100(\Omega)$$

$$X_L = 2\pi f_s L \text{이므로} \quad L = \frac{X_L}{2\pi f_s} = \frac{100\Omega}{(6.28)(4,000\,\text{Hz})} = 3.98\,(\text{mH})$$

$$X_C = \frac{1}{\pi f_s C} \text{이므로} \quad C = \frac{1}{2\pi f_s X_C} = \frac{1}{(6.28)(4,000\,\text{Hz})(100\Omega)}$$

$$= 0.398\,(\mu\text{F})$$

예제 5.11

어떤 직렬 $R-L-C$ 회로가 12,000Hz의 직렬공진주파수를 갖는다. $R=5\Omega$이고, 공진에서 X_L이 300Ω일 때의 대역폭을 구하고 차단주파수를 구하여라.

풀이

$$Q_s = \frac{X_L}{R} = \frac{300}{5} = 60$$

$$\mathrm{BW} = \frac{f_s}{Q_s} = \frac{12,000\,\mathrm{Hz}}{60} = 200\,(\mathrm{Hz})$$

$Q_s \geq 10$이기 때문에 대역폭의 중간은 f_s가 된다. 그러므로,

$$f_2 = f_s + \frac{\mathrm{BW}}{2} = 12,000\,\mathrm{Hz} + 100\,\mathrm{Hz} = 12,100\,(\mathrm{Hz})$$

$$f_1 = 12,000\,\mathrm{Hz} - 100\,\mathrm{Hz} = 11,900\,(\mathrm{Hz})$$

예제 5.12

직렬 $R-L-C$ 회로는 $\omega_s = 10^5\,\mathrm{rad/s}$에서 공진하고 $0.15\omega_s$의 대역폭을 가지며 120V 전원으로부터 16W를 이끌어 내도록 고안도어 있다. 다음을 구하여라.

a. R값

b. 대역폭을 헤르츠 단위

c. L과 C값

d. 회로의 Q_s의 값

e. 분수대역(fractional bandwidth)

풀이

a. $P = \dfrac{E^2}{R}$ 그리고 $R = \dfrac{E^2}{P} = \dfrac{(120\,\mathrm{V})^2}{16\,\mathrm{W}} = 900(\Omega)$

b. $f_s = \dfrac{\omega_s}{2\pi} = \dfrac{10^5\,\mathrm{rad/s}}{2\pi} = 15,915.49\,(\mathrm{Hz})$

$\mathrm{BW} = 0.15 f_s = 0.15(15,915.49\,\mathrm{Hz}) = 2387.32\,(\mathrm{Hz})$

c. 식 (20.19)

$\mathrm{BW} = \dfrac{R}{2\pi L}$ 그리고 $L = \dfrac{R}{2\pi \mathrm{BW}} = \dfrac{900\,\Omega}{2\pi(2,387.32\,\mathrm{Hz})} = 60\,(\mathrm{mH})$

$f_s = \dfrac{1}{2\pi\sqrt{LC}}$ 그리고 $C = \dfrac{1}{4\pi^2 f_s^2 L} = \dfrac{1}{4\pi^2(15,915.49\,\mathrm{Hz})^2(60\times10^{-3}\,\mathrm{H})}$

d. $Q_s = \dfrac{X_l}{R} = \dfrac{2\pi^2 f_s L}{R} = \dfrac{2\pi(15,915.49\,\mathrm{Hz})(60\,\mathrm{mH})}{R} = 6.67$

e. $\dfrac{f_2 - f_1}{f_s} = \dfrac{\mathrm{BW}}{f_s} = \dfrac{1}{Q_s} = \dfrac{1}{6.67} = 0.15$

5.3.2 병렬공진회로(Parallel Resonant Circuit)

직렬공진회로의 기본형태는 전압원이 가해진 직렬 $R-L-C$ 결합이다.

병렬공진회로는 그림 5.57의 기본형태를 갖고 전류원을 가진 병렬 $R-L-C$ 결합이다.

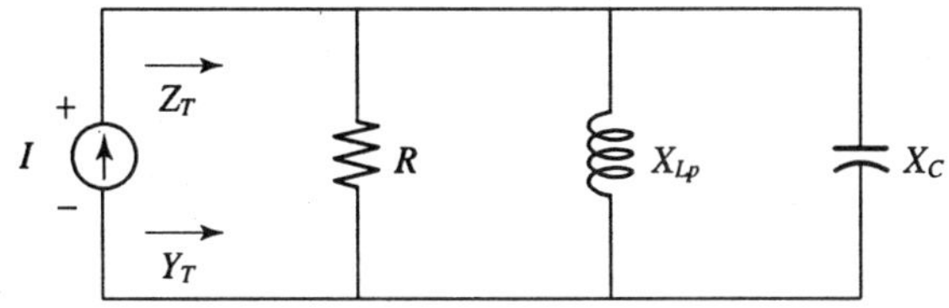

▌그림 5.57▌

직렬회로의 임피던스는 공진상태에서 V_C와 V_L의 높은 출력전압을 초래하는 전류를 만들어내면서 최소값을 가진다.

병렬공진회로에서는 옴의 법칙을 통해서 V_C와 V_L에 높은 전압을 만들어내면서 임피던스는 최대값을 가진다. 그림 5.57의 회로망에 대해서 공진은 $X_L = X_C$일 때 발생하고, 그때의 주파수는 직렬공진일 때와 비슷한 형식을 가질 것이다.

그러나 병렬공진회로의 해석은 직렬공진 회로의 해석보다 매우 복잡하다. 우리는 병렬공진회로의 선택계수 Q_L이 회로를 분석하기 쉽도록 단순화 시킬 정도로 충분히 큰 경우에 대해서만 기술한다.

(1) **공진 주파수** f_p(Resonant Frequency : f_p)

식 (5.14) f_s에 관한 식을 이용하면 병렬 공진주파수의 공진주파수에 관한 식은 다음과 같이 정의된다.

$$f_p = \frac{1}{2\pi\sqrt{LC}} \quad (Q_l \geq 10) \tag{5.26}$$

(2) X_{LP}

만약 다음과 같이 정리하면

$$X_{L_P} = \frac{R_l^2 + X_l^2}{X_L} = \frac{R_l^2(X_L)}{X_L(X_L)} + X_L = \frac{X_L}{Q_l^2} + X_L$$

$Q_l \geqq 10$일 때

$$X_{L_P} = X_L (Q_l \geq 10) \tag{5.27}$$

그리고, 공진이 $X_{Lp} = X_C$일 때 일어나도록 정의되기 때문에 결과적으로 공진에 대한 조건은 다음과 같다.

$$X_L = X_C \quad (Q_l \geq 10)$$

(3) R_P

$$R_p = \frac{R_l^2 + X_L^2}{R_l} = R_l + \frac{X_L^2}{R_l}\left(\frac{R_l}{R_l}\right) = R_l + \frac{X_L^2}{R_l^2} R_l$$
$$= R_l + Q_l^2 R_l = (1 + Q_l^2) R_l$$

$Q_L \geqq 10$일 때, $1 + Q_l^2 \cong Q_l^2$이므로 다음이 성립한다.

$$R_p \cong Q_l^2 R_l \quad (Q_l \geq 10) \tag{5.28}$$

그림 5.57의 회로망에서 유도된 접근법을 이용하면 일반적으로 그림 5.58의 회로에 근사한 결과를 얻을 수 있다.

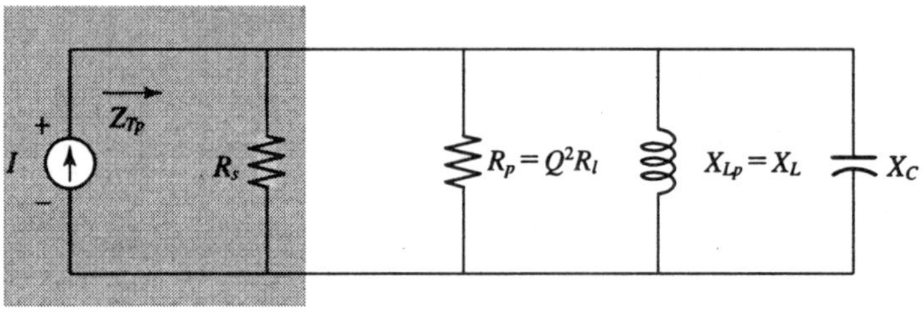

|그림 5.58|

(4) Z_{TP}

공진상태에서 총임피던스는 다음과 같이 정의된다.

$$Z_{T_P} = R_s \parallel R_p \cong R_s \parallel Q_l^2 R_l \quad (Q_l \geq 10) \tag{5.29}$$

이상적인 전류원($R_s = \infty\Omega$)이나 $R_s \gg R_p$일 경우에 방정식은 다음과 같이 줄어든다.

$$Z_{T_P} = Q_l^2 R_l \quad (Q_l \geq 10,\ R_s \gg R_p) \tag{5.30}$$

(5) Q_p

선택계수는 다음과 같다.

$$Q_p = \frac{R}{X_{L_p}} = \frac{R_s \parallel Q_l^2 R_l}{X_L} \tag{5.31}$$

혹은

$$Q_p = \frac{R}{X_C} = \frac{R_s \parallel Q_l^2 R_l}{X_C} \tag{5.32}$$

그러나 매우 분명하게, R_s는 회로망의 선택계수나 공진곡선의 형태에 큰 영향을 준다. 만약 이상적인 전류원이 인용되거나 $R_s \gg R_p$라면

$$Q_p = \frac{R_s \parallel Q_l^2 R_l}{X_L} \cong \frac{Q_l^2 R_l}{X_L} = \frac{Q_l^2}{X_L/R_l} = \frac{Q_l^2}{Q_l}$$

그리고

$$Q_p = Q_l \quad (Q_l \geq 10,\ R_s \gg R_p)$$

(6) BW

대역폭은 다음과 같이 정의된다.

$$\mathrm{BW} = f_2 - f_1 = \frac{f_p}{Q_p} \tag{5.33}$$

윗식에 $Q_p = (R_s \parallel Q^2 R_l)/X_c$을 대입하고 수학적으로 정리하면 다음과 같은 결과를 얻을 수 있다.

$$\mathrm{BW} = f_2 - f_1 \cong \frac{1}{2}\pi\left[\frac{R_l}{L} + \frac{1}{R_s C}\right]$$

대역폭에 대한 R_s의 영향이 분명하게 드러남을 알 수 있다. 물론, $R_s = \infty\Omega$ (이상 전류원)이라면

$$\mathrm{BW} = f_2 - f_1 \cong \frac{R_l}{2\pi L} \quad (R_s = \infty\Omega) \tag{5.34}$$

예제 5.13

그림 5.59에 나타난 병렬회로망은 이상적인 소자로 이루어져 있다.

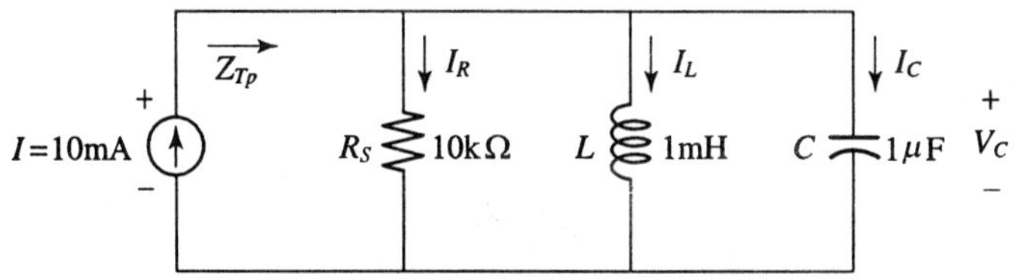

그림 5.59

a. 공진주파수를 구하여라.
b. 공진일 때의 총임피던스를 구하여라.
c. 시스템의 선택계수와 대역폭을 구하여라.
d. 공진일 때의 전압 V_C를 구하여라.
e. 공진일 때 전류 I_L과 I_C를 구하여라.

풀이

a. R_l이 영이라는 사실은 매우 높은 $Q_l(=X_L/R_l)$을 유발하여 f_p에 관한 다음의 식을 이용할 수 있도록 해준다.

$$f_p = \frac{1}{2\pi\sqrt{LC}} = \frac{1}{2\pi\sqrt{(1\,\text{mH})(1\mu\text{F})}} = 5.03(\text{kHz})$$

b. 병렬 리액티브 소자에 대해서

$$X_T = X_L \parallel X_C = \frac{(X_L\angle 90°)(X_C\angle -90°)}{+j(X_L - X_C)}$$

그러나 공진일 때 $X_L = X_C$인 사실은 분모를 영으로 만들고 개방회로로 간주할 만큼 X_T를 높인다. 그러므로,

$$Z_{T_p} = R_s \parallel X_T \cong R_s = 10\,(\text{k}\Omega)$$

c. $$Q_p = \frac{R_s}{X_{L_p}} = \frac{R_s}{2\pi f_p L} = \frac{10\text{k}\Omega}{2\pi(5.03\,\text{kHz})(1\,\text{mH})} = 316.41$$

$$\text{BW} = \frac{f_p}{Q_p} = \frac{5.03\text{kHz}}{316.41} = 15.90\,(\text{Hz})$$

d. $V_C = IZ_{T_p} = (10\,\text{mA})(10\text{k}\Omega) = 100\,(\text{V})$

e. $$I_L = \frac{V_L}{X_L} = \frac{V_C}{2\pi f_p L} = \frac{100\,\text{V}}{2\pi(5.03\,\text{kHz})(1\text{mH})} = \frac{100\,\text{V}}{31.6\Omega} = 3.16\,(\text{A})$$

$$I_C = \frac{V_C}{X_C} = \frac{100\,\text{V}}{31.6\Omega} = 3.16\,(\text{A})$$

예 제 5.14

그림 5.60에 나타난 회로망에 대해서

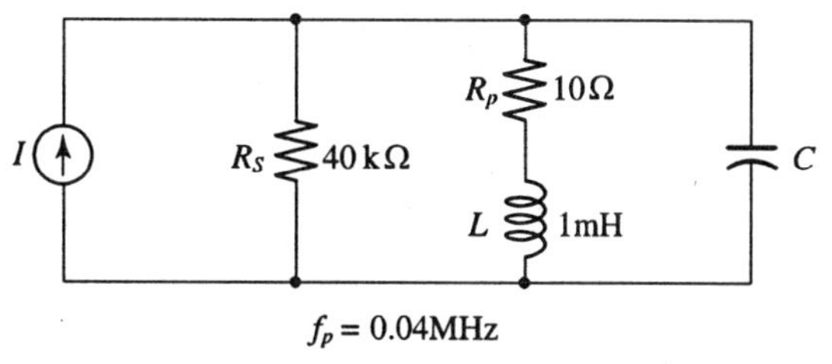

그림 5.60

a. Q_l을 구하여라.

b. R_p을 구하여라.

c. Z_{T_p}를 계산하여라.

d. 공진일 때의 C를 구하여라.

e. Q_p를 구하여라.

f. BW를 구하여라.

풀이

a. $Q_l = \frac{X_L}{R_l} = \frac{2\pi f_p L}{R_l} = \frac{(6.28)(0.04\,\text{MHz})(1\,\text{mH})}{10\Omega} = 25.12$

b. $Q_l \geq 10$이므로

$R_p = Q_l^2 R_l = (25.12)^2(10\Omega) = 6.31\,(\text{k}\Omega)$

c. $Z_{T_p} = R_s \parallel R_p = 40\text{k}\Omega \parallel 6.31\text{k}\Omega = 5.45\,(\text{k}\Omega)$

d. $Q_l \geq 10$ 그러므로

$$f_p = \frac{1}{2\pi\sqrt{LC}}$$

그리고

$$C = \frac{1}{L(f2\pi)^2} = \frac{1}{(1\,\text{mH})(0.04\,\text{MHz})^2 4\pi^2} = 0.0159\,(\mu\text{F})$$

e. $Q_l \geq 10$이므로,

$$Q_p = \frac{R}{\omega_p L} = \frac{5.45\text{k}\Omega}{(6.28)(0.04\,\text{MHz})(1\,\text{mH})} = 21.71$$

f. $\text{BW} = \frac{f_p}{Q_p} = \frac{0.04\,\text{MHz}}{21.71} = 1.84\,(\text{kHz})$

연습문제

5-1 저항에 인가되는 전압이 나타나 있다. 저항이 10Ω일 때 전류를 나타내는 교류식을 구하여라. 각 ωt를 횡축으로 하는 v와 i의 곡선을 그려라.

a. $v = 100\sin 377t$

b. $v = 25\sin(377t + 60°)$

5-2 5Ω의 저항에 흐르는 전류가 주어져 있다.

$i = 40\sin(377t + 30°)$일 때, 저항사이에 나타나는 전압을 구하여라.

5-3 0.1H의 코일에 흐르는 전류가 주어져 있다. 코일에 인가되는 전압을 나타내는 식을 구하여라. v와 i곡선을 그려라.

a. $i = 10\sin 377t$

b. $i = 7\sin(377t - 70°)$

5-4 0.5H의 코일에 인가된 전압을 알고 있을 때, 전류에 대한 교류형식의 표현은 어떠한가?

$v = 30\sin 400t$

5-5 1μF의 콘덴서에 인가되는 전압을 알고 있을 때, 전류에 대한 교류표현(sinusoidal expression)을 구하고, v와 i를 그려라.

$v = 30\sin 400t$

5-6 100μF의 콘덴서에 흐르는 전류가 주어졌을 때, 콘덴서 양단의 전압을 나타내는 교류표현을 구하여라.

$i = 40\sin(500t + 60°)$

5-7 다음에 나타내는 전압과 전류값에 대해서 그 소자가 콘덴서, 코일 혹은 저항인지를 알아내고, 만일 충분한 자료가 주어졌다면 C, L 그리고 R값을 구하여라.

a. $v = 100\sin(\omega t + 40°)$

$i = 20\sin(\omega t + 40°)$

b. $v = 1000\sin(377t + 10°)$

$i = 5\sin(377t - 80°)$

c. $v = 500\sin(157t + 30°)$

$i = 1\sin(157t + 120°)$

d. $v = 50\cos(\omega t + 20°)$

$i = 5\sin(\omega t + 110°)$

5-8 200 mH의 코일에 발생하는 리액턴스와 5kΩ의 저항이 같아지는 주파수를 구하여라.

5-9 페이저 대수를 이용하여, 그림 5.61에 나타난 회로의 전류 i를 구하고, 전압과 전류 곡선을 도시하여라.

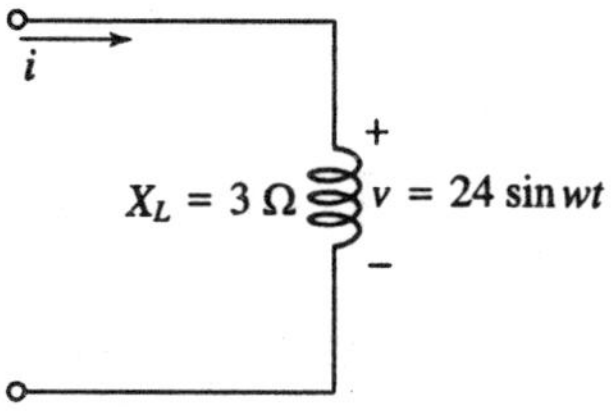

|그림 5.61|

5-10 페이저 대수를 이용하여, 그림 5.62에 나타난 회로의 전압 v를 구하고, 전압과 전류 곡선을 도시하여라.

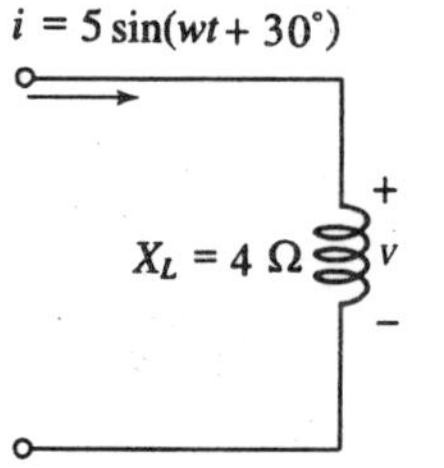

|그림 5.62|

5-11 페이저 도를 이용하여, 그림 5.63에 나타난 회로에서의 전류 i를 구하고, 전압과 전류곡선을 도시하여라.

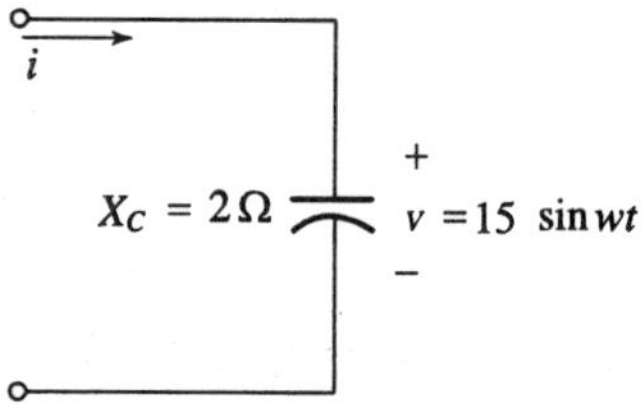

|그림 5.63|

5-12 페이저 대수를 이용하여, 그림 5.64에 나타난 회로에서의 전압 v를 구하고, 전압과 전류곡선을 도시하여라.

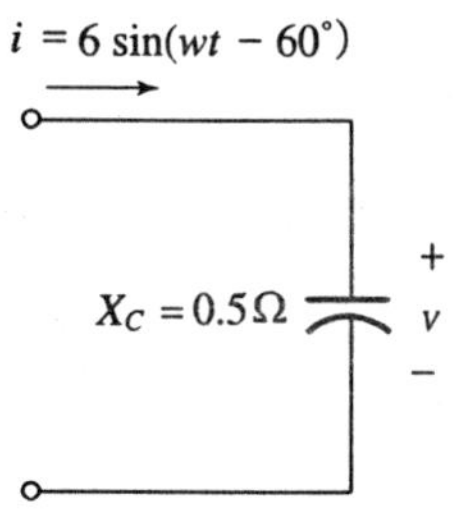

┃그림 5.64┃

5-13 그림 5.65의 임피던스 도를 그리고, 총임피던스를 구하여라.

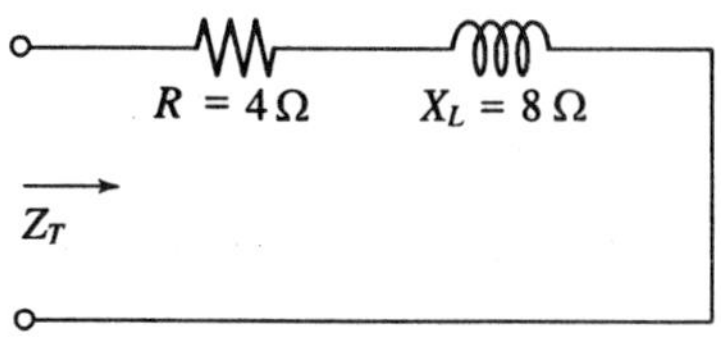

┃그림 5.65┃

5-14 그림 5.66에 나타난 직렬회로의 입력 임피던스를 구하고, 임피던스 도를 그려라.

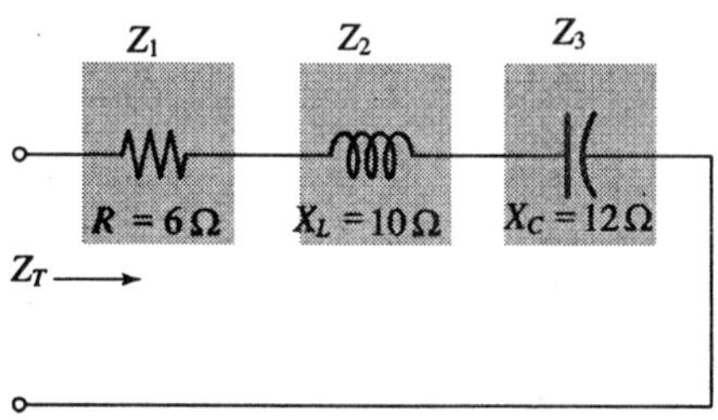

┃그림 5.66┃

5-15 전압분배법칙을 사용하여, 그림 5.67에 나타난 각 소자들에 인가되는 전압을 각각 구하여라.

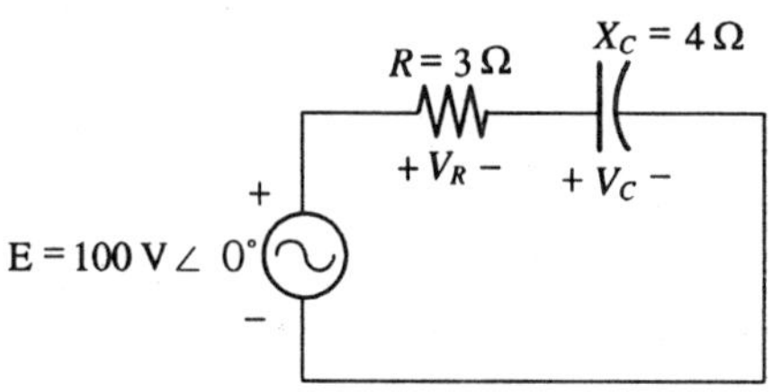

┃그림 5.67┃

5-16 그림 5.68에서 직렬로 연결된 각 소자의 어드미턴스를 구하여라.

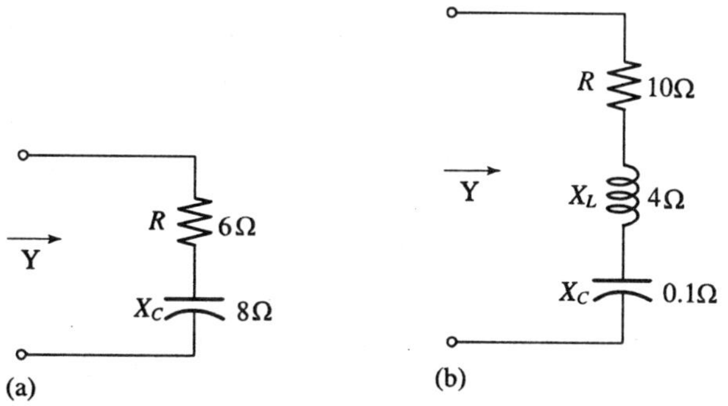

┃그림 5.68┃

5-17 전류분배법칙을 이용하여, 그림 5.69의 각 임피던스에 흐르는 전류를 구하여라.

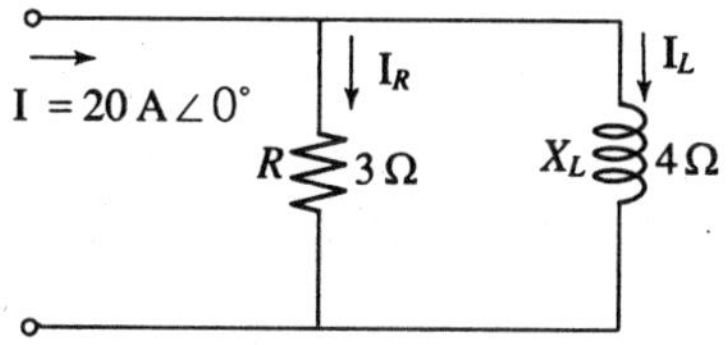

┃그림 5.69┃

5-18 전류분배법칙을 이용하여, 그림 5.70의 각 병렬가지를 흐르는 전류를 구하여라.

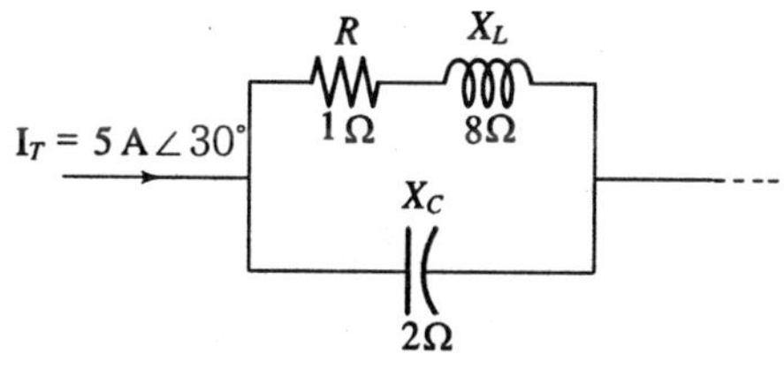

┃그림 5.70┃

5-19 그림 5.71의 회로망에 대하여

a. Z_T를 구하여라.

b. I_S를 구하여라.

c. I_C를 구하여라.

d. V_R과 V_C를 구하여라.

e. 전달된 전력을 구하여라.

f. 회로망의 F_P를 구하여라.

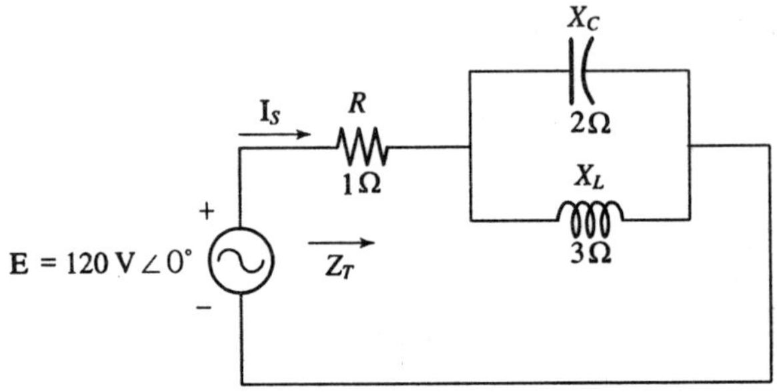

|그림 5.71|

5-20 그림 5.72의 회로망에 대하여

a. I가 50A∠30°일 때, 전류분배법칙을 이용하여 I_1을 구하여라.

b. (a)부분을 반복하여 I_2를 구하여라.

c. 한 결점에서 키르히호프의 전류법칙을 증명하여라.

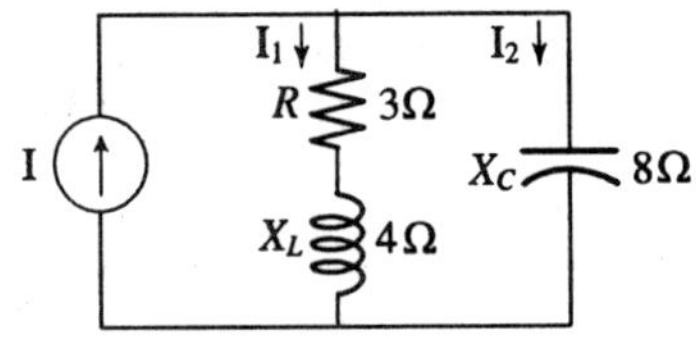

|그림 5.72|

5-21 그림 5.73의 회로망에 대하여,

a. 전압분배법칙을 이용하여 전압 V_C을 구하여라.

b. 전류 I_S를 구하여라.

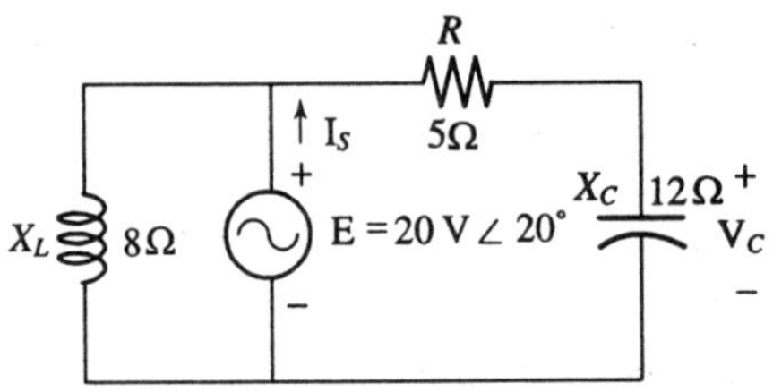

|그림 5.73|

5-22 그림 5.74(a)의 전압원을 전류원으로 변환하여라.

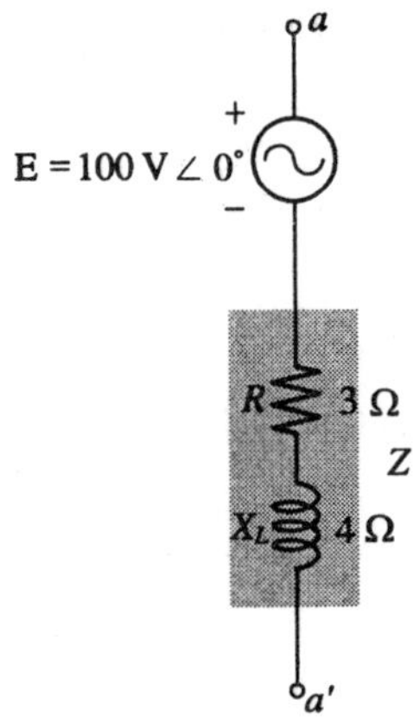

|그림 5.74|

5-23 그림 5.75(a)의 전류원을 전압원으로 변환하여라.

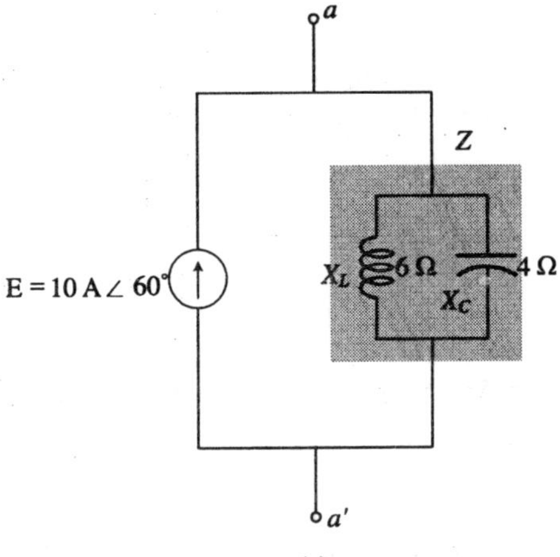

|그림 5.75|

5-24 망로해석을 사용하여 그림 5.76의 전류 I_2를 구하여라.

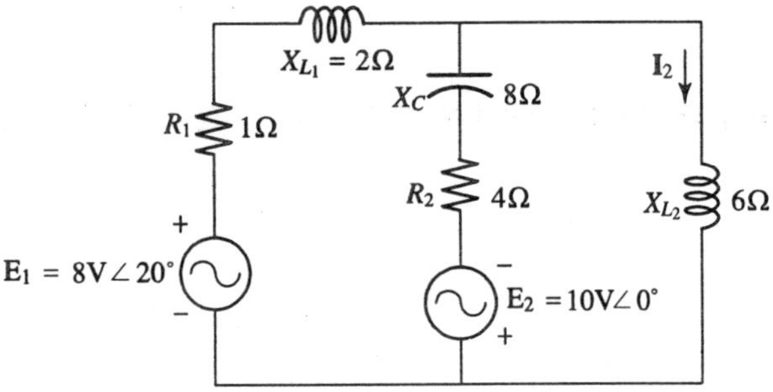

|그림 5.76|

5-25 그림 5.77의 회로망에서 마디전압을 구하여라.

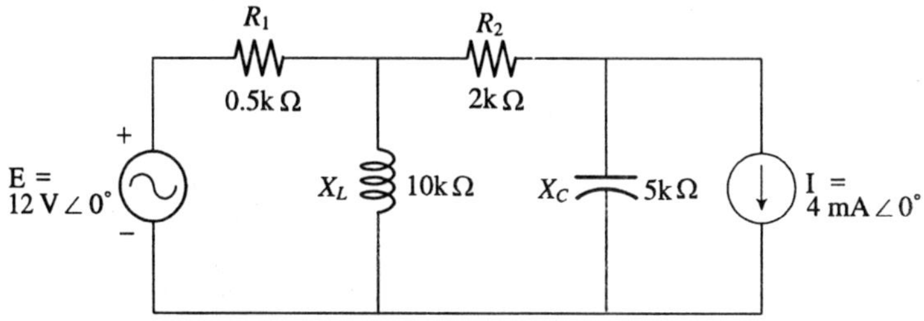

▌그림 5.77▐

5-26 마디해석을 통하여 그림 5.78에 나타난 4Ω의 저항 사이에 인가되는 전압을 구하여라.

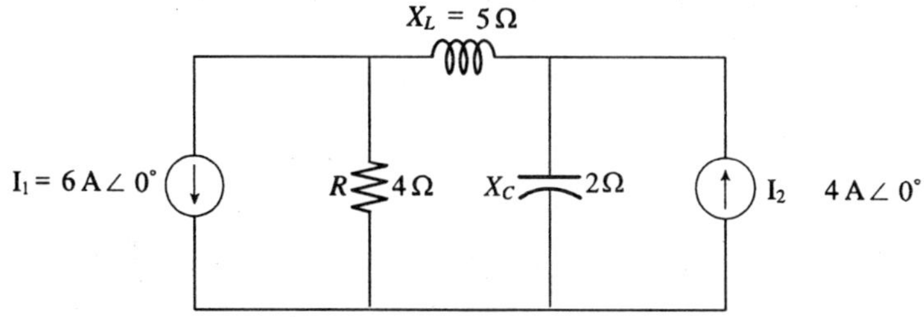

▌그림 5.78▐

5-27 중첩의 원리를 사용하여, 그림 5.79에 나타난 4Ω 리액턴스(X_{L2})를 흐르는 전류 I를 구하여라.

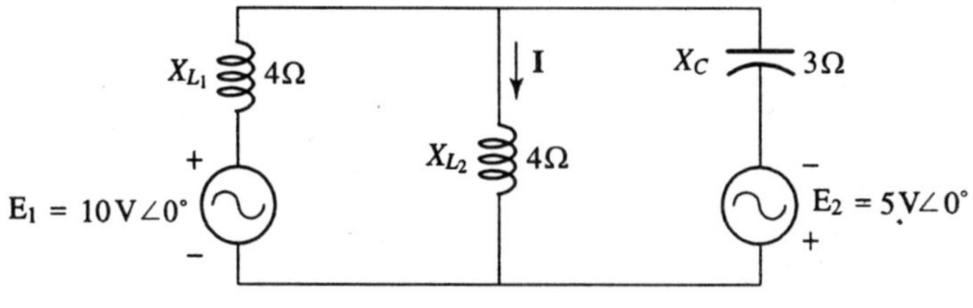

▌그림 5.79▐

5-28 중첩의 원리를 이용하여, 그림 5.80의 6Ω 저항을 흐르는 전류 I를 구하여라.

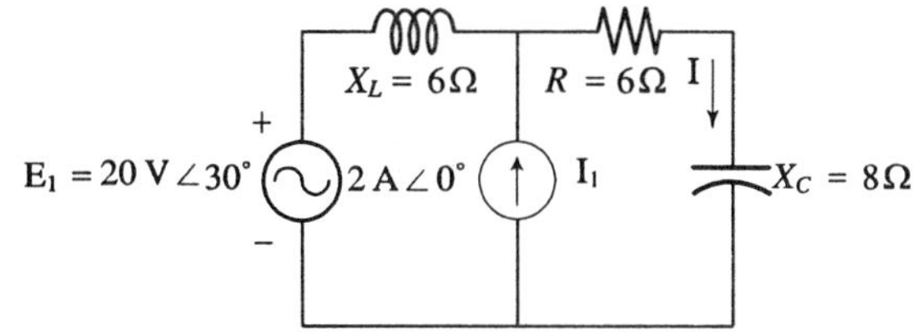

┃그림 5.80┃

5-29 그림 5.81의 저항 R의 외부회로에 대한 테브난 등가회로를 구하여라.

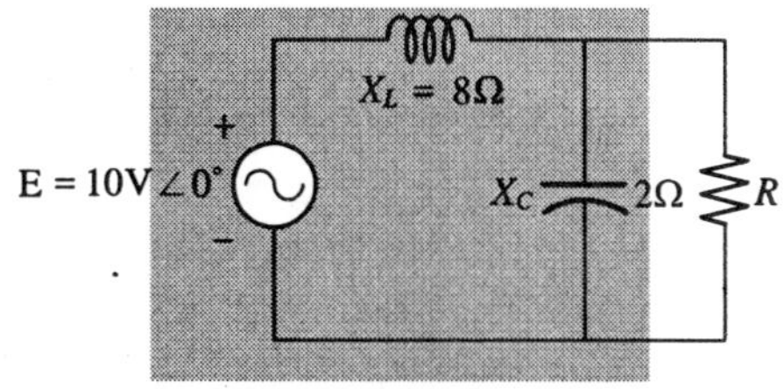

┃그림 5.81┃

5-30 그림 5.82의 6Ω 저항의 외부회로에 대한 노턴의 등가회로를 구하여라.

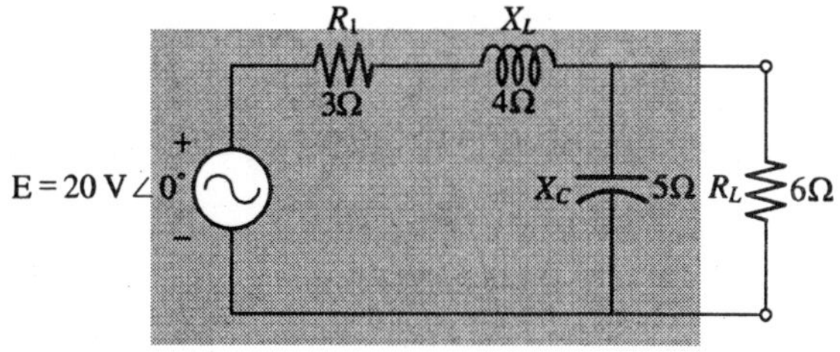

┃그림 5.82┃

5-31 그림 5.83에서 최대전력이 되는 부하 임피던스를 구하고, 최대전력을 구하여라.

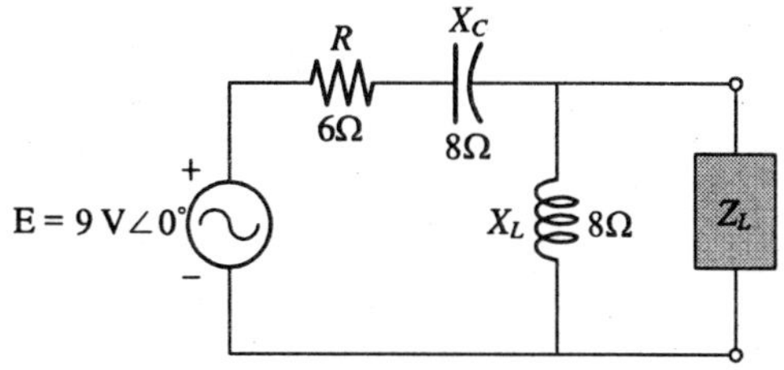

┃그림 5.83┃

제 6 장
교류전력

6.1 회로에서의 전력 및 역률

우리는 교류회로의 전류, 전압을 구하는 것을 위주로 하였다. 그러나 회로해석의 또 하나의 중요한 문제는 전력과 에너지를 구하는 것이다. 그러나 일단 회로의 전류, 전압의 분포가 알려지면 순시전력(instantaneous power)은 $p=vi$에 의하여 구할 수 있고, 또 에너지는 p를 시간에 대하여 적분함으로써 구할 수 있다.

실제적으로는 p의 평균치, 즉 평균전력(average power)이 매우 중요하다. 2단자망의 단자전류, 단자전압의 기준방향은 그림 6.1과 같이 가정한다. 즉 전류 I의 방향으로의 전압강하를 v라 하면 $p=vi$는 이 회로에 공급되는 순시전력을 나타낸다.

$p>0$이면 실제로 이 회로에 에너지가 공급되고 반대로 $p<0$이면 이 회로에서 외부회로로 에너지가 반환됨을 의미한다.

이 장에서는 먼저 각 수동소자에서의 전력과 에너지문제를 고찰한 다음 일반 회로에서의 전력 문제를 고찰한다. 물론 전류, 전압은 정현파이고, 회로는 정상상태에 있는 것으로 가정한다.

그림 6.1에 나타낸 형태를 보자.

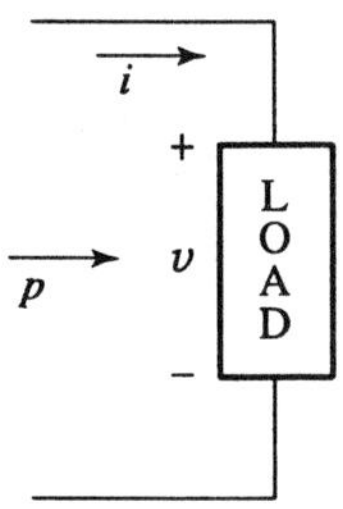

▌그림 6.1▌

$$v = V_m \sin(\omega t + \theta)$$

그리고

$$i = I_m \sin \omega t$$

여기서 θ는 v가 i를 앞서는 정도를 나타내는 위상각이다. 그리고

$$Z = \frac{V\angle\theta}{I\angle 0^\circ} = \frac{V}{I}\angle\theta = Z\angle\theta$$

이 각은 그림 6.1에 나타낸 부하의 총임피던스에 대한 각이다.

어떤 순간 그림 6.1의 부하에 전달되는 전력은 다음과 같다.

$$p = vi$$

윗식을 대입하면 다음을 얻는다.

$$p = V_m I_m \sin \omega t \sin(\omega t + \theta)$$

삼각함수의 공식을 적용하면 다음과 같은 전력식을 얻을 수 있다.

$$p = VI\cos\theta(1 - \cos 2\omega t) + VI\sin\theta(\sin 2\omega t) \tag{6.1}$$

여기서 V와 I는 실효값이다.

식 (6.1)은 다음과 같은 형태로 바꿀 수 있다.

$$p = VI\cos\theta - VI\cos\theta\cos 2\omega t + VI\sin\theta\sin 2\omega t$$

Average　　peak　　2x　　peak　　2x

이 식에서는 특별히 다른 점이 두 가지가 있다.

첫째로, 평균전력이 시간에 대해서 독립적인 고립항으로 여전히 존재한다는 것이다.

둘째로, 나머지 두 항은 매우 비슷한 형태의 전압이나 전류의 주파수에 2배를 곱한 값에 따라서 변하게 된다.

그림 6.2에는 θ의 특정치에 대한 v, i 및 p의 시간적 변화를 그렸다. p의 곡선은 v의 곡선과 i의 곡선의 곱으로써 그려진다. 식 (6.1)에서 보듯이 p의 곡선은 일정치 $VI\cos\theta$를 중심으로 하여 진폭 VI의 진동을 한다. v, i가 같은 부호(둘 다 + 또는 둘 다 −)를 가지는 동안 p는 +이고 따라서 이 동안 에너지가 이 회로에 유입한다. 반대로 v, i의 부호가 다른 동안 p는 −이고 따라서 이 동안 회로에 축적되었던 에너지(자기에너지 또는 정전에너지)가 외부회로에 다시 반환된다.

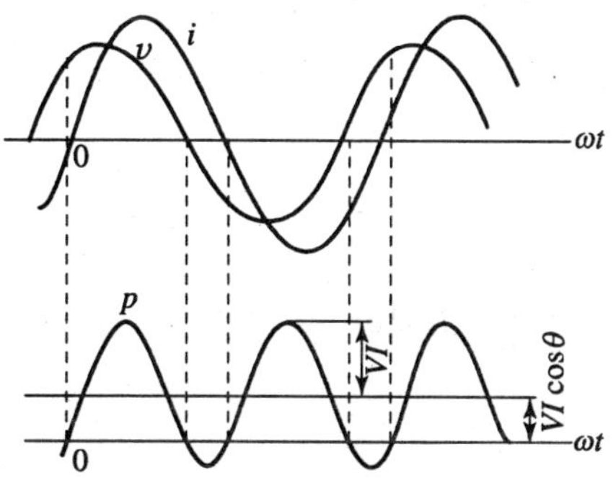

▌그림 6.2▌ 2단자회로에서의 v, i 및 p의 변화($\theta = 60°$인 경우)

식 (6.1)에서 제2항의 평균치는 0이므로 2단자망에 공급되는 평균전력은

$$P = VI\cos\theta \tag{6.2}$$

단, θ = 단자전류가 단자전압보다 늦는 각

= 등가임피이던스의 각 = −(등가어드미턴스의 각)

식 (6.2)는 매우 중요한 의미를 갖는다.

직류회로의 전력계산에서는 전압과 전류를 곱하기만 하면 되지만 교류회로의 전력계산에서는 전류, 전압이 동상인 경우를 제외하고는 이래서는 안 된다. 반드시 전압, 전류의 실효치에 $\cos\theta$라는 계수를 곱해야 한다. 이 계수를 역률(power factor)이라고 하며 보통 F_P라 쓴다. 즉

$$F_P = \cos\theta = \frac{P}{VI} \tag{6.3}$$

역률을 %로 표시할 때가 많다. 즉 $F_P = \frac{P}{VI} \times 100\,\%$

2단자망이 수동소자만으로 되어 있는 경우 여기서 평균전력이 발생할 수는 없다. 따라서 수동 2단자망에 대해서는 $P \geq 0$, 따라서 $\cos\theta \geq 0$, 그러므로

$$-90° \leq \theta \leq 90°,\ (0 \leq F_P \leq 1)$$

θ는 전압과 전류와의 위상차이다. 따라서 저항회로에서와 같이 단자전압과 전류가 동상일 때에는 $\theta = 0$, $F_P = 1$, $P = VI$가 되고 순리액턴스의 회로에서와 같이 단자전압과 전류가 90° 위상차를 가질 때에는 $\theta = \pm 90°$, $F_P = 0$, $P = 0$가 된다. $\theta > 0$이면 전류가 전압보다 앞서므로 이 때의 역률을 진상역률(leading power factor)이라고 한다.

2단자망의 임피이던스 또는 등가어드미턴스가 알려져 있을 때에는 그림 6.3의 임피이던스도 또는 어드미턴스도로부터

$$F_P = \cos\theta = \frac{R}{Z} = \frac{G}{Y} \tag{6.4}$$

등 여러 가지로 표시할 수 있다. 또 이 식을 이용하면 평균전력은

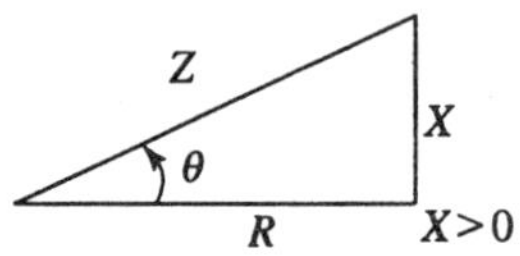

그림 6.3 임피던스도 및 어드미턴스도

$$P = VI\cos\theta = VI \cdot \frac{R}{Z} = RI^2$$

$$= VI \cdot \frac{G}{Y} = GV^2$$

즉

$$P = VI\cos\theta = RI^2 = GV^2 \tag{6.5}$$

등 여러 가지로 표시할 수 있다.

식 (6.4), (6.5)에서 특히 강조하고 싶은 것은 $R = Re(Z)$, $G = Re(Y)$이며

또 $G \neq 1/R$ 이라는 것이다.

6.2 피상전력(Apparent Power)

직류회로망 해석(그리고 저항성 소자)에서, 그림 6.4의 부하에 전달되는 전력은 부하의 소자에 대해서 고려하지 않는다면 단지 인가전압과 전류의 곱을 구할 수 있다는 사실은 명백하다. 이 말은 $P = VI$ 라는 것이다.

그러나 앞에서 언급된 역률($\cos\theta$)은 손실전력에 대해서는 설명할 수 있겠지만 무효전력에 대해서는 설명하지 않았다. 전압과 전력의 곱은 반드시 부하에 전달된 전력을 의미하지는 않지만 전력의 유용성과 정현교류의 해석, 그리고 전기소자와 시스템의 최대정격을 나타낸다.

이 전력을 피상전력이라 하고 S 로 표시한다. 이 값은 단순히 전압과 전류의 곱이기 때문에 단위는 볼트 - 암페어를 사용하고 단위표시는 VA로 나타낸다.

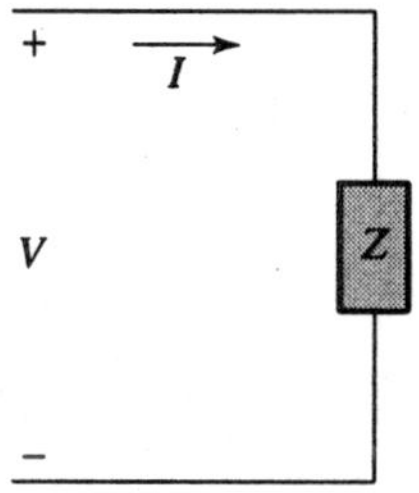

❚그림 6.4❚

이 값의 크기는 다음과 같다.

$$S = VI \text{ (VA)}$$

또

$$V = IZ \quad \text{그리고} \quad I = \frac{V}{Z}$$

성립하므로

$$S = I^2 Z \text{ (VA)}$$

그리고

$$S = \frac{V^2}{Z} \text{ (VA)}$$

성립한다. 시스템에 전달된 평균전력은 다음 식으로 나타낼 수 있다.

$$P = VI\cos\theta$$

그러나 $S = VI$ 이므로, 다음 식이 성립한다.

$$P = S\cos\theta \text{ (W)}$$

혹은 시스템의 역률 F_P는 다음과 같다.

$$F_P = \cos\theta = \frac{P}{S} \tag{6.6}$$

그러므로, 회로의 역률은 피상전력에 대한평균전력의 비가 된다. 순저항 회로에 대해서는 다음과 같다.

$$P = VI = S$$

그리고

$$F_P = \cos\theta = \frac{P}{S} = 1$$

일반적으로, 전기장치는 볼트 - 암페어(VA)나 킬로볼트 - 암페어(kVA)로 정격을 나타내고, 와트로는 나타내지 않는다. 소자의 볼트 - 암페어 정격과 전압정격을 알면 그 소자에 흐르는 최대전류를 알 수 있다.

예를 들면 200 V에서 10 kVA의 정격을 가진 소자는 정격상태에서 작동될 때 $I = 10,000\,\text{VA}/200\,\text{V} = 50\,\text{A}$의 최대정격전류를 가진다고 결론지을 수 있다. 전기기기의 한 소자에 대한 정격 볼트 - 암페어는 F_P가 1일 때만 와트정격과 그 크기가 같으므로 이 크기가 최대가 될 때 최대정격 소비전력이 되는 것이다.

이 조건은 시스템의 총임피던스 $Z\angle\theta$가 $\theta = 0°$일 때, 이루어진다. 한 소자의 정확한 전류요구량은 일반적인 동작 조건하에서 볼트 - 암페어 정격보다는 와트정격과 위상각에 의해서 결정된다.

6.3 유도성 회로와 무효전력(Inductive Circuit and Reactive Power)

순유도성 회로에서는 v가 i보다 90° 앞선다. 그러므로 식 (6.1)에서 $\theta = 90°$가 된다. $\theta = 90°$를 식 (6.1)에 대입하면 다음과 같다.

$$P_L = VI\cos(90°)(1 - \cos 2\omega t) + VI\sin(90°)(\sin \omega t)$$
$$= 0 + VI\sin 2\omega t$$

혹은

$$P_L = VI\sin 2\omega t \tag{6.7}$$

여기서 $VI\sin 2\omega t$는 입력량(v나 i)의 2배에 이르고 최대값 VI를 갖는 사인파이다. 이 식에는 평균값이나 상수항이 없음에 유의하라.

그림 6.5에 p_L을 도시하여 다음과 같은 사실을 알 수 있다.

$T_1 = I$ 또는 V인 입력량의 주기

$T_2 = p_L$ 곡선의 주기

그림 6.5에서 $P_L(T_2)$의 한 주기동안 나타난 수평축 위의 면적은 아랫부분의 면적과 같다. 이 사실은 P_L의 한주기동안 전원으로부터 소자에 공급된 전력은 모두 전원으로 돌아왔다는 것을 나타낸다.

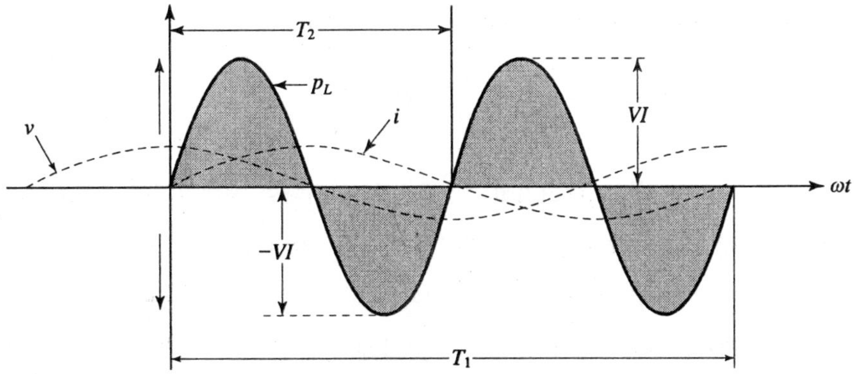

그림 6.5

한주기동안 순 코일에 흐르는 전력의 합은 영이고, 그때의 에너지 손실은 없다.

한순간 t_1 의 코일에 흡수되거나 되돌려진 전력은 t_1 을 식 (6.7)에 대입함으로써 쉽게 구할 수 있다.

VI 곡선의 최대값은 순 코일에 대한 무효전력이라고 정의한다.

일반적으로, 어떤 회로의 무효전력은 $VI\sin\theta$ 로 정의된다. 이것은 식 (6.1)의 두 번째 항에 나타나 있다. 총전력식에서 전력의 전환이 없음을 나타내는 것은 최대값을 나타내는 항이라는 것을 명심하여라.

무효전력의 기호는 Q 이고, 이 값의 단위는 Volt-Ampere Reactive(VAR)이다. Q 는 뒷부분에서 자세히 다루어질 전력의 세 가지 형태에서 나타나는 전력간의 90° 상관관계로부터 유추된 것이다. 그러므로

$$Q = VI\sin\theta \text{ (VAR)} \tag{6.8}$$

여기서 θ 는 V 와 I 의 위상각이고, 코일에 대해서는

$$Q_L = VI \text{ (VAR)} \tag{6.9}$$

혹은, $V = IX_L$ 이나 $I = V/X_L$ 이므로

$$Q_L = I^2X_L \text{ (VAR)}$$

혹은

$$Q_L = \frac{V^2}{X_L} \text{ (VAR)} \tag{6.10}$$

코일에 대한 피상전력은 $S = VI$ 이고, 그림 6.5에 나타나 있듯이 평균전력은 $P = 0$이다. 그러므로 역률은 다음과 같다.

$$F_P = \cos\theta = \frac{P}{S} = \frac{0}{VI} = 0$$

만일 평균전력이 0이고, 1주기동안 전달된 전력이 모두 전원으로 되돌아온다면 왜 무효전력이 중요한 의미를 가지는 것일까?

그 이유는 그림 6.5의 곡선을 이용하면 쉽게 설명할 수 있다. 양의 전력곡선을 따르는 모든 순간의 전력은 코일에 공급되지만, 음의 전력곡선을 따르는 전력은 전원으로 되돌려 주게 된다. 양의 곡선부분에서의 전력요구량은 발전소가 더 많은 양의 전력을 생산하도록 종용하고, 코일과 같은 유도성 소자의 효과는 무효전력이 전력을 소비하지 않고 단지 빌려오기나 하는데도 불구하고 전력기기의 증설

을 초래하게 된다. 이렇게 필요하게된 전력증설은 소비자가 부담하게 된다. 사실, 대부분의 대용량 전력소비자들은 전력요금을 소비된 와트수에 의해서 내지 않고 필요한 피상전력에 근거하여 낸다. 다른 말로, 공업적인 전력은 역률이 1에 가까울수록 공장의 에너지 효율이 높아지는 것이다. 즉, 빌려올 전력을 줄일 수 있는 것이다.

6.3.1 용량성 회로(Capacitive Circuit)

순용량성 회로에 대해서는 i는 v 보다 90° 앞선다. 그러므로 식 (6.1)에서 $\theta = -90°$이다. $\theta = -90°$를 식 (6.1)에 대입하면 다음과 같다.

$$p_c = VI\cos(-90°)(1-\cos 2\omega t) + VI\sin(-90°)(\sin 2\omega t)$$

혹은

$$p_c = -VI\sin 2\omega t \tag{6.11}$$

여기서 $-VI\sin 2\omega t$는 입력(v 혹은 i)의 주파수에 2배인 음의 사인파형이고, 최대값은 VI이다. 또한, 평균값과 상수항이 없는 것에 주목하라. p_c에 대한 파형을 도시하면(그림 6.6), 다음과 같은 사실을 알 수 있다.

T_1 = 입력파형의 주기 $\qquad$ $T_2 = p_c$ 곡선의 주기

여기서 p_c 곡선이 p_L 곡선과 같은 조건으로 존재하는 것에 주목하라.

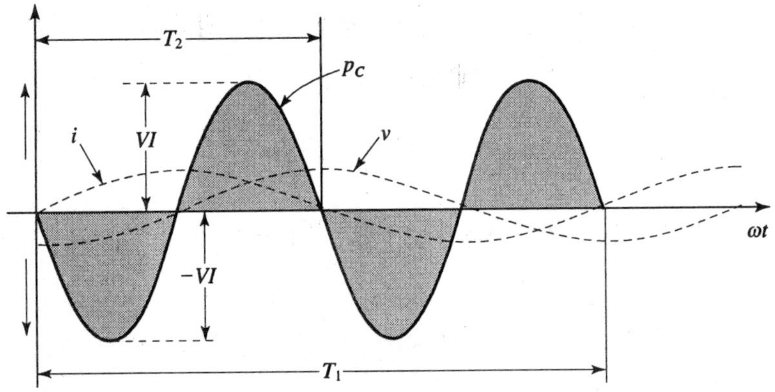

그림 6.6

전원에 의해서 콘덴서에 공급되는 전력은 정확히 한주기가 끝난 후에 전원으로 되돌아간 전력과 같다.

순수한 콘덴서에 전달된 총전력은 한주기가 완전히 끝난 뒤에는 영이 된다.

그리고 이러한 과정에서 전력의 손실은 영이다. 어느 t_1 의 순간에 있어서 콘덴서에 의해서 흡수되고 발산된 전력은 t_1 을 식 (6.1)에 대입하여 구할 수 있다. 콘덴서에 대한 무효전력은 p_c 곡선의 최대값과 같다. 그 결과

$$Q = VI \text{ (VAR)} \tag{6.12}$$

그러나 $V = IX_C$ 이고, $I = V/X_C$ 이기 때문에, 콘덴서에 공급된 무효전력은 다음과 같이 나타낼 수 있다.

$$Q_C = I^2 X_C \text{ (VAR)}$$

그리고

$$Q_C = \frac{V^2}{X_C} \text{ (VAR)}$$

콘덴서의 피상전력은

$$S = VI \text{ (VA)} \tag{6.13}$$

그리고 식 (6.11)이나 그림 6.6로부터 평균전력 $P = 0$이다. 그러므로 역률은 다음과 같다.

$$F_P = \cos\theta = \frac{P}{S} = \frac{O}{VI} = 0$$

콘덴서의 한 주기에 있어서 양의 부분(그림 6.6)동안 저장된 에너지는 음의 부분동안 되돌려지는 에너지와 같다.

6.4 전력 삼각형(The Power Triangle)

세 물리량 - 평균전력, 피상전력, 그리고 무효전력은 다음과 같이 벡터 영역으로 나타낼 수 있다.

$$S = P + Q \tag{6.14}$$

여기서

$$P = P\angle 0° \quad Q_L = Q_L\angle 90° \quad Q_C = Q_C\angle -90°$$

유도성 부하의 페이저 전력 S는 다음과 같이 정의할 수 있다.

$$S = P + jQ_L$$

이것을 그림 6.7에 나타냈다.

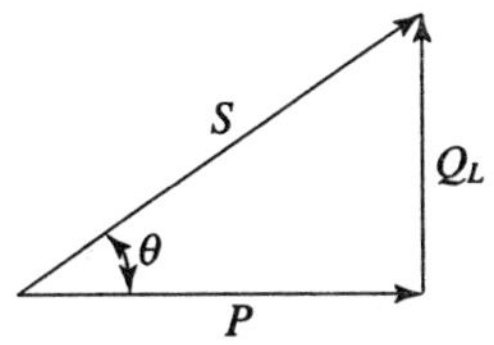

┃그림 6.7┃

P로부터 90° 이동한 것은 무효전력을 나타내는 또 다른 항이다. 용량성 부하에서 페이저 전력 S는 다음과 같이 나타낼 수 있다.

$$S = P - jQ_C$$

이것을 그림 6.8에 나타냈다.

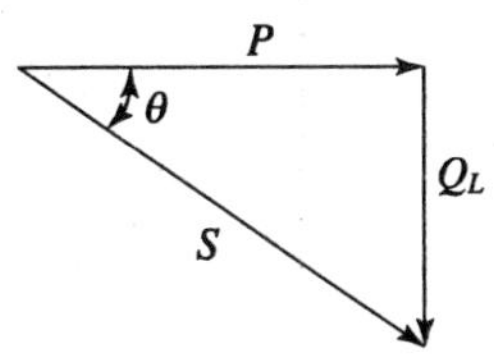

┃그림 6.8┃

만일 어떤 회로가 유도성과 용량성 소자를 모두 가지고 있다면 전력 삼각형의 무효성분은 각 소자에 전달된 무효전력의 차이에 의해서 결정된다. 만일 $Q_L > Q_C$이면, 결과적인 전력삼각형은 그림 6.7과 비슷한 모습이 된다.

총무효전력은 유도성과 용량성 소자의 무효전력의 차라는 것을 식 (6.7)과 식 (6.11)을 고려하여 나타낼 수 있다. 이러한 방정식을 사용하여 $L-C$ 직렬회로에서 각 리액티브 소자에 전달된 무효전력을 동일축을 따라서 그림 6.9에 나타내었다. 리액티브 소자는 $X_L > X_C$와 같이 선택되었다.

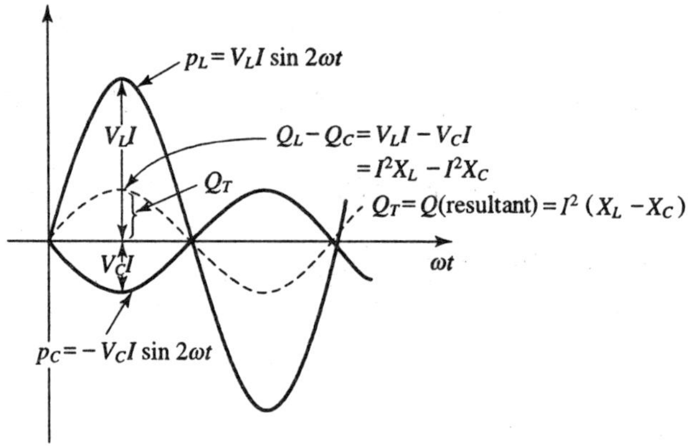

❙그림 6.9❙

각 소자에 대한 진력곡선은 정확히 180°의 위상차가 있다. 그러므로 결과적인 무효전력은 두 곡선의 순시값으로부터 산술계산에 의해서 구할 수 있다. 무효전력이 최대값으로 규정되었으므로 전력삼각형의 무효성분은 그림 6.10과 같이 된다[$I^2(X_L - X_C)$].

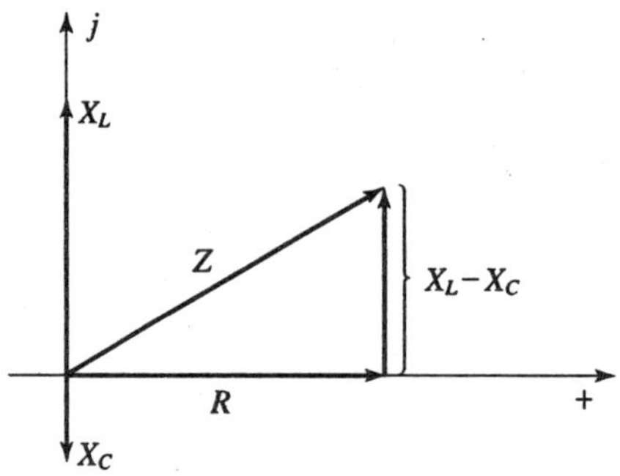

❙그림 6.10❙

그림 6.10은 $R-L-C$ 직렬회로의 임피던스도이며 만일 각 벡터를 전류의 제곱(I^2)으로 곱해준다면, 그림 6.11에 나타난 결과를 얻을 수 있다. 이것은 유도성 부하가 지배적인 회로에 대한 전력삼각형이다. 무효전력과 평균전력이 항상 각각 90° 차이가 있기 때문에 피타고라스의 정리에 의해서 다음이 성립한다.

$$S^2 = P^2 + Q^2$$

그러므로, 피상 전력은 다른 두 전력에 대해서 알고 있을 때 구할 수 있다. 특별히 다음 식은

$$S = VI^* \tag{6.15}$$

시스템의 피상전력을 나타내는 벡터 형식이다. 여기서 V는 전압, 그리고 I^*는 전류의 복소공액이다.

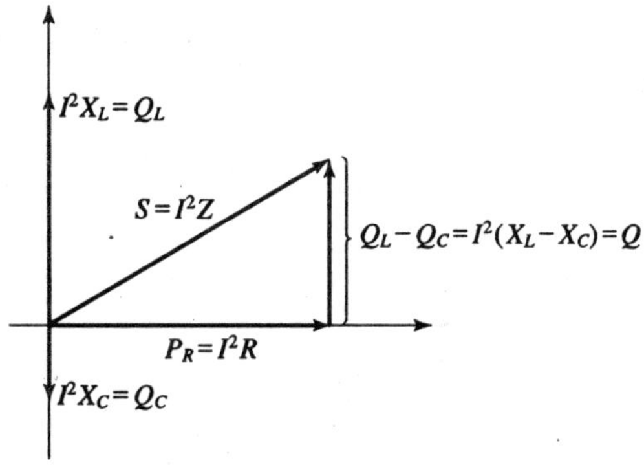

▌그림 6.11▐

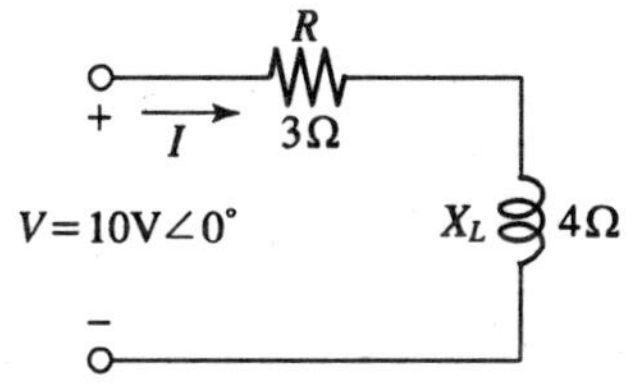

▌그림 6.12▐

예를 들어 그림 6.12의 $R-L$ 회로에서

$$I = \frac{V}{Z_r} = \frac{10V\angle 0^\circ}{3\Omega + j4\Omega} = \frac{10V\angle 0^\circ}{5\Omega\angle 53.13^\circ} = 2A\angle -53.13^\circ$$

실효전력(실효라는 말은 복소평면의 실추축에서 기인한 말이다)은 다음과 같다.

$$P = I^2R = (2A)^2(3\Omega) = 12W$$

그리고 무효전력은 다음과 같다.

$$Q_L = I^2X_L = (2A)^2(4\Omega) = 16VAR$$

여기서

$$S = P + jQ_L = 12\,\text{W} + j16\,\text{VAR} = 20\,\text{VA}\angle 53.13°$$

이것은 그림 6.13과 같다.

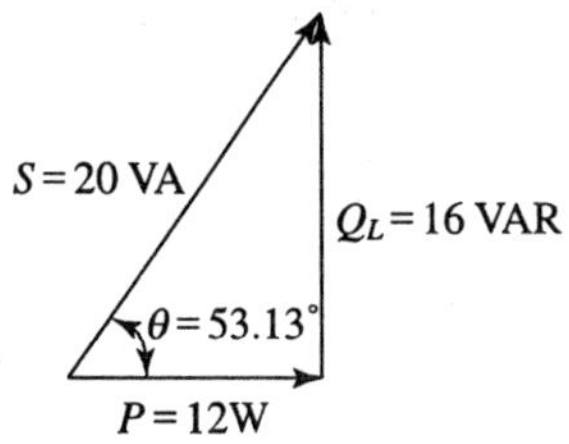

그림 6.13

식 (6.15)에 의해

$$S = VI^* = (10\text{V} \angle 0°)(2\text{A}\angle +53.13°) = 20\text{VA}\angle 53.13°$$

S의 θ각 그림 6.7, 6.8 그리고 6.13에 나타나 있는 회로에서의 역률각은 다음과 같다.

$$P = VI\cos\theta$$

혹은

$$P = S\cos\theta$$

이 된다. 그러므로

$$F_P = \cos\theta = \frac{P}{S}$$

6.4.1 전체 P, Q 그리고 S(The Total, P, Q and S)

총와트 수, 볼트 - 암페어 리액티브, 볼트 - 암페어, 그리고 어떤 시스템의 역률은 다음과 같은 과정을 통해서 구할 수 있다.

1. 회로의 각 가지에서 실효전력과 무효전력을 구하여라.
2. 시스템의 총실효전력(P_T)은 각 가지에 전달된 평균전력의 합과 같다.
3. 총무효전력(Q_T)은 유도성 부하와 용량성 부하의 무효전력의 차이다.

4. 총피상전력은 $S_T = \sqrt{P_T^2 + Q_T^2}$ 이다.
5. 총역률은 P_T / S_T 이다.

위의 과정에는 두 가지 중요한 점이 있다.

첫째로, 총피상전력은 평균전력과 무효전력으로부터 구할 수 있지만 각 가지의 피상전력으로부터는 구할 수 없다.

둘째, 가지의 직 - 병렬구조를 고려할 필요가 없다라는 사실이다. 다시 말해, 총 실효전력, 무효전력, 혹은 피상전력은 부하가 직렬인지, 병렬인지, 혹은 직 - 병렬인지에 상관없이 독립적이다.

예 제 6.1

a. 총와트 수, 볼트 - 암페어 리액티브, 볼트 - 암페어, 그리고 그림 6.14의 회로에 대한 역률 F_P를 구하여라.
b. 전력삼각형을 그려라.
c. 전주기에 걸쳐 저항에서 소비된 전력을 주파수 60 Hz로 구하여라.
d. 주파수 60 Hz일 때, 반주기동안 콘덴서나 코일에 의해서 저장되거나 되돌려진 전력을 구하여라.

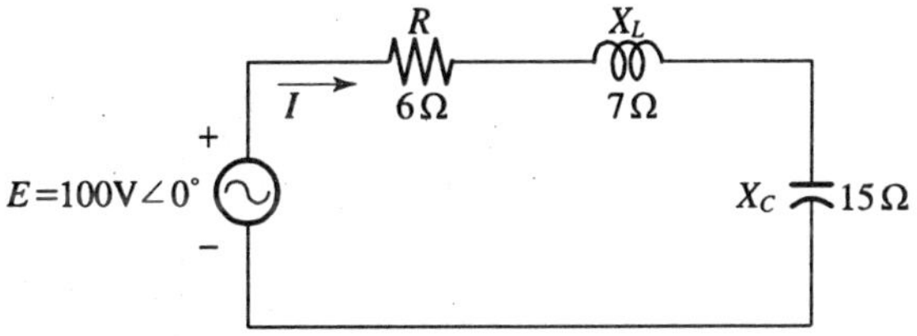

그림 6.14

(풀이)

a. $$I = \frac{E}{Z_T} = \frac{100\angle 0°}{6 + j7 - j15} = \frac{100\angle 0°}{10\angle -53.13°} = 10\angle 53.13\,(\text{A})$$

$$V_R = IR = (10\angle 53.13°)(6\angle 0°) = 60\angle 53.13°\ (\text{V})$$

$$V_L = IX_L = (10\angle 53.13°)(7\angle 90°) = 70\angle 143.13°\ (\text{V})$$

$$V_C = IX_C = (10\angle 53.13°)(15\angle -90°) = 150\angle -36.87°\ (\text{V})$$

$$P_T = EI\cos\theta = (100)(10)\cos 53.13° = 600\,(\text{W})$$

$$= I^2 R = (10\text{A})^2(6) = 600\,(\text{W})$$

$$= \frac{V_R^2}{R} = \frac{(60)^2}{6} = 600\,(\text{W})$$

$$S_T = EI = (100)(10) = 1,000\ (\text{VA})$$
$$= I^2 Z_T = (10)^2(10) = 1,000\ (\text{VA})$$
$$= \frac{E^2}{Z_T} = \frac{(100)^2}{10} = 1,000\ (\text{VA})$$
$$Q_T = EI\sin\theta = (100)(10)\sin 53.13^\circ = 800\ (\text{VAR})$$
$$= Q_C - Q_L$$
$$= I^2(X_C - X_L) = (10)^2(15-7) = 800\ (\text{VAR})$$
$$Q_T = \frac{V_C^2}{X_C} - \frac{V_L^2}{X_L} = \frac{(150)^2}{15} - \frac{(70)^2}{7}$$
$$= 1,500 - 700 = 800\ (\text{VAR})$$
$$F_P = \frac{P_T}{S_T} = \frac{600}{1,000} = 0.6\ \ (\text{leading})\ (\text{cap.})$$

b. 그림 6.15에 전력삼각형이 나타나 있다.

c. $$W_R = 2\left(\frac{V_R I}{f_2}\right) = 2\left(\frac{V_R I}{2f_1}\right) = \frac{V_R I}{f_1} = \frac{(60)(10)}{60} = 10\ (\text{J})$$

d. $$W_L = \frac{V_L I}{2\pi f_1} = \frac{(70)(10)}{(6.28)(60)} = \frac{700}{377} = 1.86\ (\text{J})$$

$$W_C = \frac{V_C I}{2\pi f_1} = \frac{(150)(10)}{377} = \frac{1,500}{377} = 3.98\ (\text{J})$$

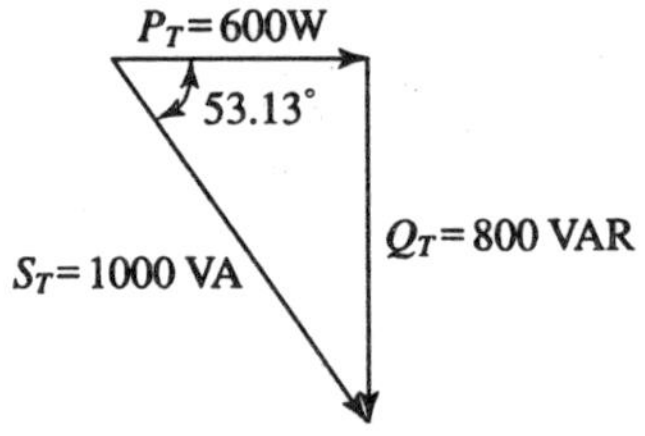

그림 6.15

예제 6.2

한 전기소자의 정격은 역률 0.6일 때, 5 kVA, 100 V이다. 직각좌표계로 소자의 임피던스를 구하여라.

풀이

$$S = EI = 5,000\,\text{VA}$$

그러므로,

$$I = \frac{5,000}{100} = 50\,(\mathrm{A})$$

$F_P = 0.6$이므로

$$\theta = \cos^{-1} 0.6 = 53.13°$$

역률이 지상이므로, 부하는 유도성이다. 그리고 I는 E에 뒤진다. $E = 100\,\mathrm{V}\angle 0°$ 일 때,

$$I = 50\,\mathrm{A}\angle -53.13°$$

그러므로

$$Z_T = \frac{E}{I} = \frac{100\angle 0°}{50\angle -53.13°} = 2\angle 53.13° = 1.2 + j1.6\,(\Omega)$$

이 값은 그림 6.16에 나타난 회로의 임피던스이다.

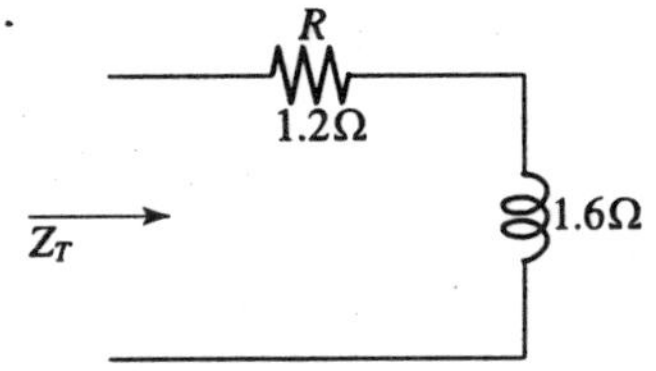

❙그림 6.16❙

6.5 역률개선(Power Factor Correction)

전력전송 시스템의 설계는 인가부하에 따라서 전력선에 흐르는 전류의 크기에 매우 민감하다. 전류의 증가는 전력선상의 저항에 의해서 전력손실을 증가시킨다 ($P = I^2R$). 전류가 가중됨에 따라서 전력선이 더 필요하게 되고 시스템에 쓰이는 설치회사의 부담이 늘어나게 된다.

그러므로 전류를 최소화시키는 노력이 필요하다. 전력선상의 전압이 고정되었으므로 피상전력은 전류의 크기에 따라서 정해지게 된다. 총피상전력이 작을수록 전원으로부터 공급되는 전류가 작아지게 되는 것이다. 그러므로 $S = P$이고 $Q_R = 0$일 때, 전류값이 최소가 되는 것이다. 그림 6.17에서 같은 실효전력 대해서 S의 길이에 따라서 Q_R가 감소한다. 역률각이 영으로 가까워질수록 단자 특성은 점점 저항성이 되면서 F_P는 1에 가까워진다.

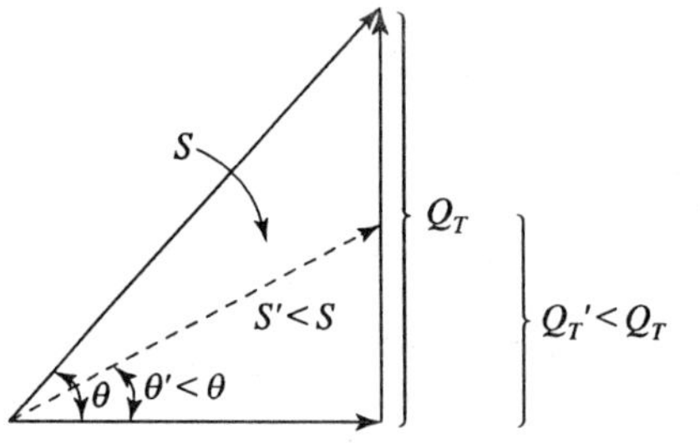

▌그림 6.17▐

리액티브 소자의 역률을 1에 가깝에 하는 것을 역률개선이라고 한다. 대부분의 부하는 유도성 부하이므로 단자에 용량성분을 첨가하여 역률을 개선한다.

예를 들면, 그림 6.18(a)의 유도성부하에는 실수성분과 허수성분을 포함한 전류 I_L 이 흐르게 된다. 그림 6.18(b)에는 용량성 부하가 기존의 부하에 병렬로 첨가되어 역률을 1로 높이고 있다. 모든 소자들을 부하에 병렬도 배치하여도 같은 전압과 전류 I_L 을 가지는 것에 주목하라. 다시 말해, 그림 6.18(a)나 그림 6.18(b)에 나타난 것처럼 전류가 분류가 되어도 부하는 일정하다.

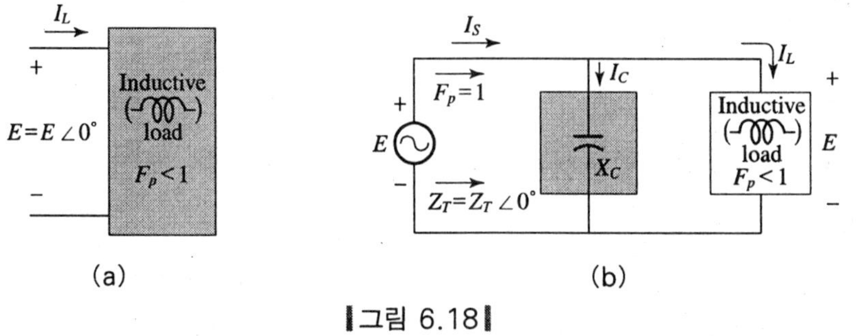

▌그림 6.18▐

그림 6.18(b)의 전류원에 대해서

$$
\begin{aligned}
I_S &= I_C + I_L \\
&= -jI_C + I_L(\text{real}) + jI_L(\text{imag.}) \\
&= I_L(\text{real}) + j(I_L(\text{imag.}) - I_C)
\end{aligned}
$$

X_C 가 $I_C = I_L(\text{imag.})$라면

$$I_S = I_L(\text{real}) + j(0)$$

그리고

$$I_S = I_L(\text{real}) \angle 0°$$

결과는 부하전류의 실수부분과 크기가 같은 전류원을 가지게 되어 그림 6.18 (a)에 나타난 부하전류보다 현저히 작은 값을 가지게 된다. 더욱이, 인가전압과 전류의 위상각이 같기 때문에 이 시스템의 단자특성은 저항성이다. 그리고 전달된 모든 전력은 흡수되어 발전된 전력은 최대효율을 가지게 된다.

예제 6.3

5마력의 전동기가 지상역률 0.6을 가지고 있다. 그리고 208V, 60Hz에서 92%의 효율을 가지고 있다. 이 시스템에 병렬로 콘덴서를 부착할 때 크기를 얼마로 해야 역률을 1로 만들 수 있는가?

풀이 5마력의 전동기에 대한 전력삼각형을 만들어보면, 1마력=746와트이므로,

$$P_o = 5\text{hp} = 5(746\text{ W}) = 3,730\text{ (W)}$$

따라서

$$P_i(\text{분기전력}) = \frac{P_O}{\eta} = \frac{3,730}{0.92} = 4054.35\text{ (W)}$$

또한,

$$F_P = \cos\theta = 0.6$$

그리고

$$\theta = \cos^{-1}0.6 = 53.13°$$

이므로, 다음이 성립한다.

$$\tan\theta = \frac{Q_L}{P_i}$$

그리고

$$Q_L = P_i \tan\theta = (4,054.35\text{ W}) \tan 53.13°$$
$$= (4,054.35\text{W})(1.333) = 5,404.45\text{ (VAR)}$$

이므로, 다음의 결과를 얻는다.

$$S = \sqrt{P_i^2 + Q_L^2} = \sqrt{(4,054.35\text{ W})^2 + (5,404.45\text{ VAR})^2}$$
$$= 6,756.17\text{ (VA)}$$

그림 6.19에 전력 삼각형이 나타나 있다. 총역률을 1로 만드는 것은 Q_L과 같은 크기의 용량성 부하인 5,404.45VAR이다. 그러므로

$$Q_C = \frac{V^2}{X_C}$$

로부터

$$X_C = \frac{V^2}{Q_C}$$

이므로

$$X_C = \frac{(208)^2}{5,404.45} = 8(\Omega)$$

되며, 결국 다음이 성립한다.

$$C = \frac{1}{2\pi f X_C} \quad (X_C = 1/2\pi fC\text{로부터})$$

$$= \frac{1}{(6.28)(60\,\text{Hz})(8\Omega)} = 332\,(\mu\text{F})$$

$0.6F_P$에서,

$$S = VI = 6,756.17\,(\text{VA})$$

그리고

$$I = \frac{S}{V} = \frac{6,756.17}{208} = 32.48\,(\text{A})$$

$F_P = 1$에서,

$$S = VI = 4,054.35\,(\text{VA})$$

그리고

$$I = \frac{S}{V} = \frac{4,054.35}{208} = 19.49\,(\text{A})$$

공급전류를 40% 감소시키게 되었다.

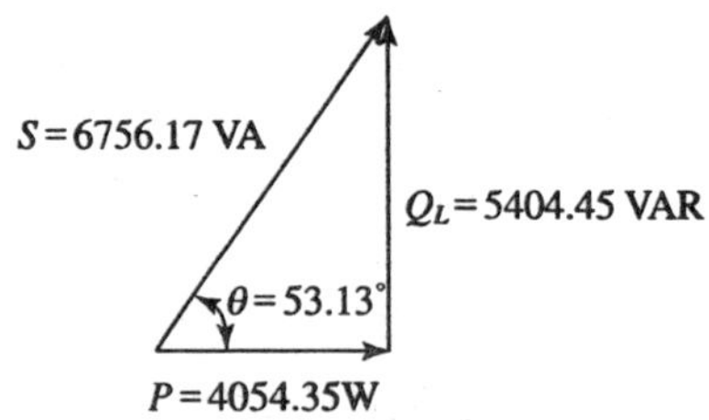

▌그림 6.19▌

예제 6.4

10 kW의 전열기와 20 kVA의 유도전동기로 이루어진 유도성부하를 갖는 공장이 있다. 전열기의 역률은 1로 보고, 유도전동기의 역률은 지상역률 0.7이다. 전원이 1,000 V, 60 Hz

일 때 역률을 0.95로 개선할 용량성 부하의 크기를 구하여라.

(풀이) 유도전동기에 대해서

$$S = VI = 20\,(\text{kVA})$$

$$P = VI\cos\theta = (20 \times 10^3)(0.7) = 14 \times 10^3\,(\text{W})$$

$$\theta = \cos^{-1}0.7 = 45.6°$$

따라서

$$Q_L = VI\sin\theta = (20 \times 10^3)(0.714) = 14.28 \times 10^3\,(\text{VAR})$$

그림 6.20에 전체 시스템에 대한 전력삼각형이 나타나 있다. 실효전력이 부가되고 S값이 증가하는 것에 주목하여라.

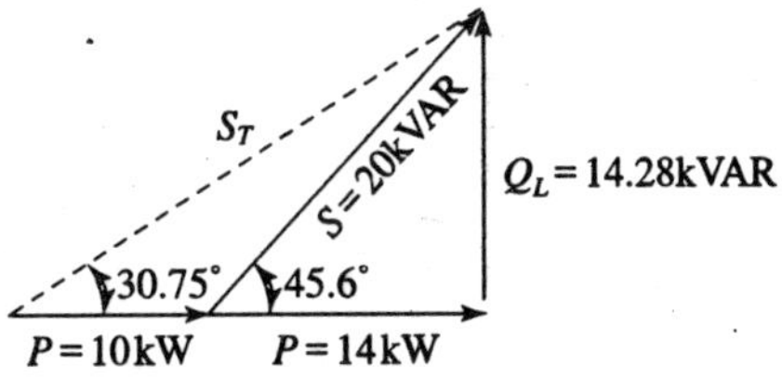

▌그림 6.20▌

$$S_r = \sqrt{(24\,\text{kW})^2 + (14.28\,\text{kVAR})^2} = 27.93\,(\text{kVA})$$

이므로, 다음과 같이 전류를 구할 수 있다.

$$I = \frac{S_r}{V} = \frac{27.93}{1,000} = 27.93\,(\text{A})$$

0.95의 역률로부터 다음과 같이 S와 P 사이의 각을 구할 수 있다.

$$\theta = \cos^{-1}0.95 = 18.19°$$

전력삼각형을 다음(그림 6.21)과 같이 나타낼 수 있다.

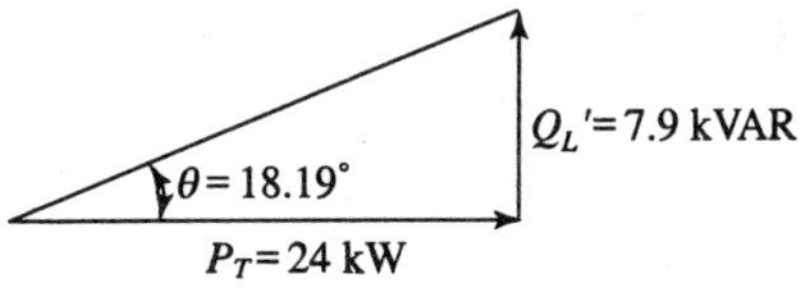

▌그림 6.21▌

$$\tan\theta = \frac{Q_L'}{P_T} \Rightarrow Q_L' = P_T\tan\theta = (24 \times 10^3\,\text{W})(\tan 18.19°)$$

$$= (24 \times 10^3\,\text{W})(0.329) = 7.9\,(\text{kVAR})$$

그러므로 유도성 리액티브 전력은 다음과 같이 감소한다.

$$Q_L - Q_L' = 14.28 - 7.9 = 6.38\,(\text{kVAR})$$

따라서, $Q_C = 6.38\,\text{kVAR}$, 그리고 다음을 사용하여

$$Q_C = \frac{V^2}{X_C}$$

다음을 얻을 수 있다.

$$X_C = \frac{V^2}{Q_C} = \frac{(10^3)^2}{6.38 \times 10^3} = 156.74(\Omega)$$

그리고

$$C = \frac{1}{2\pi f X_C} = \frac{1}{(6.28)(60\,\text{Hz})(156.74\,\Omega)} = 16.93\,(\mu\text{F})$$

◆ 연습문제

6-1 어떤 주파수에서 5 mH의 코일과 0.1 μF 콘덴서의 리액턴스가 같아지겠는가?

6-2 어떤 회로의 입력전압과 전류가 다음과 같을 때, 소비된 평균전력을 구하여라.

$i = 5\sin(\omega t + 40°)$

$v = 10\sin(\omega t + 40°)$

6-3 다음과 같은 전압과 전류를 가지는 회로망의 평균 전달전력을 구하여라.

a. $v = 100\sin(\omega t + 40°)$

$i = 20\sin(\omega t + 70°)$

b. $v = 150\sin(\omega t - 70°)$

$i = 3\sin(\omega t - 50°)$

제 7 장

3상 전원

대부분 전력은 다상(polyphase)전원으로 발전하고 있다. 그렇게 하는 것이 경제적이고 성능이 좋기 때문이다. 단상회로의 경우 부하에 공급되는 순시전력은 맥동한다. 이것은 전류와 전압이 동상일 때도 마찬가지여서 역시 맥동한다. 그러나 다상방식의 전력은 마치 실린더가 여러 개 있는 자동차 엔진처럼 단상의 경우보다 맥동이 적다. 따라서, 회전기계의 진동이 적어지고 성능이 향상된다. 동일한 전력을 공급하는데 드는 도선의 무게와 부품도 단상의 경우에 비해서 다상방식의 경우 훨씬 덜들어 경제적이다.

교류 회로에서 주파수가 같고 위상이 다른 두 개 이상의 기전력을 한 쌍으로 사용할 때 이것을 다상 기전력(polyphase-electromotive force)이라 하며, 이런 접속 방식을 다상 방식이라 한다. n 개의 기전력이 같고 위상차가 차례로 $2\pi/n$ [rad]만큼 다를 때, 이러한 교류를 대칭 n 상 교류라 하고, 그렇지 않을 경우를 비대칭 n 상 교류라 한다.

대칭 n 상 기전력을 발생하고, 각 상의 임피던스가 같은 전원을 대칭 n 상 전원 또는 단순히 대칭 전원이라 하고, 그렇지 않은 전원을 비대칭 전원이라 한다.

또한 부하의 경우에는 각 상의 임피던스가 같은 부하를 평형 부하라 하고, 그렇지 않은 부하를 불평형 부하라 한다. 대칭 n상 전원에 평형 n상을 접속하면, 전류는 각 상 모두 같고 상차도 $2\pi/n$[rad]이 된다. 이와 같은 회로를 평형 n상 회로라 하고 그렇지 않은 회로를 불평형 회로라 한다.

이 장에서는 먼저 단상 3상방식과 다상 방식 중에서도 가장 보편적인 3상방식을 중립적으로 다룬다. 3상 방식에서 전원은 3상 발전기이며, 평형전압(balanced set of voltages)을 발생한다. 즉, 3개의 정현파전압의 진폭과 주파수가 같고 위상만 120°씩 상차를 가지고 있다. 즉, 3상전원은 각기 위상이 서로 다른 단상전압원 3개를 상호 접속한 것이다. 각 전원에 흐르는 세 전류도 평형이면 이를 평형3상방식(balanced three-haase system)이라 부른다. 여기서는 주로 평형 3상방식을 다루기로 한다.

7.1 단상3선방식

3상방식을 설명하기 전에 가정에서 사용되고 있는 단상방식의 한 예를 공부하자. 단상3선전원은 그림 7.1에 보인 바와 같이 3개의 단자, a, b 및 n(중성단자)이 있어 단자전압이

$$V_{on} = V_{nb} = V_1$$

와 같이 같게 되어 있는 전원이다. 이것은 115 V와 230 V 두 가지를 모두 쓸 수 있도록 공급하는 일반 가정에 보편적으로 사용되는 방법이다. 만일 $|V_{on}| = |V_1| = 115\,\text{V}$라고 하면 $|V_{ab}| = |2V_1| = 230\,\text{V}$가 된다.

이제 그림 7.1의 전원에 그림 7.2처럼 부하 임피던스 Z_1을 연결한 경우를 생각하자. 선 aA 및 bB에 흐르는 전류는

$$I_{aA} = \frac{V_{an}}{Z_1} = \frac{V_1}{Z_1}$$

$$I_{bB} = \frac{V_{bn}}{Z_1} = -\frac{V_1}{Z_1} = -I_{aA}$$

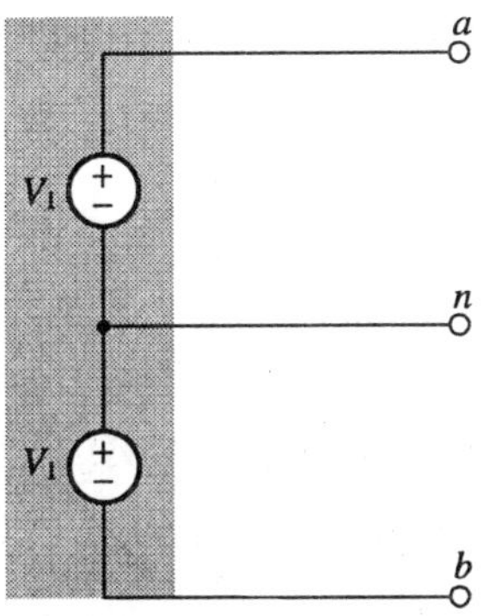

▌그림 7.1▌ 단상3선전원

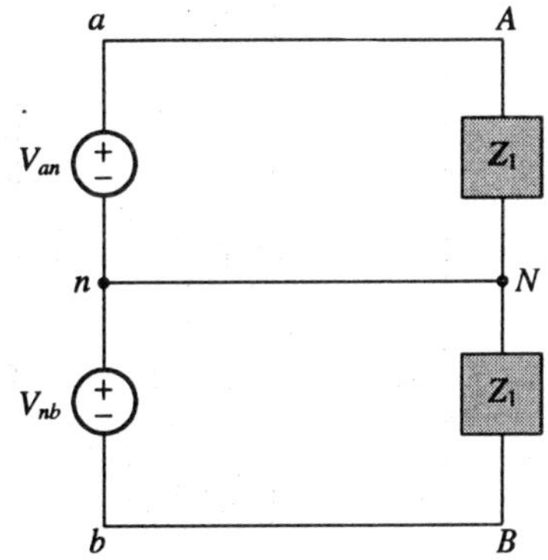

▌그림 7.2▌ 2개의 동일한 부하를 연결한 단상3선회로

와 같이 된다. 따라서, 중성선 nN에 흐르는 전류는 KCL에 의해서

$$I_{nN} = -(I_{aA} + I_{bB}) = 0$$

가 된다. 따라서 중성선을 제거해도 그 회로의 전류나 전압은 변하지 않는다.

선 aA, bB가 완전도체가 아니고, 그 임피던스가 Z_2 라고 해도 I_{nN}은 여전히 0이다. 그 이유는 직렬임피던스 Z_1과 Z_2를 합할 수 있으며, 이렇게 해서 하나의 임피던스로 대치하면 그림 7.2의 경우와 같기 때문이다. 이것은 다음과 같이 loop 방정식을 사용해서 입증할 수도 있다. 즉,

$$(Z_1 + Z_2 + Z_3) I_{aA} + Z_3 I_{bB} - Z_1 I_3 = V_1$$

$$Z_3 I_{aA} + (Z_1 + Z_2 + Z_3) I_{bB} + Z_1 I_3 = - V_1$$

이들 식을 합하면,

$$(Z_1 + Z_2 + Z_3)(I_{aA} + I_{bB}) + Z_3(I_{aA} + I_{bB}) = 0$$

즉,

$$I_{aA} + I_{bB} = 0$$

윗식의 좌측은, KCL에 의해서, $-I_{nN}$ 이며, 중성선전류는 0이다. 이것은 물론 그림 7.3의 대칭성에 의해서 생기는 것이다.

단자 $A-N$과 $N-B$의 부하가 같지 않거나 선 aA, bB의 선로임피던스가 같지 않을 경우에는 중성선에 전류가 흐른다.

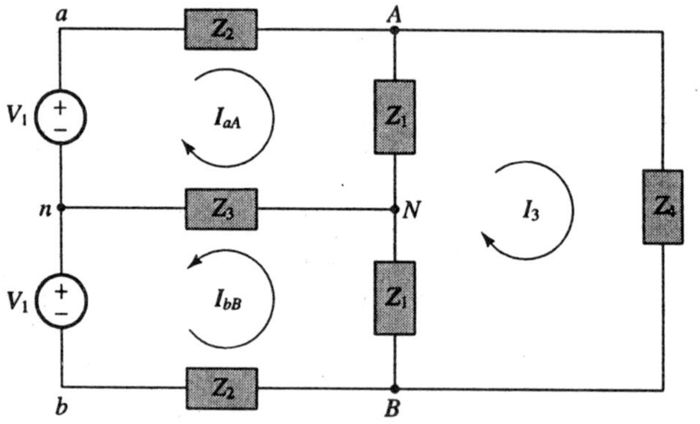

▎그림 7.3▎ 대칭 단상3선방식

예제 7.1

그림 7.4와 같이 두 개의 부하는 115 V에서 동작하고, 하나는 230 V에서 동작하는 경우를 살펴보자. loop방정식은,

$$43I_1 - 2I_2 - 40I_3 = 115$$
$$-2I_1 + 63I_2 - 60I_3 = 115$$
$$-40I_1 - 60I_2 + (10 + j10)I_3 = 0$$

이를 전류에 관해서 풀면

$$I_1 = 16.32\angle -33.7° \text{ A rms}$$
$$I_2 = 15.73\angle -35.4° \text{ A rms}$$
$$I_3 = 14.46\angle -39.9° \text{ A rms}$$

그러므로 중성선 전류는,

$$I_{nN} = I_2 - I_1 = 0.76\angle 184.3° \text{ A rms}$$

가 되어 0이 아님을 알 수 있다.

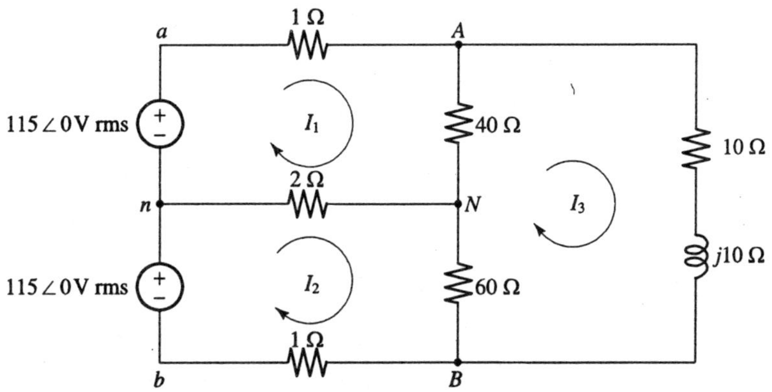

▌그림 7.4▌ 비대칭 단상3선방식

7.2 평형 3상 회로

7.2.1 Y 결선의 전압과 전류

그림 7.5에서 $a-0$, $b-0$, $c-0$ 사이의 전압 V_a, V_b, V_c를 상전압(phase voltage)이라 하면, 3선의 선간, 즉 $a-b$, $b-c$, $c-a$ 사이의 전압 V_{ab}, V_{bc}, V_{ca}를 선간 전압(line voltage)이라 하며, 이들 사이에는 다음과 같은 관계가 있다.

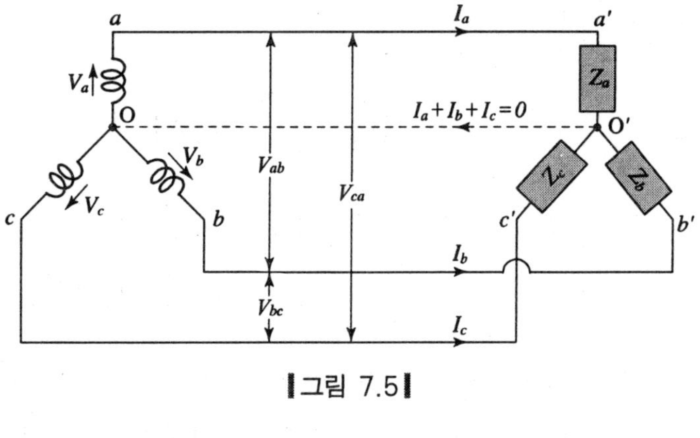

▌그림 7.5▌

$$\left.\begin{aligned} V_{ab} &= V_a - V_b \\ V_{bc} &= V_b - V_c \\ V_{ca} &= V_c - V_a \end{aligned}\right\} \quad (7.1)$$

가 되므로

$$\left.\begin{aligned} V_{ab} &= \sqrt{3}\, V_a \angle \frac{\pi}{6} \\ V_{bc} &= \sqrt{3}\, V_b \angle \frac{\pi}{6} \\ V_{ca} &= \sqrt{3}\, V_c \angle \frac{\pi}{6} \end{aligned}\right\} \quad (7.2)$$

이 된다. 따라서 선간 전압을 V_l[V], 상전압을 V_p[V]라 하면

$$V_{ab} = V_{bc} = V_{ca} = V_l, \quad V_a = V_c = V_p$$

로 되므로

$$V_l = \sqrt{3}\, V_p \angle \frac{\pi}{6} \quad (7.3)$$

위상은 30° 만큼 앞선다. 즉, 선간 전압은 상전압보다 크기는 $\sqrt{3}$ 배가 되고 전원 및 부하의 각 상에 흐르는 전류를 상전류라고 하고, 각 선 $a-a'$, $b-b'$, $c-c'$에 흐르는 전류를 선전류라 한다. Y 결선시 선전류(I_l)은 상전류(I_p)와 같다.

즉, $I_l = I_p$, 부하 각 상의 임피던스 $Z = R + jX$ 라 하고, 그 위상각 $\theta = \tan^{-1}\frac{X}{R}$ [rad]가 되므로

$$\left.\begin{aligned} I_a &= \frac{V_a}{Z} = \frac{V_a}{Z} \angle -\theta \,[\mathrm{A}] \\ I_b &= \frac{V_b}{Z} = \frac{V_b}{Z} \angle -\theta - \frac{2}{3}\pi \,[\mathrm{A}] \\ I_c &= \frac{V_c}{Z} = \frac{V_c}{Z} \angle -\theta - \frac{4}{3}\pi \,[\mathrm{A}] \end{aligned}\right\} \quad (7.4)$$

으로 나타낸다. 그러나 평형 대칭 부하의 각 상의 전압과 전류의 크기가 모두 같기 때문에 a, b, c상 중 1상을 $O-O'$의 중성점으로 분리하면 등가 회로는 그림 7.6과 같이 단상의 회로가 된다.

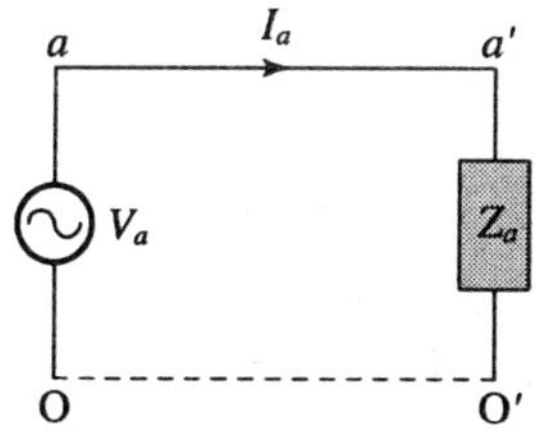

▌그림 7.6▐

따라서 선전류는

$$I_a = \frac{V_a}{Z} = \frac{\text{상전압}}{\text{임피던스}}\ [\mathrm{A}]$$

이 되며 I_b와 I_c는 I_a 보다는 위상각만 $\frac{2}{3}\pi$씩 뒤지면 되고, 이들 관계를 벡터 그림으로 표시하면 그림 7.7과 같다.

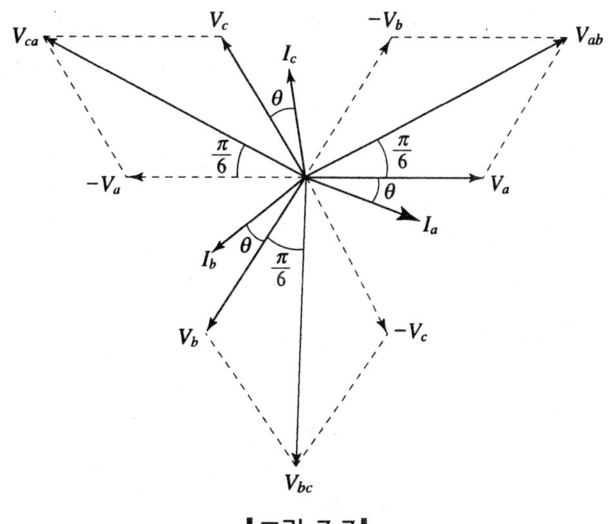

▌그림 7.7▐

7.2.2 △ 결선의 전압과 전류

그림 7.8에서 알 수 있듯이 선간 전압과 상전압은 같다.

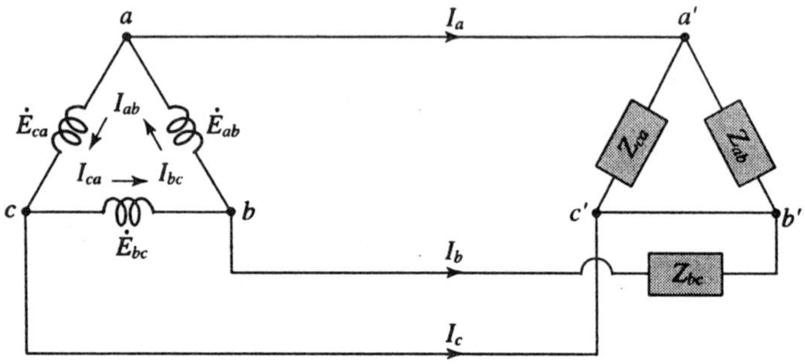

|그림 7.8|

즉 $V_{ab}=V_a$, $V_{bc}=V_b$, $V_{ca}=V_c$ 따라서 선간 전압을 V_l[V], 상전압을 V_p[V]로 하면

$$V_l = V_p$$

이 된다. 그러므로 △ 결선시는 Y 결선과는 반대로 선전류와 상전류가 같지 않다. 그림 7.8에서 부하 임피던스를 $Z=R+jX$[Ω], 위상각, $\theta=\tan^{-1}\dfrac{X}{R}$라 하고, 상전류 I_{ab}, I_{bc}, I_{ca}라 하면

$$\left.\begin{aligned} &\frac{V_a}{Z}=\frac{V_a}{Z}\angle{-\theta},\quad \frac{V_b}{Z}=\frac{V_b}{Z}\angle{-\theta-\frac{2}{3}\pi} \\ &\frac{V_c}{Z}=\frac{V_c}{Z}\angle{-\theta-\frac{4}{3}\pi} \end{aligned}\right\}$$

이 되며, 선전류 I_a, I_b, I_c는

$$\left.\begin{aligned} I_a &= \sqrt{3}I_{ab}\angle{-\frac{\pi}{6}} \\ I_b &= \sqrt{3}I_{bc}\angle{-\frac{\pi}{6}} \\ I_v &= \sqrt{3}I_{ca}\angle{-\frac{\pi}{6}} \end{aligned}\right\} \tag{7.5}$$

된다. 따라서 선전류를 I_l[A], 상전류를 I_p[A]라 하면

$$I_{ab}=I_{bc}=I_{ca}=I_p,\quad I_a=I_b=I_c=I_l$$

로 되므로

$$I_l=\sqrt{3}I_p\angle{-\frac{\pi}{6}} \tag{7.6}$$

이 된다. 즉 선전류는 상전류보다 크기는 $\sqrt{3}$배 만큼 크고 위상각 θ는 $\frac{\pi}{6}$만큼 뒤진다. 또한 이들 관계를 벡터 그림으로 표시하면 그림 7.9와 같다.

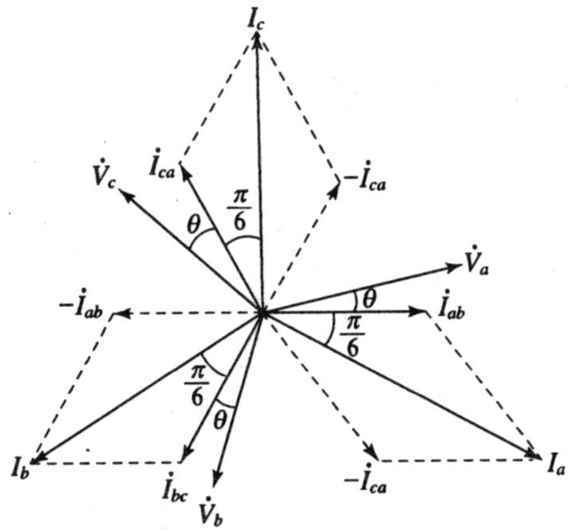

그림 7.9

예제 7.2

대칭 3상 Y 결선에서 선간 전압이 $100\sqrt{3}$[V]이고 각 상의 $Z=30+j40$[Ω]의 평형 부하일 때 각각의 선전류를 구하여라.

풀이

Y 결선시 전류 I_a는

$$I_a=\frac{V_a}{Z}=\frac{\text{상전압}}{\text{임피던스}}=\frac{100}{\sqrt{30^2+40^2}\angle\tan^{-1}\frac{4}{3}}$$

$$=2\angle-53.1^\circ\ [\text{A}]$$

$$I_b=2\angle-53.1^\circ-120^\circ=2\angle-173.1^\circ\ [\text{A}]$$

$$I_c=2\angle-53.1^\circ-240^\circ=2\angle66.9^\circ\ [\text{A}]$$

7.3 Y 결선과 △ 결선의 환산

7.3.1 △ 결선을 Y 결선으로 환산

그림 7.10(a)의 △ 결선과 그림 (b)의 Y 결선의 a, b, c 세 단자에 각각 전압을 가할 때, 두 회로에 흘러 들어가는 전류가 같으면 두 회로는 서로 등가인 회로라고 할 수 있다. 따라서 이때 그림 (a)와 (b)의 $a-b$, $b-c$, $c-a$ 세 단자에서 본 임피던스는 다음과 같다.

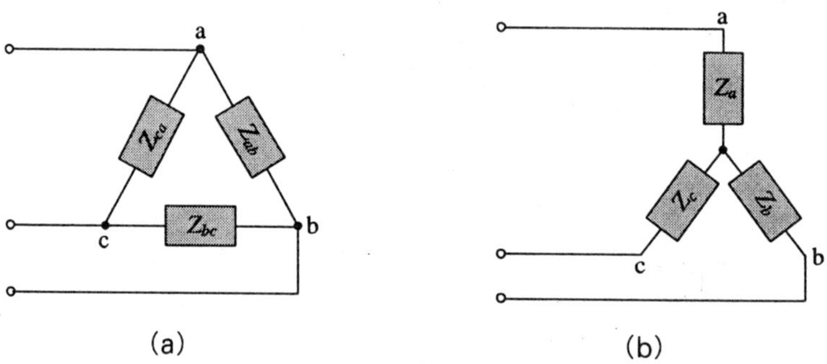

|그림 7.10|

$$Z_a + Z_b = \frac{Z_{ab}(Z_{bc} + Z_{ca})}{Z_{ab} + Z_{bc} + Z_{ca}} \tag{7.7}$$

$$Z_b + Z_c = \frac{Z_{bc}(Z_{ca} + Z_{ab})}{Z_{ab} + Z_{bc} + Z_{ca}} \tag{7.8}$$

$$Z_c + Z_a = \frac{Z_{ca}(Z_{ab} + Z_{bc})}{Z_{ab} + Z_{bc} + Z_{ca}} \tag{7.9}$$

식 (7.7)+식 (7.8)+식 (7.9)를 하면

$$Z_a + Z_b + Z_c = \frac{Z_{ab}Z_{bc} + Z_{bc}Z_{ca} + Z_{ca}Z_{ab}}{Z_{ab} + Z_{bc} + Z_{ca}} \tag{7.10}$$

식 (7.10)에 각각 식 (7.7), (7.8), (7.9)를 대입하여 정리하면

$$\left.\begin{array}{ll}\text{식}(7.10)-(7.7) & Z_a=\dfrac{Z_{ab}Z_{ca}}{Z_{ab}+Z_{bc}+Z_{ca}} \\ \text{식}(7.10)-(7.8) & Z_b=\dfrac{Z_{bc}Z_{ab}}{Z_{ab}+Z_{bc}+Z_{ca}} \\ \text{식}(7.10)-(7.9) & Z_c=\dfrac{Z_{ca}Z_{bc}}{Z_{ab}+Z_{bc}+Z_{ca}}\end{array}\right\} \qquad (7.11)$$

평형 부하인 경우에는 $Z_{ab}=Z_{bc}=Z_{ca}=Z_\triangle$이므로, $Z_y=Z_a=Z_b=\dfrac{Z_\triangle}{3}$로 된다. 즉 평형 부하인 경우 △ 결선을 Y 결선으로 환산하려면 Z_y를 $Z_\triangle$의 $\dfrac{1}{3}$배로 하면 된다.

7.3.2 Y 결선을 △ 결선으로 환산

식 (7.11)로부터

$$Z_a=\frac{Z_{ab}}{\dfrac{Z_{ab}}{Z_{ca}}+\dfrac{Z_{bc}}{Z_{ca}}+1}$$

이다. 또, $\dfrac{Z_b}{Z_c}=\dfrac{Z_{ab}}{Z_{ca}}$, $\dfrac{Z_b}{Z_a}=\dfrac{Z_{bc}}{Z_{ca}}$로부터

$$Z_a=\frac{Z_{ab}}{\dfrac{Z_b}{Z_c}+\dfrac{Z_b}{Z_a}+1}=\frac{Z_{ab}(Z_cZ_a)}{Z_aZ_b+Z_bZ_c+Z_cZ_a}$$

$$\therefore\ Z_{ab}=\frac{Z_aZ_b+Z_bZ_c+Z_cZ_a}{Z_c}$$

이다. 같은 방법으로

$$Z_{bc}=\frac{Z_aZ_b+Z_bZ_c+Z_cZ_a}{Z_a}$$

$$Z_{ca}=\frac{Z_aZ_b+Z_bZ_c+Z_cZ_a}{Z_b}$$

이고 평형 부하인 경우에는 $Z_a=Z_b=Z_c=Z_y$ 이므로 $Z_\triangle=Z_{ab}=Z_{bc}=Z_{ca}=3Z_y$ 이다. 즉 평형부하인 경우 Y 결선을 △ 결선으로 환산하려면 $Z_\triangle$를 Z_y 의

3배로 환산하면 된다.

그림 7.11처럼 Y회로와 △회로를 하나로 그렸다고 생각하면 Y_a와 Y_b는 Y_{ab}와 인접(adiacement)하고, Y_b와 Y_c는 Y_{bc}와 인접하는 식으로 되어 있어 식 (7.12)을 다음과 같은 말로 표현할 수 있다.

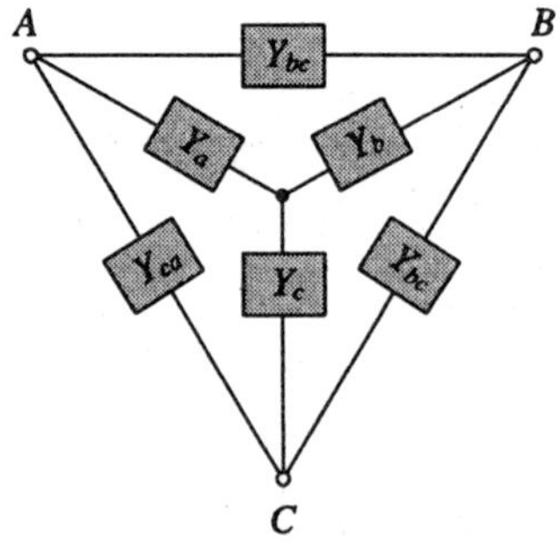

그림 7.11

$$Y_{ab} = \frac{Y_a Y_b}{Y_a + Y_b + Y_c}$$

$$Y_{bc} = \frac{Y_b Y_c}{Y_a + Y_b + Y_c} \tag{7.12}$$

$$Y_{ca} = \frac{Y_c Y_a}{Y_a + Y_b + Y_c}$$

△의 한 가지의 어드미턴스는 Y의 인접가지의 어드미턴스의 곱을 Y 어드미턴스의 합으로 나눈 것과 같다.

7.4 3상 전력

7.4.1 평형 3상 전력

평형 3상 회로에 있어서 각 상의 전압과 전류의 순시값을 다음과 같이 표시한다.

$$v_a = \sqrt{2}\, V \sin \omega t, \qquad i_a = \sqrt{2} I \sin(\omega t - \theta)$$

$$v_b = \sqrt{2}\,V\sin\left(\omega t - \frac{2\pi}{3}\right) \qquad i_b = \sqrt{2}\,I\sin\left(\omega t - \frac{2\pi}{3} - \theta\right)$$

$$v_c = \sqrt{2}\,V\sin\left(\omega t - \frac{4\pi}{3}\right) \qquad i_c = \sqrt{2}\,I\sin\left(\omega t - \frac{4\pi}{3} - \theta\right)$$

여기서, 각 상의 부하는 $Z=R+jX$, $\theta = \tan^{-1}\frac{X}{R}$ 이다. 이 때의 3상 순시 전력 p는

$$p = v_a i_a + v_b i_b + v_c i_c = 3VI\cos\theta = P[\mathrm{W}] \tag{7.13}$$

3상 회로의 순시 전력은 식 (7.13)과 같이 시간에 관계없는 일정한 값이 되고, 1상의 소비 전력의 3배가 되는 평균 전력, 즉 유효 전력 P가 된다.

또 선간 전압 V_l[V], 선전류 I_l[A]로 표시하면 Y 결선에는

$$V_l = \sqrt{3}\,V_p, \quad I_l = I_p$$

△결선에서는

$$V_l = V_p, \quad I_l = \sqrt{3}I_p \tag{7.14}$$

이므로 식 (7.14)을 각 전력에 대입하면 유효 전력 P, 무효 전력 P_r 및 피상 전력 P_a는 다음과 같다.

$$\left.\begin{aligned} P &= \sqrt{3}\,V_l I_l\cos\theta = \sqrt{3}\times(\text{선간 전압})\times(\text{선전류})\times(\text{역률})\ [\mathrm{W}] \\ P_r &= \sqrt{3}\,V_l I_l\sin\theta = \sqrt{3}\times(\text{선간 전압})\times(\text{선전류})\times(\text{무효율})\ [\mathrm{Var}] \\ P_a &= \sqrt{3}\,V_l I_l\cos\theta = \sqrt{P^2+P_r^2}\ [\mathrm{VA}] \end{aligned}\right\} \tag{7.15}$$

그리고 단상과 3상의 전력을 비교하여 정리하면 다음과 같다.

$$\left.\begin{aligned} P &= V_p I_p\cos\theta = I_p^2 R\,[\mathrm{W}] \\ P_r &= V_p I_p\sin\theta = I_p^2 X\,[\mathrm{Var}] \end{aligned}\right\} : \text{단상}$$

$$\left.\begin{aligned} P &= 3P = 3V_p I_p\cos\theta = 3I_p^2 R\,[\mathrm{W}] \\ P_r &= 3P_r = 3V_p I_p\sin\theta = 3I_p^2 X\,[\mathrm{Var}] \end{aligned}\right\} : \text{3상}$$

여기서 V_p, I_p, R, X는 각각 한 상의 전압, 전류, 저항 및 리액턴스이며 θ는 상전압과 상전류의 위상차인 동시에 상 임피던스 Z의 위상각과 같다.

7.5 V 결선

7.5.1 V 결선의 전압과 전류

대칭 △ 결선의 3상 회로에서 한 상의 전압 또는 임피던스가 없는 경우를 V결선이라 한다. 그림 7.12(a)와 같이 ac상 사이의 1상의 코일을 제거하면 나머지 두 상(단상 변압기 두 대)의 상접압 E_{ab}, E_{bc}에 의하여 abc상 사이에 나타나는 선간 전압 V_{ab}, V_{bc}, V_{ca}는 그림 (b)와 같이 된다.

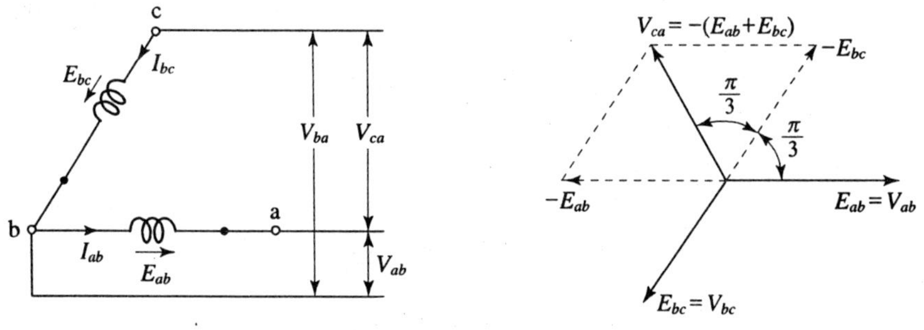

▌그림 7.12▐

$$V_{ab}=E_{ab},\ V_{bc}=E_{bc},\ V_{ca}=-(E_{ab}+E_{bc})$$

$$\therefore\ V_{ab}+V_{bc}+V_{ca}=0$$

따라서 △ 결선의 경우와 같은 결과가 된다. 그림 7.13(a)와 같은 결선에서 각 상의 전압은 대칭 3상 전압으로 작용하므로 전원의 임피던스를 무시하면 부하

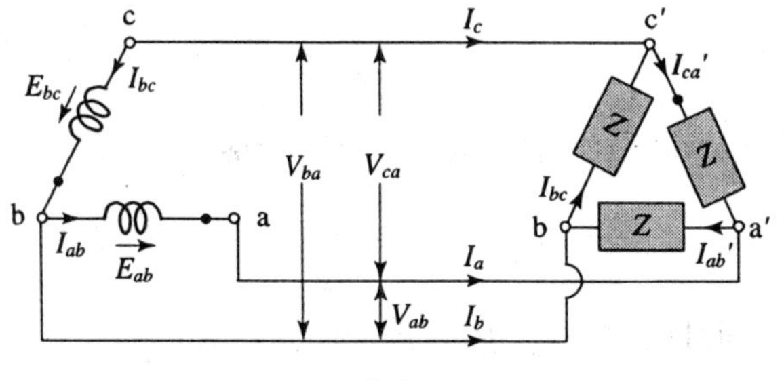

(a)

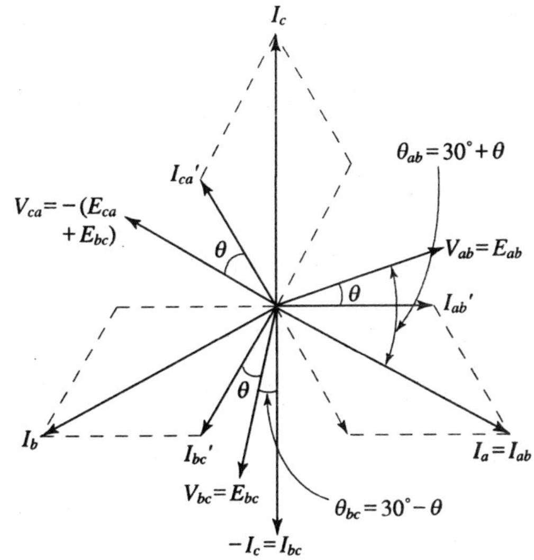

(b)

그림 7.13

$Z=R+jX$, $\theta=\tan^{-1}\dfrac{X}{R}$에 흐르는 △ 전류 I_{ab}', I_{bc}', I_{ca}'와 선전류 I_a, I_b, I_c는 모두 대칭 3상 전류가 된다.

즉, 그림 (a)에서

$$I_a=I_{ab}'-I_{ca}',\quad I_b=I_{bc}'-I_{ab}',\quad I_c=I_{ca}'-I_{bc}'$$

이고, 이들을 전원측의 전류와 비교하면

$$I_ab=I_a,\ I_{bc}=-I_c$$

의 관계가 있고 이들의 관계를 벡터 그림으로 나타내면 그림 (b)와 같다.

그림 7.13(b)에서 다음을 알 수 있다.

$$\left.\begin{aligned} I_{ab}\text{가 } V_{ab}\text{보다 늦은 각 : } \theta_{ab}=\frac{\pi}{6}+\theta \\ I_{ab}\text{가 } V_{ab}\text{보다 늦은 각 : } \theta_{ab}=\frac{\pi}{6}+\theta \end{aligned}\right\} \quad (7.16)$$

(2) V **결선의 출력**

위의 식 (7.16)의 관계에서 전원의 출력 P는 다음과 같다.

$$P = V_{ab}I_{ab}\cos\theta_{ab} + V_{bc}I_{bc}\cos\theta_{bc}$$

$$= V_{ab}I_{ab}\cos\left(\frac{\pi}{6}+\theta\right) + V_{bc}I_{bc}\cos\left(\frac{\pi}{6}+\theta\right)$$

여기서 $V_{ab}=V_{bc}=V$, $I_{ab}=I_{bc}=I$라 하면

$$P = \sqrt{3}\,VI\cos\theta\,[\mathrm{W}] \tag{7.17}$$

이 된다. 다음은 V 결선 변압기의 이용률 및 출력비를 알아본다. 단상 변압기 한 대의 용량을 VI[VA]라 하면 단상 변압기 단독으로 부하에 응할 때 두 대의 용량 $2VI$[VA]이다. 그런데 용량이 같은 두 대의 변압기를 1조로 하여 V 결선으로 한 두 대의 용량은 식 (7.17)에서 $\sqrt{3}\,VI$[VA]이고, 또 세 대를 △ 결선으로 한 용량은 $\sqrt{3}\,VI$[VA]이다. 따라서 V 결선 변압기의 이용률 및 △ 결선에 대한 출력비는 다음과 같다.

$$\text{이용률} = \frac{\text{두 대의 V 결선 출력}}{\text{두 대의 단독 출력의 합}} = \frac{\sqrt{3}\,VI\cos\theta}{2VI\cos\theta} = \frac{\sqrt{3}}{2} = 0.866$$

$$\text{출력비} = \frac{\text{V 결선 출력}}{\triangle\text{ 결선 출력}} = \frac{\sqrt{3}\,VI\cos\theta}{3VI\cos\theta} = \frac{\sqrt{3}}{3} = 0.577$$

예제 7.3

용량이 30 [kVA] 되는 두 대의 단상 변압기를 V 결선하여 역률 0.8, 전력 20 [kW]의 평형 3상 부하에 전력을 공급할 때, 각 변압기의 분담 전력은 얼마인가?

풀이

$$EI = \frac{P}{\sqrt{3}\cos\theta} = \frac{20\times10^3}{\sqrt{3}\times0.8} = 14.4\,[\mathrm{kVA}]$$

따라서 $P_1 = EI\cos\left(\frac{\pi}{6}+\theta\right)$

$$= EI\left(\cos\frac{\pi}{6}\cos\theta - \sin\frac{\pi}{6}\sin\theta\right)$$

$$= 14.4\left(\frac{\sqrt{3}}{2}\times0.8 - \frac{1}{2}\times0.6\right)$$

$$= 5.63\,[\mathrm{kW}]$$

$$P_2 = EI\cos\left(\frac{\pi}{6}-\theta\right)$$

$$= EI\left(\cos\frac{\pi}{6}\cos\theta + \sin\frac{\pi}{6}\sin\theta\right)$$

$$= 14.4\left(\frac{\sqrt{3}}{2}\times 0.8 + \frac{1}{2}\times 0.6\right)$$

$$= 14.28\,[\mathrm{kW}]$$

연습문제

7-1 그림 7.14의 △회로를 Y회로로 변환하여라.

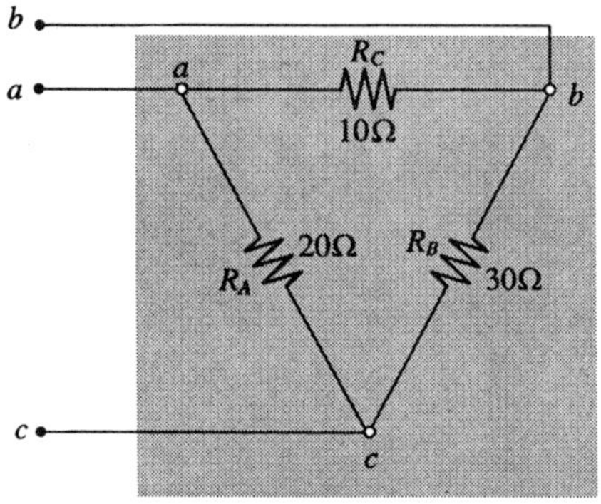

┃그림 7.14┃

7-2 그림 7.15의 Y회로를 △회로로 변환하여라.

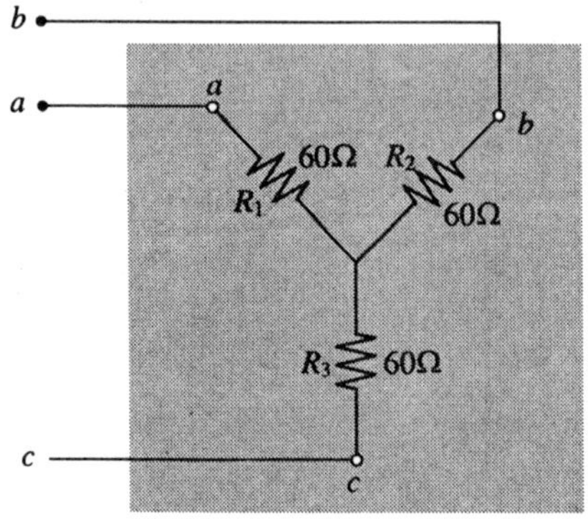

┃그림 7.15┃

7-3 그림 7.16의 회로에서 총저항 R_T를 구하여라. 여기서 $R_A=3\Omega$, $R_B=3\Omega$ 그리고 $R_C=6\Omega$이다.

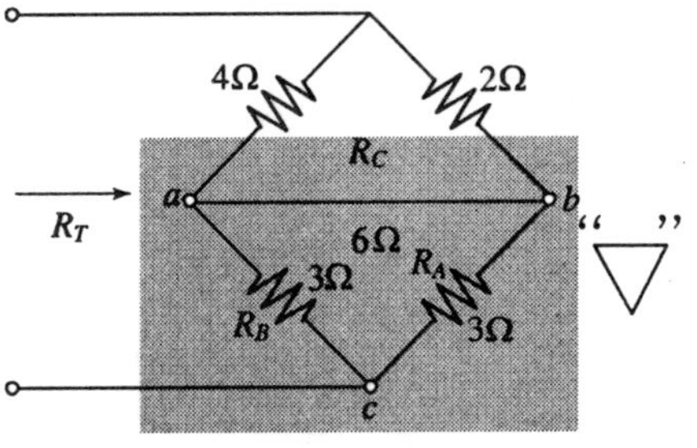

▌그림 7.16▌

7-4 그림 7.17의 회로에서 총저항 R_T를 구하여라.

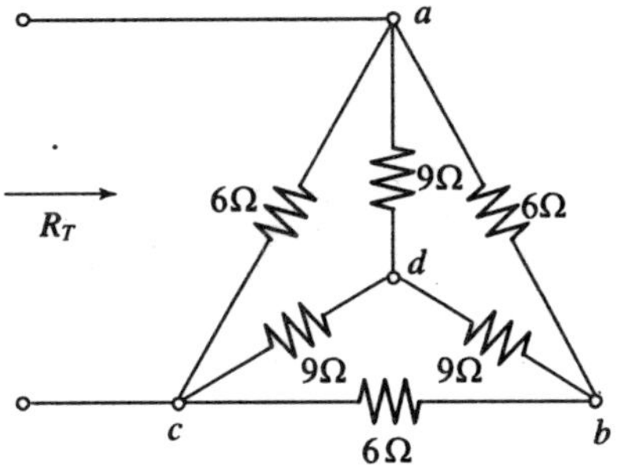

▌그림 7.17▌

제 8 장

과도현상

8.1 정상 상태와 과도 상태

지금까지 다룬 회로는, 회로에 흐르는 전류와 전압이 시간에 대하여 항상 같은 상태를 반복하며 일정한 시간에 일정한 전력을 소비하는 것으로서 이와 같은 상태를 정상 상태(steady state)라 한다. 그러나 수동 소자인 저항, 인덕턴스, 정전용량 중에 저항은 과도 현상이 일어나지 않지만 인덕턴스 또는 정전용량은 정상 상태에서 다른 정상 상태로 바뀔 때 에너지를 유입 또는 유출하므로 회로 소자나 전원의 상태를 순간적으로 변화하는 경우에는 각 부의 전압, 전류 등의 에너지가 순간적으로 정상 상태에 도달하지 못하고 정상 상태에 이를 때까지 어느 시간을 요한다. 이와 같이 정상 상태로 변화할 때까지의 상태를 과도 상태(transient state)라 하고, 이러한 현상을 과도 현상(transient phenomena)이라 한다.

이 장에서는 저항과 커패시터(*RC* 회로), 저항과 인덕턴스(*RC* 회로), 그리고 저항, 인덕턴스 및 커패시턴스(*RLC* 회로)로만 이루어진 단순한 회로에 대한 과도 현상을 살핀다.

8.2 용량성 회로망의 과도 상태 : 충전 상태(Transient in Capacitive Networks : Charging Phase)

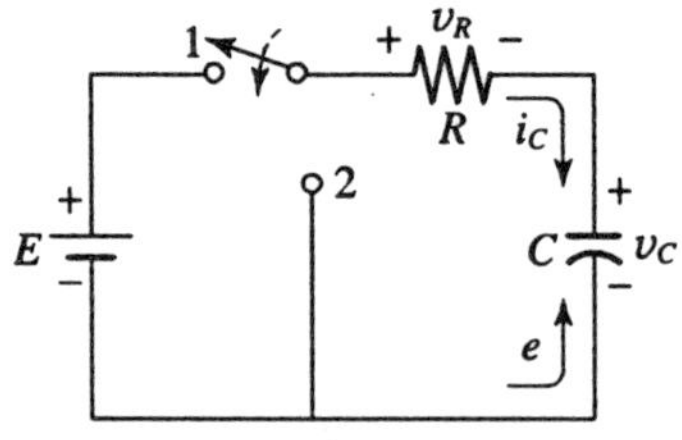

그림 8.1

그림 8.1에 나타난 회로망의 스위치를 닫은 직후의 전위와 전류에 대한 검토를 해보자. 스위치가 닫히는 순간 축전지에 의해 윗판에 양전하가 아랫판에 음전하가 배치될 것이다. 전자의 이동은 처음에는 매우 빠르다가 콘덴서의 전위가 축전지의 전위에 가깝게 높아짐에 따라서 속도가 느려지게 된다. 콘덴서 양단의 전압이 축전지의 전압과 같아질 때, 전자의 이동은 끝나고 양 극판에는 $Q=CV_c$ $=CE$ 인 전하가 축적된다. 전류와 전압의 변화를 그림 8.2와 그림 8.3에 나타내었다.

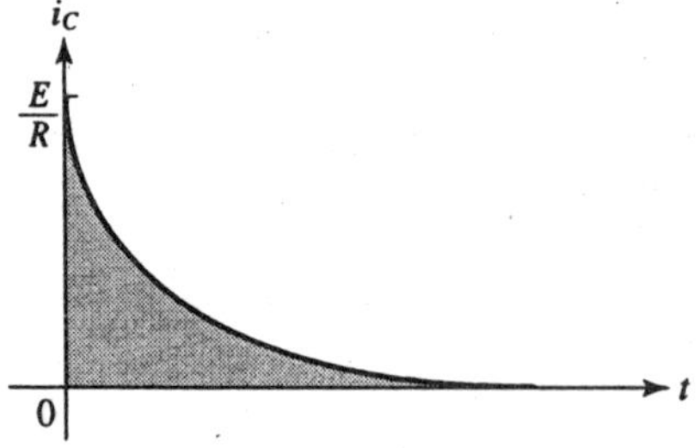

그림 8.2

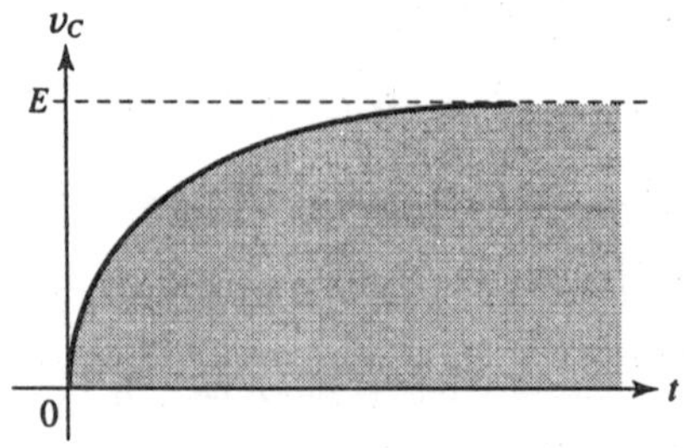

그림 8.3

$t=0$일 때 스위치가 닫히면 회로망의 저항에 의해서만 정해지는 전류값으로 급격히 변하게 된다. 그리고 전극이 충전되는 즉시 전류의 흐름은 멈추게 된다. 전류의 급격한 감소는 단위시간당 전극에 공급되는 전하의 비율도 급격히 감소하는 것을 의미한다. 전극 사이의 전압은 $V_c=q/C$에 의해서 정해지므로 전하의 급격한 충전은 V_c값의 급격한 증가로 이어진다. 확실히 전하의 이동률(I)은 전압의 변화가 감소함에 따라서 작아지게 된다. 결국에는 전하의 이동은 멈추게 된다. 충전상태(charging phase)가 끝난 것이다. 이 시점의 콘덴서는 이미 개방회로의 특성을 나타내어 두 전극 간의 전압은 전류의 흐름없이 떨어지게 된다. $i=i_c=I_R=0\,\text{A}$이고, $V_R=i_R R=(0)R=0\,\text{V}$이기 때문에 그림 8.4에 콘덴서의 전압이 전압원의 전압임을 나타내고 있다. 따라서 콘덴서에 일단 직류회로의 충전상태가 끝났다면, 이 콘덴서는 개방회로와 같은 특성을 나타낸다.

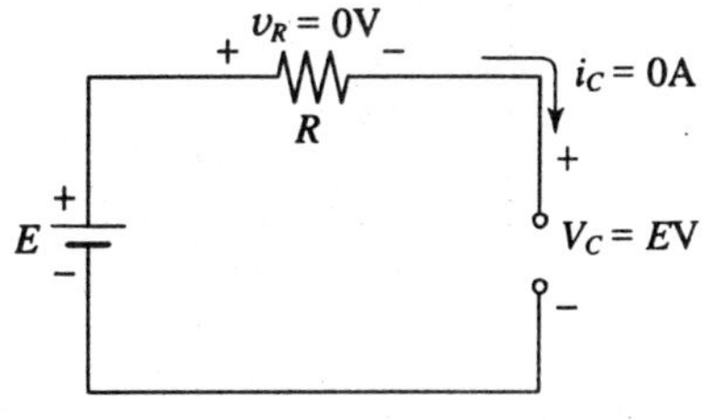

▌그림 8.4▐

직류회로에서 스위치가 닫힌 순간으로 되돌아가 보면 그림 8.5처럼 콘덴서가 마치 단락회로처럼 동작하고 있는 것을 볼 수 있을 것이다.

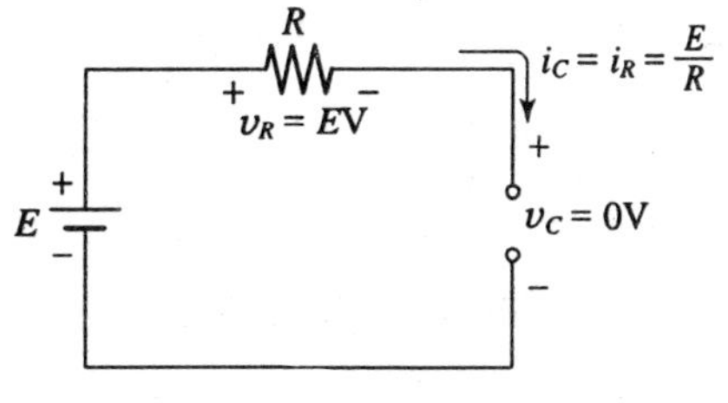

▌그림 8.5▐

$t=0$일 때, 전류는 $i=i_c=I_R=E/R$이고, 전압은 $v_c=E-v_R=E-i_R R=E-(E/R)R=E-E=0\,\text{V}$가 된다. 계산기를 이용하면 다음 계산식에 나타난 충전전류 i_c값을 구할 수 있을 것이다.

$$i_C = \frac{E}{R} e^{-t/RC} \tag{8.1}$$

$e^{-t/RC}$ 항은 e^{-x} 형태의 지수함수이며, $x = -t/RC$ 이고 $e = 2.71828\cdots$이다. $x \geq 0$일 때 e^{-x}의 그래프가 그림 8.6에 나타나 있다.

식 (8.1)에서 RC값은 시정수(time constant)라고 불리우며, 다음과 같은 단위를 갖는다.

$$RC = \left(\frac{V}{I}\right)\left(\frac{Q}{V}\right) = \left(\frac{V}{Q/t}\right)\left(\frac{Q}{V}\right) = t$$

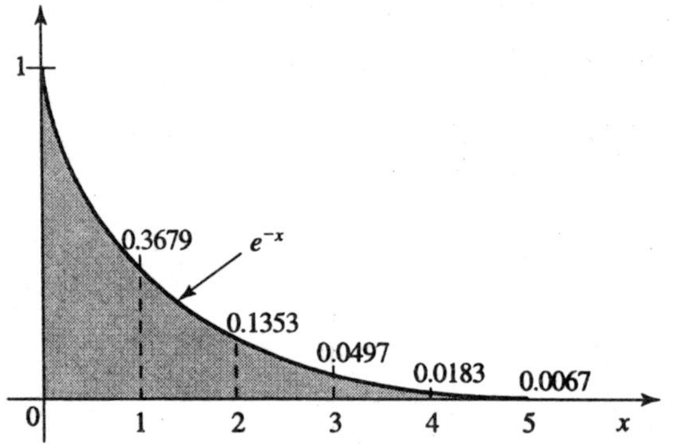

그림 8.6 The e^{-x} function ($x \geq 0$)

그리스 문자 τ (타우)로 표시하며, 측정단위를 초(second)이다.

$$\tau = RC \text{(seconds, s)} \tag{8.2}$$

$\tau = RC$를 지수함수 형태인 $e^{-t/RC}$로 변환하면 $e^{-t/\tau}$를 얻게 된다. 시정수가 1일 때는 $e^{-t/\tau} = e^{-\tau/\tau} = e^{-1} = 0.3679$가 된다. 혹은 이 함수의 최대값인 1의 36.79%로 감소하게 된다.

i_c의 변화율은 시정수의 변화율에 매우 민감하며 R값과 C값에 의해서 정해진다. 이와 같은 이유로 그림 8.7에 전체적인 시정수도를 나타내어 지정된 시간차에서의 정확한 e^{-x}값을 시정수에 관련 시켜서 구해 놓았다.

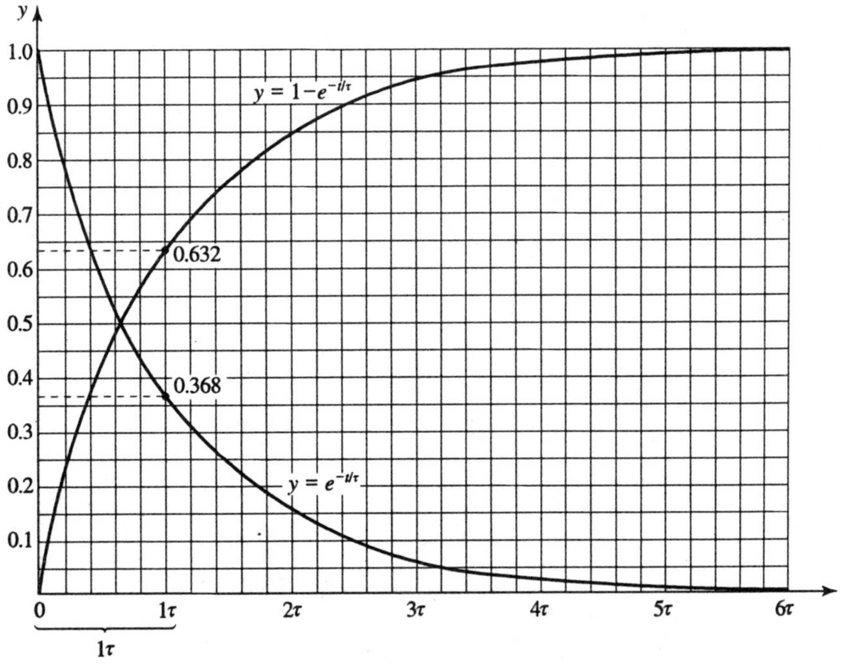

|그림 8.7|

식 (8.1)로 돌아가서 그림 8.2에 나타나 있듯이 배수 E/R은 전류 i_c의 최대값이며 식 (8.1)에 $t=0$을 대입하면 다음과 같이 이미 얻었던 결과를 만족하는 식을 얻는다.

$$i_C = \frac{E}{R} e^{-t/RC} = \frac{E}{R} e^{0} = \frac{E}{R}$$

t값이 상승할수록 $e^{-t/\tau}$의 크기와 i_c값은 그림 8.8과 같이 감소한다. i_c값의 크기는 다섯 번째의 시정수값 이후에는 최대값의 1% 수준이 되기 때문에 다음과 같은 분석을 가정할 수 있다.

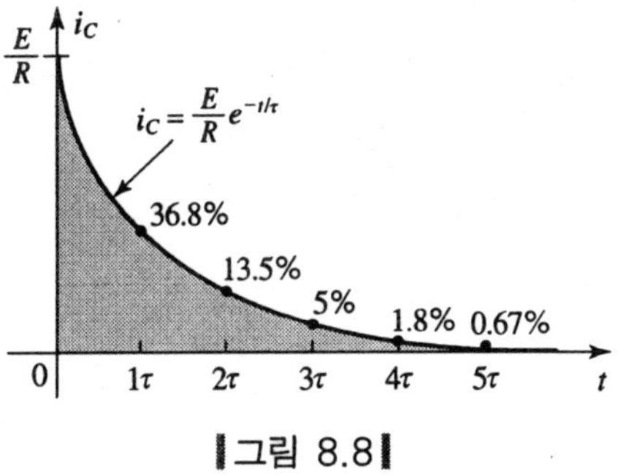

|그림 8.8|

용량성 회로의 전류 i_c는 직류회로망의 충전상태를 가정할 때, 다섯 번째의 시정수를 거친후에는 0이 된다.

보통 C는 μF나 pF 단위를 사용하기 때문에 시정수 $\tau = RC$는 R값이 매우 크지 않은 한 수초를 넘지 못한다.

이제 콘덴서 양단의 충전전압에 대해서 생각해 보자. 좀더 심도있는 수학적인 분석을 통해서 콘덴서 양단의 충전전압을 구할 수 있다.

$$v_C = E(1 - e^{-t/RC}) \tag{8.3}$$

그림 8.7에 $e^{-t/RC}$항과 $(1-e^{-t/RC})$ 함수에 대해서 나타나 있다. $e^{-t/\tau}$는 감소함수이기 때문에 그림 8.7에 나타난 것처럼 시간이 흐름에 따라서 $(1-e^{-t/\tau})$ 항은 최대값 1에 가깝게 접근한다. 더욱이 E는 곱셈항이기 때문에 모든 실제적인 목적에 있어서 충전상태에서 다섯 번째의 시정수가 흐른 후에 v_c는 E가 되며, v_c에 대한 t값을 그림 8.9에 나타내었다.

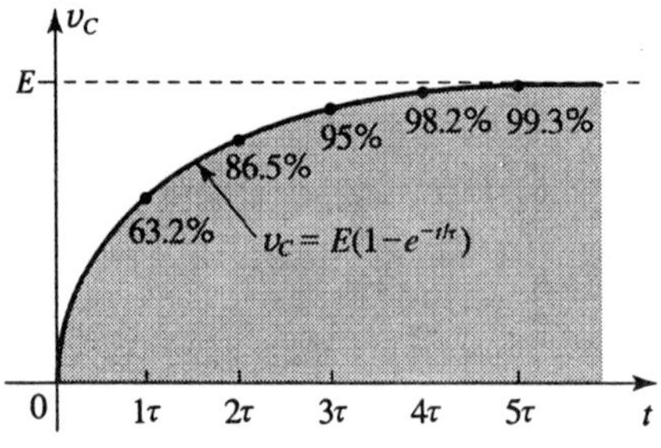

| 그림 8.9 |

만일 R값을 유지시키고 C값을 줄인다면 RC값은 감소할 것이다. 그리고 다섯 번째 시정수의 상승시간은 감소할 것이다. 전압 v_c의 과도상태 변화를 용량 C에 따라서 그림 8.10에 나타내었다. RC값은 항상 같은 수치값을 가지고 있으며, 어떤 경우에는 매우 작은 값을 가지기도 한다. 이와 같은 이유로 콘덴서 양단의 전압은 급격히 변화할 수 없다.

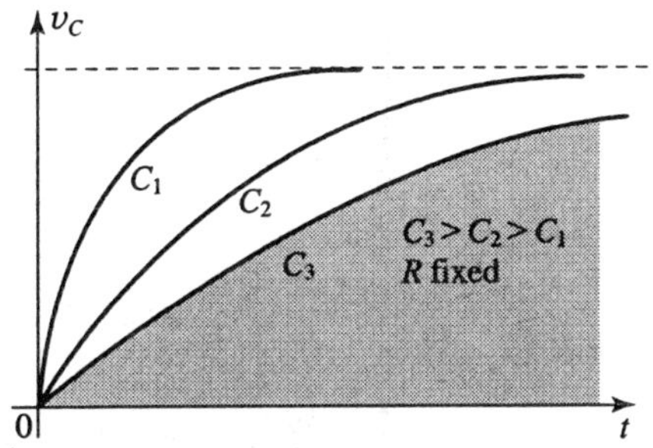

그림 8.10

또한 회로망의 용량은 회로의 전압변화를 얼마나 막아주는가를 측정하는 값이기도 하다. 용량이 커질수록 시정수값도 커지며 최종값까지 충전되는 시간도 길어진다(그림 8.10의 C_1 곡선을 보라).

충전상태에서 전극에 인가되는 전하의 속도는 다음 식을 식 (8.3)에 대입함으로써 얻어질 수 있다.

$$v_C = \frac{q}{C}$$

그리고

$$q = Cv_C = CE(1 - e^{-t/\tau}) \tag{8.4}$$

이 식은 처음 몇 번의 시정수 구간에서는 충전률이 매우 높으며 그 다음부터는 1% 미만인 것을 나타내고 있다.

저항에 나타나는 전압은 옴의 법칙으로부터 다음과 같이 정해진다.

$$v_R = i_R R = Ri_C = R\frac{E}{R}e^{-t/\tau}$$

혹은

$$v_R = Ee^{-t/\tau} \tag{8.5}$$

그림 8.11에 v_R 곡선이 나타나 있다.

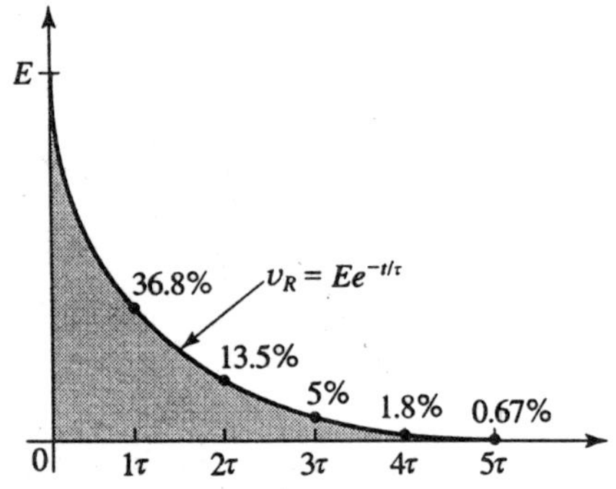

▌그림 8.11▌

콘덴서 양단의 전압이 입력전압 E와 같아지면 이 콘덴서는 충분히 충전된 것이며, 회로에 다른 변화가 없는 한, 이 상태를 유지하게 된다.

만일 그림 8.12(a)와 같이 그림 8.1에 나타난 스위치가 열리게 되면 이 콘덴서의 누설저류에 따른 시간동안 방전을 하게 된다.

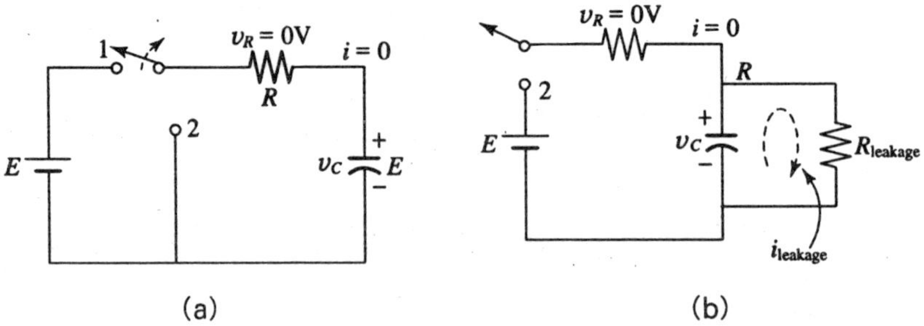

▌그림 8.12▌

마이카나 세라믹 콘덴서의 경우 이 누설전류($i_{leakage} = v_c/R_{leakage}$)는 매우 작은 값이어서 전하를 거의 잃지 않고, 이로 인해서 양극판 간의 전위차는 긴 시간동안 유지되게 된다. 높은 누설전류를 가지고 있는 일렉트롤릭 콘덴서의 경우 그림 8.12(b)와 같이 좀 더 빠른 방전시간을 가지게 된다. 어떤 경우에도 콘덴서가 완전히 방전되었다는 것을 알기 위해서는 손으로 만지기 전에 단자를 서로 접촉시키거나 드라이버로 단락(short)시켜야 한다.

8.3 방전 상태(Discharging Phase)

그림 8.1의 회로망은 콘덴서를 충전시키고 방전시키는 용도로 설계되었다. 스위치가 1의 위치로 절환된 후에 콘덴서의 전압은 기존의 설명대로 전압원의 전압에 가깝게 충전되기 시작한다. 충전과정의 어떤 시점에서도 스위치가 2번 위치에 있게 되면 콘덴서는 $\tau = RC$의 시정수에 따라서 방전을 시작한다. 콘덴서 양단의 전압은 폐회로 안에서 전하의 흐름을 유발하게 되고, 결국 완전한 방전이 일어나게 되는 것이다. 원래 콘덴서 함수는 축전지와 같은 단자전압을 가지게 된다. 특히 i_c는 반대 방향을 가지고 있어서 R 양단에 인가되는 전압을 변화시킨다.

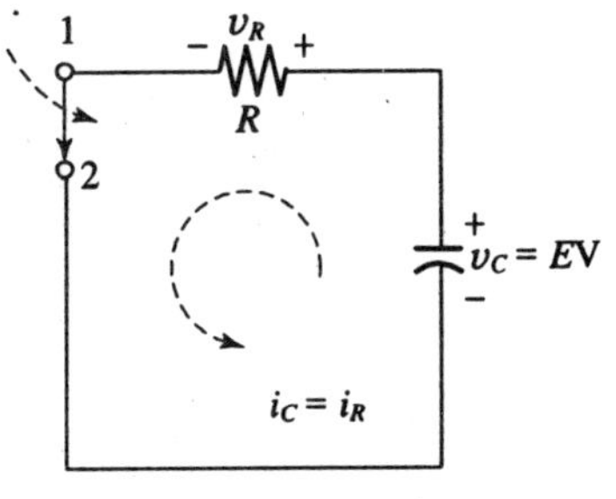

그림 8.13

만일 콘덴서가 그림 8.13에 나타난 것과 같이 축전지의 전압만큼 충분히 충전되었다면 콘덴서 양단에 인가되는 전압강하에 대한 식은 다음과 같다.

$$v_C = Ee^{-t/RC} \tag{8.6}$$

이 식은 e^{-x} 함수를 포함하고 있고 위에서 사용된 시정수와 같은 값을 가지고 있다. 결과적으로 얻은 곡선은 기지의 i_c와 v_R과 같은 곡선형을 가질 것이다. 방전상태 동안에 전류 i_c는 다음 식과 같이 감소할 것이다.

$$i_C = \frac{E}{R} e^{-t/RC} \tag{8.7}$$

전압 $v_R = v_c$이고

$$v_R = Ee^{-t/RC} \tag{8.8}$$

실제로 다섯 번째 시정수안에 완전한 방전이 일어날 것이다. 매 다섯 번째 방전시간마다 스위치가 1과 2에서 반복되어 절환된다면 v_c, i_c 그리고 v_R의 곡선은 그림 8.14와 같이 될 것이다. v_c의 극성은 충전시나 방전시에 모두 같기 때문에 모든 곡선은 같은 축위에 있게 된다. 전류 i_c는 충전시와 방전시에 방향이 바뀌게 되며 이로 인해서 전압과 전류모두 음의 펄스파를 가지게 된다. v_c는 수직축에 나타낸 것과 같이 최대값 사이에서 급격한 변화를 보인다.

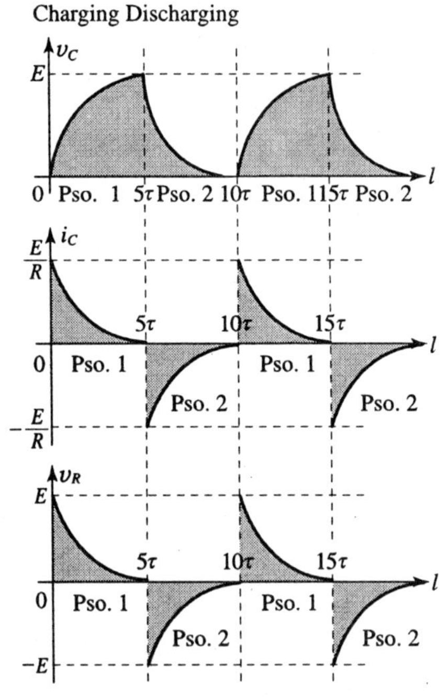

▌그림 8.14▌

예 제 8.1

a. 만일 스위치가 $t=0$일 때, 1번 위치로 바뀌었다면 그림 8.15에 나타난 콘덴서 양단 전압의 과도상태를 수학적으로 표현하여라.

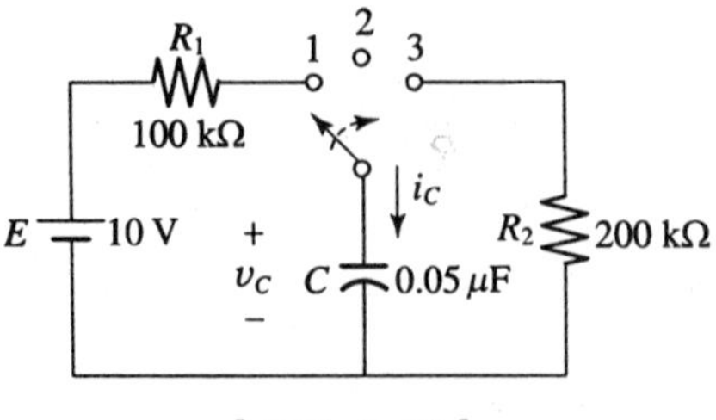

▌그림 8.15▌

b. i_c에 대해서 (a)를 반복하여라.

c. 만일 30 ms일 때, 스위치가 2번으로 절환되었다면(콘덴서의 누설 저항을 ∞라고 가정할 때) v_c와 i_c의 응답은 어떻게 나타나겠는가?

d. $t=48$ ms일 때 스위치가 3번 절환되었을 때 v_c와 i_c에 대한 곡선을 정해진 극성과 전류의 방향으로 같은 시간축을 사용하여 그려라.

풀이

a. 충전상태에서

$$v_C = E(1-e^{-t/\tau})$$

$$\tau = R_1C = (100\times10^3\Omega)(0.05\times10^{-6}\mathrm{F}) = 5\times10^{-3}(\mathrm{s})$$

$$=5\,(\mathrm{ms})$$

$$v_C = 10(1-e^{-t/(5\times10^{-3})})$$

b.

$$i_C = \frac{E}{R_1}e^{-t/\tau}$$

$$= \frac{10\,\mathrm{V}}{100\times10^3\Omega}e^{-t/(t\times10^{-3})}$$

$$i_C = (0.1\times10^{-3})e^{-t/(5\times10^{-3})}$$

c. 저장상태에서

$$v_C = E = 10\,(\mathrm{V})$$

$$i_C = 0\,(\mathrm{A})$$

d. 방전상태에서

$$v_C = Ee^{-t/\tau}$$

$$\tau = R_2C = (200\times10^3\Omega)(0.05\times10^{-6}\mathrm{F}) = 10\times10^{-3}(\mathrm{s})$$

$$=10\,(\mathrm{ms})$$

$$v_C = 10e^{-t(10\times10^{-3})}$$

$$t_C = \frac{E}{R_2}e^{-t/\tau}$$

$$= \frac{10\,\mathrm{V}}{200\times10^3\Omega}e^{-t(10\times10^{-3})}$$

$$i_C = (0.05\times10^{-3})e^{-t(10\times10^{-3})}$$

e. 그림 8.16을 보라.

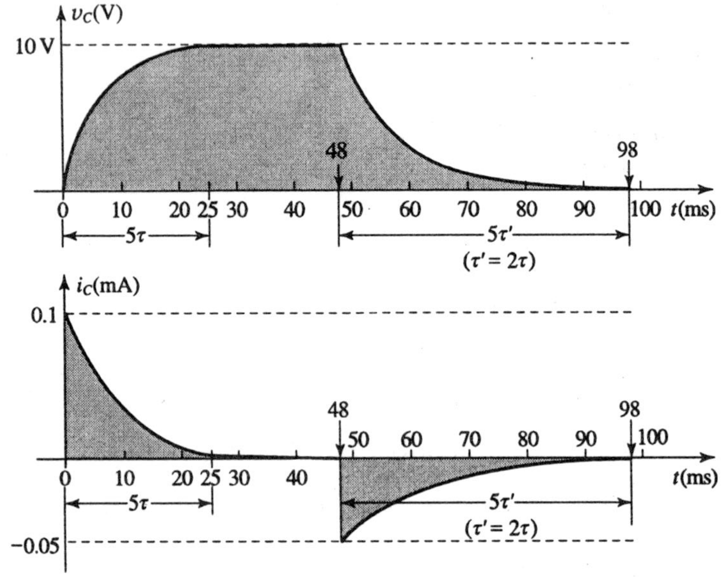

▌그림 8.16▌

8.4 *RL* 과도현상 : 저장구간(*RL* Transients : Storage Cycle)

전압과 전류의 변동으로 인해서 직류회로의 코일은 그림 8.17과 같이 자계의 형태로 에너지를 저장한다. 스위치가 닫히는 순간 코일의 인덕턴스는 코일에 흐르는 전류의 급격한 변동을 제한한다.

코일에서 일어나는 전압강하 v_L은 키르히호프의 전압법칙에 의해서 $v_R = iR = (0)R = 0\,\text{V}$가 되어 인가전압 E와 같아진다. 그래서 전류 i_L은 영에서부터 증가하고 이로 인해서 저항의 단자전압과 코일의 단자 전압 v_L은 감소하게 된다. 코일의 전압이 영이 될 때까지 전류는 증가하고, 결국 총인가전압은 저항에 나타나는 전압과 같게 된다.

전류 i_L은 처음에는 매우 빠른 속도로 증가하다가 최대값 E/R에 접근하면서 증가속도가 느려지게 된다.

콘덴서의 특성에 따르면 콘덴서에 연결된 스위치를 닫은 순간에는 마치 단락 등가회로처럼 작용하다가 정상상태에 이르면서 개방 등가회로처럼 작용하게 된다. 그러나 코일은 콘덴서와 반대특성을 나타낸다. 그림 8.17의 회로에서 스위치가 닫히는 순간의 등가회로를 그림 8.18에 나타내었다. 전압과 전류에 대해서 앞서 진술한 내용에 주의하라. 코일의 특성에서 개방 등가회로를 나타내는 조건은 $v_L = EV$, $i_L = 0\,\text{A}$이다.

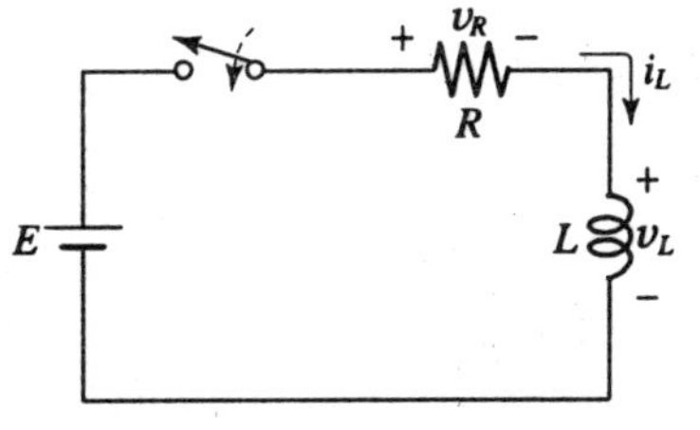

|그림 8.17|

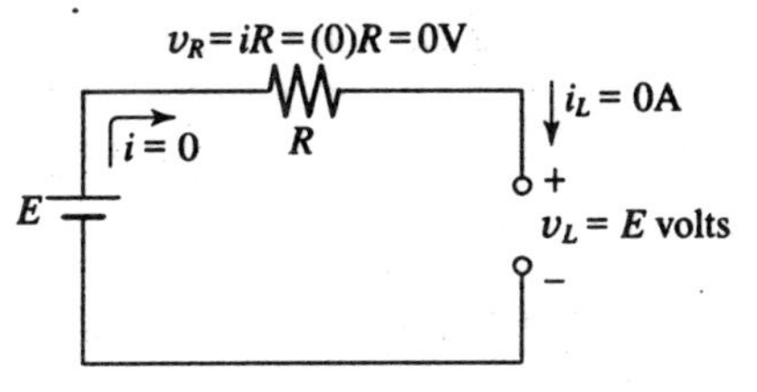

|그림 8.18|

정상상태가 이루어져서 코일의 저장상태가 끝난 등가회로망을 그림 8.19에 나타내었다. 이 회로망은 다음과 같은 특성을 가진다.

$(R_l = 10\Omega)$인 이상적인 코일은 정상상태의 직류회로망에서 단락 등가회로로 가정할 수 있다.

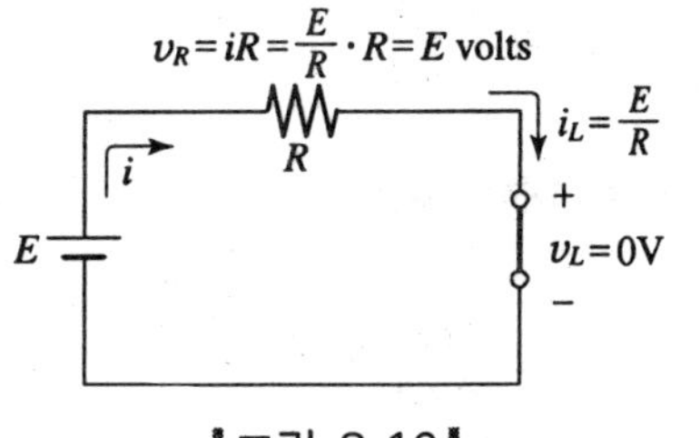

|그림 8.19|

다행히, 저장상태의 전압과 전류를 나타내는 수학식은 $R-C$ 회로망에서 접했던 식과 많은 면에서 비슷하다. 앞에서 사용되었던 수식들은 $R-C$ 회로망 분석을 매우 쉽게 해 줄 것이다.

저장상태에서의 전류 i_L에 대한 식은 다음과 같다.

$$i_L = I_m(1 - e^{-t/\tau}) = \frac{E}{R}(1 - e^{-t(L/R)}) \tag{8.9}$$

$(1-e^{-t/\tau})$식은 충전상태의 콘덴서에 나타나는 v_c를 구할 때도 나왔던 식이다. 이 식을 그림 8.20에 도시하였다.

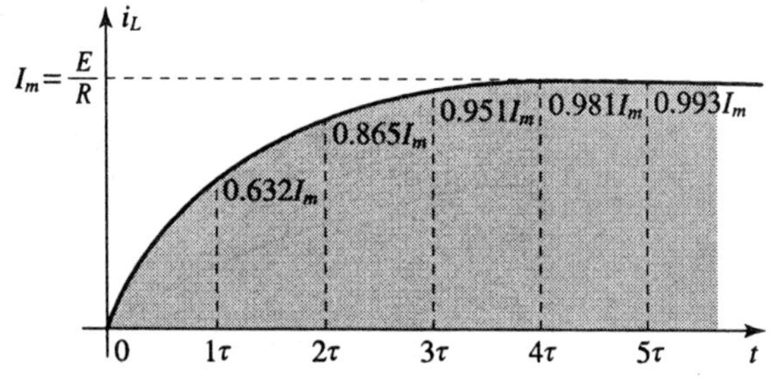

그림 8.20

이 그림에서 정상상태에서 i_L의 최대값은 E/R이라는 것을 보여주고 있다. 그 간격(abscisa)은 시정수의 단위로 나타내는데 유도회로의 τ는 다음 식과 같이 정의된다.

$$\tau = \frac{L}{R}\ \text{(seconds, s)} \tag{8.10}$$

τ가 시간의 단위를 가진다는 사실은 유도된 전압에 대한 식으로 증명할 수 있다.

$$v_L = L\frac{di}{dt}$$

그리고 L에 대한 해는

$$L = \frac{v_L}{di/dt}$$

비율에 따라서

$$\tau = \frac{L}{R} = \frac{\frac{v_L}{di/dt}}{R} = \frac{v_L}{\frac{di}{dt}R} \Rightarrow \frac{V}{\frac{IR}{t}}$$

$$= \frac{V}{\frac{V}{t}} = t \text{ (seconds)}$$

이미 익숙해 있는 요소인 $(1-e^{-t/\tau})$는 한번의 시정수가 지난 후에는 63.2%, 두 번의 시정수가 지난 후에는 86.5%, 기타 등등의 결과를 보여준다.

만일 R을 고정시키고 L을 증가시키면, L/R비는 증가하고 상승시간도 증가한다. 전류 i_L에 따라 변하는 L값의 순시값을 그림 8.21에 도시하였다.

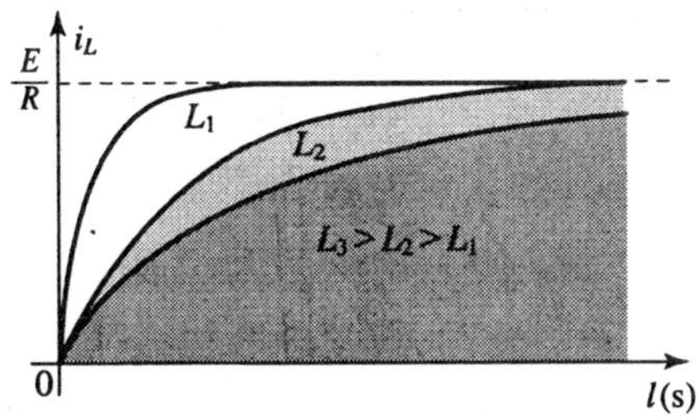

|그림 8.21|

다시 그림 8.10의 RC 회로에서 얻은 결과값과 이들 곡선과 사이의 유사성을 주목하라.

게다가 L/R이 언제나 매우 작은 값을 가질지라도 어떤 값을 가질 것이고, 5 τ 시점은 언제나 0보다 클 것이다. 이 사실을 종합해보면,

유도회로에서 전류는 순간적으로 변하지 않는다.

사실 인덕턴스가 클수록 전류를 빨리 얻기 어려워진다.

그림 8.18과 그림 8.19는 스위치가 닫혀지고 전압이 0볼트로 감소될 때, EV의 코일에서 나오는 인가전압을 명확히 보여준다.

이 감쇠는 지수식으로 나타내고, 저장상태의 동안의 v_L은 다음 식에 의해 수학적으로 설명할 수 있다.

$$v_L = Ee^{-t/\tau} \tag{8.11}$$

그림 8.22에 나타난 시간축과 v_L 그래프는 같은 증분으로 다시 나누어질 것이다. 확실히 전류값이 최대값으로 진행함에 따라서 전압은 영으로 감소해간다.

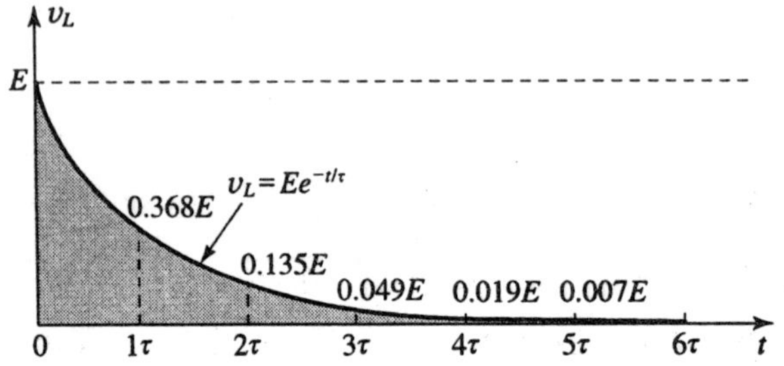

▌그림 8.22▌

다섯 번째 시정수에서 $i_L = E/R$, $v_L = 0\,\text{V}$이면, 유도기는 그 자체의 등가 단락회로에 의해서 다시 쓸 수 있다.

한편

$$v_R = i_R R = i_L R$$

따라서

$$v_R = \left[\frac{E}{R}(1 - e^{-t/\tau})\right]R$$

그리고

$$v_R = E(1 - e^{-t/\tau}) \tag{8.12}$$

그리고 v_R에 대한 곡선은 i_L과 같은 모양을 가질 것이다.

예제 8.2

그림 8.23 회로에서 스위치를 닫은 후, v_L과 i_L의 순서값에 대한 수식을 구하여라. 또한 곡선을 그려라.

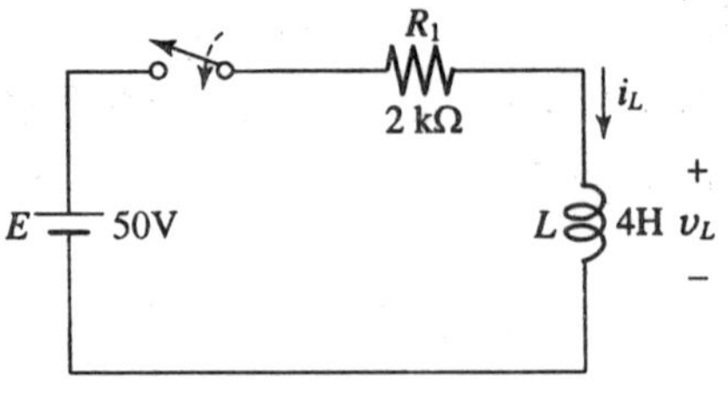

▌그림 8.23▌

풀이

$$\tau = \frac{L}{R_1} = \frac{4\text{H}}{2\text{k}\Omega} = 2\text{ms}$$

식 (8.8)에 의해서

$$I_m = \frac{E}{R_1} = \frac{50}{2\text{k}\Omega} = 25 \times 10^{-3}\text{A} = 25\text{mA}$$

그리고

$$i_L = (25 \times 10^{-3})(1 - e^{-t/(2 \times 10^{-3})})$$

식 (8.10)에 의해서

$$v_L = 50e^{-t/(2 \times 10^{-3})}$$

양 파형을 그림 8.24에 나타내었다.

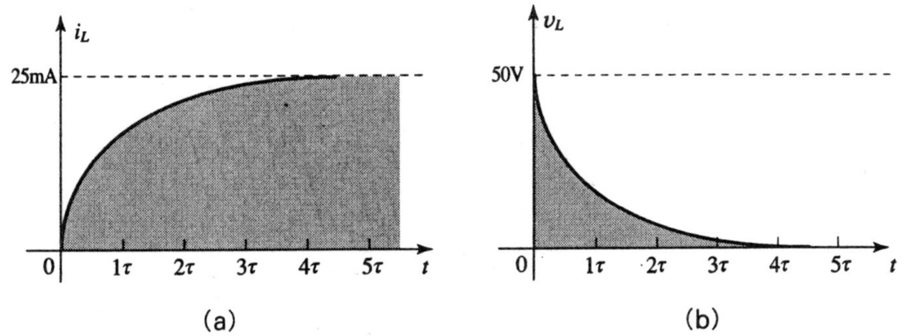

▌그림 8.24▐

8.5 *RL* 과도상태 : 감쇠상태(*RL* Transients : Decay phase)

RC 회로해석에 있어서, 누설전류에 의해서 결정되는 시간동안 전기장 에너지 형태로 전하와 저장된 에너지를 콘덴서로 잡아 둘 수가 있다.

RL 회로에서의 에너지는 코일을 통과하는 전류에 의해 확립된 자기장의 형태로 저장된다. 하지만, 콘덴서와는 다르다. 고립된 유도기는 계속적으로 에너지를 저장하지 못하기 때문에 폐경로가 없다는 것은 전류를 0으로 떨어지게 하고, 자기장의 형태로 저장된 에너지를 방출하게 한다.

만일 그림 8.17의 스위치를 빨리 연다면, 아마도 0 암페어에서 E/R의 최대값까지 전류가 급격하게 변화되는 접촉면에서 불꽃이 일어날 것이다. 식 $v_L = L(di/dt)$의 전류변화는 스위치 절환시 방전되는 코일에 고전압 v_L이 인가되게 한다. 이는 자동차 실린더의 연료점화 시스템에 적용되는 것과 같은 구조이다. 이 시스템에서는 스위치를 열 때 생기는 점화 코일 전류의 빠른 감소에 의해 약 25,000볼트의 전압이 생성된다(종전의 시스템에서는 분배기에 의해서 점화가 일어났다).

자동차의 독립 전원이 12 V의 축전지라는 것을 생각해보면, 이 유도작용은 중요한 것이다.

만일 스위치를 다른 점으로 옮겨 열어서 저장된 에너지를 더 빨리 방전하게 된다면 어떻게 RC 회로와 같은 방법으로 RL 회로의 감쇠상태를 해석할 수 있을까? 그 해는 그림 8.25와 같은 회로를 사용하는 것이다. 스위치를 닫고 저항 R_2에 EV 전압을 인가하면 RL 가지는 같은 파형과 수치값으로 이미 설명된 것과 마찬가지의 반응을 보일 것이다. R_2와 병렬인 E의 테브난 등가회로는 전원으로 쉽게 정해지는데, 그 이유는 R_2가 테브난 저항을 결정할 때 전압원 E와 단락회로 대치에 의해서 단락되기 때문이다.

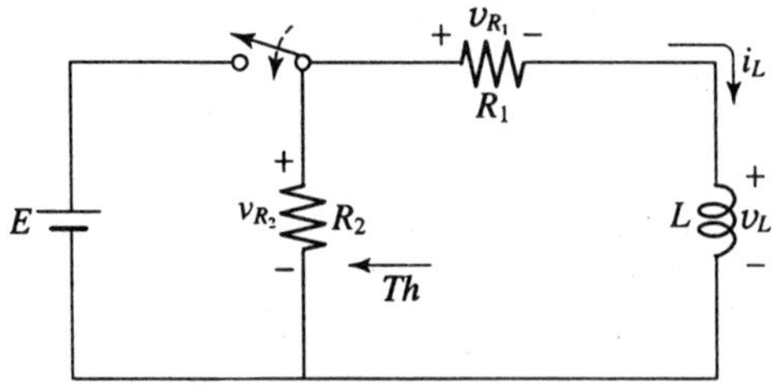

▌그림 8.25▌

저장상태가 끝나고 정상상태가 되었을 때 스위치가 스파크없이 열 수 있거나, 전류 i_L에 완전한 경로를 제공하는 저항 R_2에 의해서 빠른 방전이 일어난다. 방전경로를 그림 8.26에서 확실히 분리시켰다. 코일에 인가되는 v_L은 극성을 바꿀 것이고, 다음과 같은 크기를 가질 것이다.

$$v_L = v_{R_1} + v_{R_2}$$

유도기 인가전압은 즉시 변화할 수 있지만, 전류는 그렇지 않다는 것을 상기하기 바란다. 전류 i_L은 그림 8.26과 같은 방향과 크기를 반드시 가진다. 그러므로 스위치가 열린 후에도 i_L은 여전히 $I_m = E/R_1$이다.

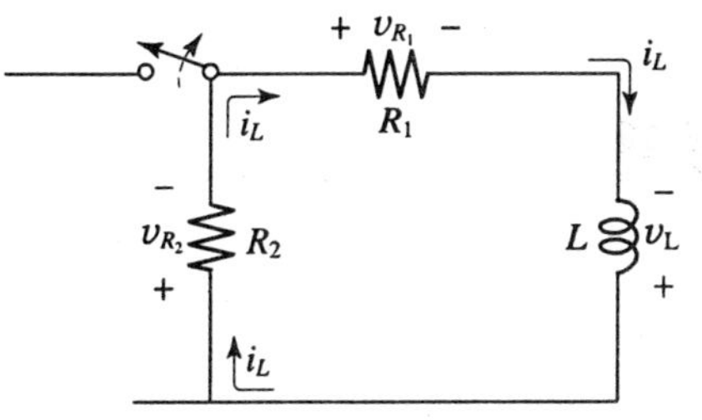

|그림 8.26|

$$v_L = v_{R_1} + v_{R_2} = i_1 R_1 + i_2 R_2$$

$$= i_L(R_1 + R_2) = \frac{E}{R_1}(R_1 + R_2) = \left(\frac{R_1}{R_1} + \frac{R_2}{R_1}\right)E$$

그리고

$$v_L = \left(1 + \frac{R_2}{R_1}\right)E \tag{8.13}$$

R_2/R_1 비에 의해서 E 볼트보다 더 커진다. 다시 말해서 스위치가 개방될 때, 유도기에 인가되는 전압은 반대극성을 가지고 E에서 $[1+(R_2/R_1)]E$ 볼트로 증가할 것이다.

연습문제

8-1 a. 그림 8.27에 나타난 회로에서 스위치가 1의 위치로 바뀌었을 때, v_c와 i_c, v_R의 과도현상을 표현하는 식을 구하여라. v_c와 i_c, v_R의 곡선을 도시하여라.

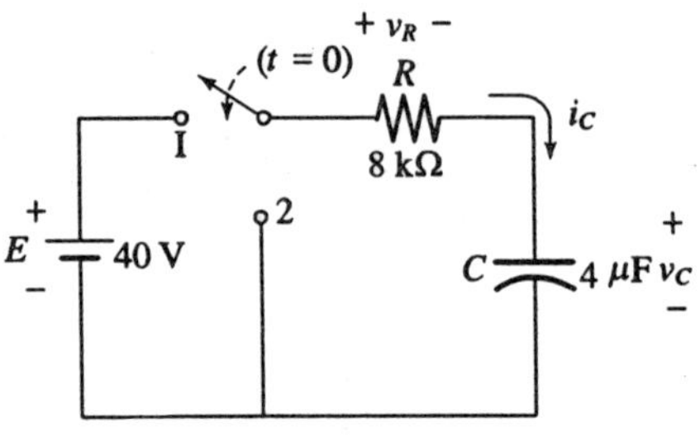

ㅣ그림 8.27ㅣ

8-2 a. 만일 스위치가 $t=0$일 때 1번 위치로 바뀌었다면 그림 8.28에 나타난 콘덴서 양단 전압의 과도상태를 수학적으로 표현하여라.

b. i_c에 대해서 (a)를 반복하여라.

c. 만일 30 ms일 때, 스위치가 2번으로 절환되었다면(콘덴서의 누설저항을 ∞라고 가정할 때) v_c와 i_c의 응답은 어떻게 나타나겠는가?

d. $t=48$ms일 때 스위치가 3번 절환되었을 때 v_c와 i_c에 대한 식을 구하여라.

e. (a)에서(b)까지의 문제에서 v_c와 i_c에 대한 곡선을 정해진 극성과 전류의 방향으로 같은 시간축을 사용하여 그려라.

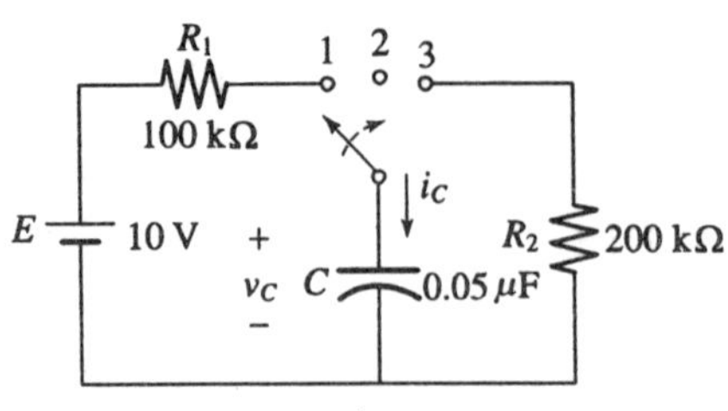

ㅣ그림 8.28ㅣ

8-3 그림 8.29의 회로에서 스위치를 닫은 후, v_L 와 i_L 의 순시값에 대한 수식을 구하여라. 또한 결과 곡선을 그려라.

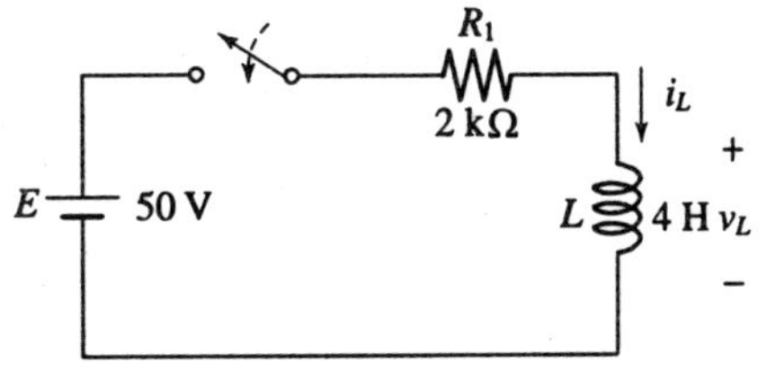

┃그림 8.29┃

Ubiquitous 기반

회로이론

초판 인쇄 2008년 1월 10일
초판 발행 2008년 1월 15일

지은이 | 하영선, 박기준
발행인 | 김 병 계
발행처 | 도서출판 보문당
등 록 | 1990년 6월 15일(제 1-1066호)
주 소 | 서울시 마포구 신수동 448-6 우) 121-110
전 화 | 704-7025 / 704-0635
팩 스 | 704-2324
홈페이지 | http://www.bomoondang.co.kr
전자우편 | bmdpub@empal.com

값 15,000 원

ISBN : 978-89-8413-143-9

본 교재는 2007년 교육인적자원부 영역별 특성화 II 영역 지역산업 지향형 교육혁신 및 산학협력사업「일반교재개발사업」의 지원에 의해 개발된 교재입니다.